清华大学建筑 规划 景观设计教学丛书

让文化遗产活起来：
徐州“两汉文化环”城市设计

于涛方 吴唯佳 赵 明 张译匀 梁禄全 著

清華大學出版社
北 京

内容简介

本书基于两方面的工作积累提炼整合而成。一个是清华大学所主持的开始于2018年的“徐州两汉文化特色与空间策略”科研课题成果，另一个是2020年“城市规划专业本科生综合论文训练 / 毕业设计”教学成果。本书不同于传统的城市设计，也不同于传统的文化遗产保护。内容紧紧抓住以近20座徐州西汉楚王陵为代表的两汉文化遗产、以“隐然如大环”的徐州城市自然山体格局，展开对文化遗产与区域、文化遗产与都市区、文化遗产与重点地段的科学分析、战略判断、规划策略、设计表达研究，其研究视角突出了城市规划学、城市设计学、城市经济学、公共经济学、城市地理学、历史地理学以及风景园林学等多学科交叉特色。

本书适用于城市规划、城市设计、文化遗产保护、人文地理学等专业高年级学生，可提高对新时期文化遗产和城市发展之间的深层次互动关系的理解、提高从公共品和外部性等视角进行文化遗产的保护、传承和利用活化的理性分析与综合判断能力。

图书在版编目（CIP）数据

让文化遗产活起来：徐州“两汉文化环”城市设计 / 于涛方等著.— 北京：清华大学出版社，2022.12
（清华大学建筑规划景观设计教学丛书）
ISBN 978-7-302-61512-5

Ⅰ.①让…　Ⅱ.①于…　Ⅲ.①文化遗产－应用－城市规划－建筑设计－研究－徐州　Ⅳ.①TU984.253.3

中国版本图书馆CIP数据核字（2022）第142226号

审图号：苏C（2022）10号

责任编辑：张占奎　王　华
封面设计：陈国熙
责任校对：王淑云
责任印制：丛怀宇

出版发行：清华大学出版社
网　　址：http://www.tup.com.cn, http://www.wqbook.com
地　　址：北京清华大学学研大厦A座　　**邮　　编：**100084
社 总 机：010-83470000　　**邮　　购：**010-62786544
投稿与读者服务：010-62776969, c-service@tup.tsinghua.edu.cn
质量反馈：010-62772015, zhiliang@tup.tsinghua.edu.cn
印 装 者：天津鑫丰华印务有限公司
经　　销：全国新华书店
开　　本：165mm × 230mm　　**印　　张：**17.25　　**字　　数：**262千字
版　　次：2022年12月第1版　　**印　　次：**2022年12月第1次印刷
定　　价：88.00元

产品编号：091601-01

前　言

中国城市规划领域正在进行一场迅疾的公共政策转向变革，中国的“新城市规划学”（neo-urban planning of China）呼之欲出甚至已经浮出水面。在“中央—地方”“政府—市场”关系发生深刻变化的国家战略安排下，这场城市规划变革虽然还需要一段很长的成形成熟期，但毫无悬念的是，历史文化遗产、山水林田湖草等公共品属性和正外部性效应极强的空间要素已经成为城市规划和政府积极作为的核心范畴。在这种情况下，公共经济学、自然资源管理学自然成为学科重新建构的核心关注方向和内容，城市更新、减量提质、生态修复、国土整治等成为重点。

在该大背景下，城市规划学教学内容和方式在发生着深刻的变化。理论课方面，公共经济体系、土地等资源配置优化、外部性治理等方面内容成为学科的核心原理模块，“城市规划经济学”“城市治理”等课程相继开放。在设计课 studio 中，强化了文化遗产保护和利用、山水林田湖草等具有公共品属性空间要素的研究和政策设计表达，更是强化了公共财政配置的效益、公共服务设施资源区位配置优化等模块内容。在区域尺度，突出公共品领域的跨区域协作和联动，如区域生态和环境、区域文化遗产协同等；在城市尺度，突出基于“可达性（集聚性面向）”、基于“舒适性”等的统筹兼顾，突出公共品供给的外部性测度等；在建成区典型地段尺度，注重基于产权、利益相关者等制度经济学相关领域的思维和方法训练。尤其在毕业设计环节，更是加强了变革背景下的类型化前沿议题的选择。

2020 年，以“徐州‘两汉文化环’城市设计”作为城市规划本科毕业设计的选题就体现了上述的变革。在该选题中，以徐州独一无二的“楚王陵墓体系”“画像石墓群”等为代表的徐州两汉文化遗产为核心，连同“隐然如大环”的徐州连绵群山和故黄河、大运河等河流水体等自然资源要素，从城市经济学、城市地理学、城市规划学等多学科交叉视角，分别针对内城核心区、内城区商业－居住过渡区、外围居住－工业混合过渡区、外围城市－乡村混合过渡区等典型圈层的两汉文化遗产精华地段进行保护、传承、活化利用的设计训练。

通过这种多学科视野、聚焦空间问题、突出规划设计专业特长的训练，一方面希望能够对城乡规划的变革进一步地细化探索，将“看得见山、望得见水、记得住乡愁”等理念在设计教学中加以落实；另一方面，更希望能够通过这样一个环节，以两汉文化精华区的徐州为典型，加强对文化遗产、文化遗产生境、文化遗产与城市发展等方面的探索。同时，徐州两汉文化的选题也为当前城市规划的几个重要领域——国土空间规划、历史文化名城保护规划、生态修复与国土整治、城市更新与存量改造等提供了一个很好的平台和样本。2021 年，自然资源部和国家文物局发布的《关于在国土空间规划编制和实施中加强历史文化遗产保护管理的指导意见》等的出台，反映了这一话题在国家层面上重要性的体现。

特殊的规划大变革遇上特殊的疫情，本书也见证了师生克服重重困难，坚持通过线上的“大胆假设”、开源数据“小心求证”等方式，充满激情地完成了本次富有意义的研究和设计教学工作。

2020 年徐州“两汉文化环”毕业设计全程线上进行

2021 年 4 月在毕业设计结束近一年后实地考察徐州两汉文化遗产

2021 年 7 月对徐州博物馆汉文化陈列的再次深入调研

于涛方
2022 年 3 月 12 日于清华园

目　录

第 1 章　徐州“两汉文化环”设计战略的提出

美国社会哲学家刘易斯 · 芒福德在《城市文化》一书中提到：“城市是文化的容器，专门用来储存并流传人类文明的成果，储存文化、流传文化和创新文化，这大约就是城市的三个基本使命。”这三个使命也正是城市如何让文化遗产活起来的内在规律和追求的目标。

长期以来，在以经济建设为中心的发展理念下，经济发展和城市化的加速推进，使生态、文化等保护发展速度相对滞后，甚至出现生态和文化遗产破坏等问题。就文化遗产而言，当前仍然面临着保护对象不完善、保护跟不上发展步伐、规划落实和监管难等问题。在物质文明、政治文明、精神文明、社会文明、生态文明五个文明建设，实现中华民族伟大复兴的理念下，如何传承和发扬历史文化遗产成为一项重要的工作任务。党的十八大以来，国家高度重视传承发展中华优秀传统文化，指出中华传统文化是中华民族的根和魂。建立在 5000 多年文明传承基础上的文化自信，是更基础、更广泛、更深厚的自信。党的十九大将“加强文物保护利用和文化遗产保护、传承”作为坚定文化自信的一个部分写进报告中。在此背景下，各省、地级市乃至县市区在其相关规划纲领中，也都将历史文化遗产保护纳入其中。

一、文化遗产保护、传承和活化利用成为重要的国家战略

党的十八大报告指出，建设中国特色社会主义的总布局是经济建设、政治建设、文化建设、社会建设、生态文明建设“五位一体”。在这个总体布局中，经济建设、政治建设、文化建设、社会建设和生态文明建设互为条件、相互促进，彼此形成了内在的互动关系。其中，文化建设是灵魂。文化建

设为经济建设、政治建设、社会建设提供强大的精神动力，是人类在改造客观世界的同时改造主观世界的精神成果的总和，表现为人类思想道德和科学教育文化的发展，为经济建设、政治建设、社会建设和生态文明建设提供精神动力和智力支持。文化建设搞好了，人们拥有较高的科学文化素养、崇高的理想信念和道德情操，才能为经济建设、政治建设和社会建设提供思想保证、精神动力和智力支持。加强文化建设，最重要的是要着眼于形成社会主义核心价值体系，并以实现广大人民的精神文化需求为着眼点，更加自觉、主动地推动文化大发展、大繁荣，更好地保障人民群众的文化权益，大力培育文明风尚，大力推进文化创新，使全社会的文化创造活力充分释放、文化创新成果不断涌现，使当代中华文化更加多姿多彩、更具吸引力和感染力。

习近平总书记倡导“让文化遗产活起来”。2014 年 2 月习近平总书记在北京考察工作时强调“历史文化是城市的灵魂，要像爱惜自己的生命一样保护好城市历史文化遗产”，并强调“让收藏在博物馆里的文物、陈列在广阔大地上的遗产、书写在古籍里的文字都活起来”。“活起来”三个字，为城市规划和发展中的文化遗产保护工作指明了方向。“活起来”告诉我们，文化遗产应该而且能够活在当下、活在人们的生活中。它们曾有辉煌的过去，也应该有闪光的现在，并且还要充满生机地走向未来。城镇化快速推进的今天，文化遗产应融入社会，在保护中利用，在利用中进一步诠释和丰富其价值。从世界上一些历史名城的发展趋势看，文化遗产保护与城市现代化发展并不矛盾，如果处理得好就能相辅相成。习近平总书记倡导让文化遗产活起来，一个重要内涵就是从精神资源角度对文化遗产进行再阐发、再挖掘和再转化，释放蕴藏的物质、精神和制度潜能，让文化遗产从典籍、考古、博物馆，从民间、大众以及历史中走出来，续写传统文化复兴的辉煌篇章。

“保护好”“传承好”“活起来”成为当前国土空间规划中文化遗产保护相关专项的重要指导思想，为文化遗产工作指明了方向。“活起来”告诉我们，文化遗产应该而且能够活在当下、活在人们生活中。它们曾有辉煌的过去，也应该有闪光的现在，有生命力的未来。

二、徐州“两汉文化环”空间战略的提出

徐州是国家级历史文化名城，古称彭城，具有4000多年的光辉历史。这里是钟灵毓秀、藏龙卧虎之地，中华易经和养生学的鼻祖彭祖、汉代开国皇帝刘邦、人杰鬼雄项羽[①]、一代文豪苏东坡，都在徐州留下了他们的痕迹。

徐州位于徐淮黄泛平原西部，自然条件优越。这里历来土地肥沃，既有渔舟之便，又有灌溉之利，古有汴水、泗水在这里交汇横贯，曾经是一派“人口殷盛”“谷米丰赡”的欣欣向荣景象。另其“北走齐鲁，南扼濠泗，东襟江淮，西通梁宋”，独特的地理位置，使徐州成为最具交流性、融合性、开放性与包容性的地区。素有“五省通衢”之名，“北国锁钥”“南国门户”“楚韵汉风，南秀北雄”享有美誉。徐州当前是苏北最大城市，陇海铁路和京沪铁路线在此交会，目前正在打造成为苏、鲁、豫、皖的淮海经济区的中心。市郊有由寒武、奥陶系灰岩构成的九里山、云龙山、凤凰山、子房山等环抱，以云龙山水、泉山森林公园为中心的风景区风光怡人，美若西子，秀比江南，兼有北雄南秀之美。文化古迹掩映其中，与之交相辉映。

1. 两汉文化看徐州

经历商周后步入最为辉煌的两汉时期，徐州是两汉文化的起源地，也是其繁荣的重要地。徐州在汉代是仅次于都城长安和洛阳的政治文化中心。徐州作为推翻秦朝斗争中楚国的大本营，以及两汉时期的楚国国都，成为楚国政治文化传统的继承者。另外，由于徐州是西汉王朝开国皇帝刘邦的故乡，其和中央政权的沟通与交流频繁而密切，在楚汉文化的融合中起着极其重要的作用。刘邦在政权刚刚稳定后，就委派他的弟弟刘交为楚王来管理徐州地区。都彭城，地方广大，有薛郡、东海、彭城等共36个县，西到河南，东至大海，南达淮河，北到今山东的临沂和泰安的汶河一带。今天苏、鲁、豫、皖交界的广大地区当时皆以徐州为中心。西汉时期，作为

---

① 汉高祖刘邦以及汉初丰沛功臣集团在徐州丰沛起家。另刘邦与项羽曾是反秦的战友、“楚汉相争”的对头，而项羽又将彭城作为西楚都城，所以今人倾向于将项羽的功业也计入“汉文化”资源的范畴。

两汉时期的政治、经济中心和交通枢纽，徐州（彭城）进行了增筑城墙、兴建宫室、修建陵墓等大规模的城市营建，在一定程度上奠定了今日徐州的古城格局。两汉时期为徐州留下了丰厚的楚汉文化遗存，甚至有“两汉文化看徐州”的说法，作为中国汉文化的精粹聚集地，徐州在全国汉文化中地位颇高。汉文化遗产中汉墓、汉兵马俑和汉画像石是最具代表性的历史文化遗产。另外，徐州境内有 16 处楚王（后）陵，多处东汉画像石墓，1000 多座中小汉墓和汉代古城遗址。“佳处未易识，当有来者知”，徐州两汉文化景观中还有许多历史上遗留下来的胜迹，诸如戏马台、泗水亭、霸王楼、歌风台、拔剑泉、子房祠、王陵母墓等。它们背后有着一段段动人的历史故事：楚汉战争的硝烟、戏马台的高台秋风彰显了项羽“力拔山兮气盖世”的霸王雄风；歌风台的大风歌古碑见证了汉高祖刘邦“大风起兮云飞扬”的千古绝唱；子房祠也展示了“张良吹箫散楚兵”的传说；等等。“像徐州这样的城市，荟萃两汉文化如此丰盛的内容，在中国的历史名城中是绝无仅有的。”

在本底层、特色层和象征层（图 1-1）的视角下，汉文化可谓是徐州文化的“诗与远方”，是徐州文化的根与魂。

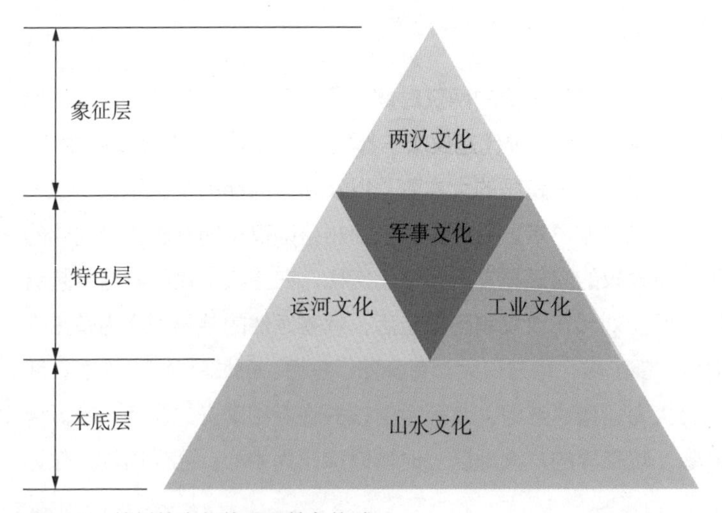

图 1-1　徐州的文化体系及特色构成
（资料来源：中国城市规划设计研究院《徐州国土空间规划，2019—2035》）

2. 徐州“两汉文化环”设计的空间战略提出

2019 年，于涛方在所主持的《徐州汉文化特色研究》中做出战略判断：两汉文化对于徐州城市的发展具有关键和象征意义。在两汉文化遗产保护基础上，应进一步思考如何让两汉文化，尤其是汉楚王陵、汉画像石墓等活进来。并在大淮海区域整合层面、徐州市域国土空间秩序重塑层面、都市区重构转型层面、内城区复兴层面提出了文化遗产的活化战略。

1）淮海地区中心城市和区域协作层面的“两汉文化圈”战略

提出以徐州近 10 座靠崖横穴分封王汉楚王陵墓（崖洞墓又称崖墓，指的是穿凿于石质山体内部的横穴式墓葬，通常也被描述成“凿山为藏”）为主，联合周边商丘芒砀山汉梁王陵墓、济宁曲阜汉鲁王陵墓乃至保定的满城中山王汉墓等进行“西汉分封王靠崖横穴陵墓群”世界文化遗产的打造和申报工作。目前，西汉诸侯王[①]墓总共发现 18 国、35 处、49 座墓。其中崖洞型墓数量为 17 处，占全部统计样本的 34%。根据已公布的资料，目前发现的西汉诸侯王级崖洞墓共计 47 座，涉及楚、梁、鲁、中山和昌邑等国。除了归属中山国的河北满城汉墓独处北方以外，其他墓葬均集中分布于以徐州为核心的“淮泗”地区。因此该地区可视为西汉崖洞墓的核心区域，即西汉时期的梁国（图 1–2）、鲁国（图 1–3）、昌邑国（图 1–4）、中山国（图 1–5）及以徐州为中心的楚国（表 1–1）。

另一方面，提出以徐州汉画像石墓（茅村画像石墓、白集画像石墓和拉犁山画像石墓三处第六批全国重点文物保护单位，以下简称“国宝”），山东济宁（如嘉祥武梁祠画像石等，图 1–6 和图 1–7）、临沂（如平邑皇圣卿阙和功曹阙，第七批国宝；沂南北寨画像石墓等，第四批国宝；图 1–8）、济南（长清孝堂山画像石祠堂，第一批国宝，图 1–9）、潍坊（安丘董家庄汉墓，第七批国宝）以及安徽亳州（曹氏家族墓，第五批国宝，

① 西汉时期，以函谷关为界，函谷关以西为西汉皇帝直管的领域，而以东的领土可以分给诸王，所以西汉时期诸侯王的封地多集中分布于函谷关以东地区。诸侯王墓分布地区北至北京、南至广东，全国很多省份都有发现，在分布区域上并无明显的南北差异。诸侯王墓的墓室类型分为竖穴坑和崖洞坑两大类，其中竖穴坑又可分为竖穴土坑和竖穴岩坑，再加上特殊的南越王石室墓，西汉诸侯墓现今总共发现了竖穴土坑、竖穴岩坑、崖洞墓和石室墓四大形式。

图 1–10）、淮北（安徽濉溪古城汉墓，第七批国宝）等地区画像石墓，河南嵩山以东地区（如打虎亭汉墓等）画像石墓乃至连云港的汉画风格的摩崖石刻（图 1–11）进行“环泰山汉画像石墓群”世界文化遗产打造和申报工作（表 1–2）。以公共部门属性较强的文化遗产区域联盟来协同促进徐州在区域中的文化和城市地位，并突出以徐州—泰山为中心的“两汉文化圈”区域（图 1–12）。

表 1–1　以徐州为中心的西汉分封国依山为陵的文化遗产

省份	县市	分封国	诸侯王墓	发现地点	墓室类型
河南	商丘永城县	梁国	梁孝王、王后、共王陵 3 座	保安山	崖洞墓
			柿园梁王陵	保安山	崖洞墓
			僖山梁王王后陵	僖山山顶	竖穴岩坑墓
			窑山梁王王后陵	窑山山顶	竖穴岩坑墓
河北	保定满城区	中山国	中山靖王刘胜夫妇陵 2 座	陵山山顶	崖洞墓
山东	菏泽巨野县	昌邑国	昌邑国王刘贺陵 2 座	金山	崖洞墓
	济宁曲阜市	鲁国	鲁恭王等王陵或王后墓	九龙山	崖洞墓
	济宁曲阜市	鲁国	鲁王或王后墓	亭山、马鞍山	崖洞墓
	济南章丘区	济南国	—	危山	竖穴岩坑墓
江苏	徐州市区	楚国	狮子山楚王陵 2 座	狮子山	崖洞墓
		楚国	北洞山楚王陵 2 座	北洞山	崖洞墓
		楚国	驮篮山楚王王后陵 2 座	驮篮山	崖洞墓
		楚国	龟山楚王王后陵	龟山	崖洞墓
		楚国	南洞山楚王王后陵	南洞山	崖洞墓
		楚国	东洞山楚王王后陵 3 座	东洞山	崖洞墓
		楚国	卧牛山楚王陵	卧牛山	崖洞墓
		楚国	楚王山汉墓	楚王山	竖穴岩坑墓
	扬州高邮	广陵国	广陵厉王刘胥夫妇墓	天山	竖穴石坑墓

资料来源：根据杨懿（2018）修改补充。

商丘永城西汉梁王陵墓群（图 1–2）保护、传承和活化。陵墓有梁孝王陵、王后陵、梁共王陵等，其中王后陵被誉为“天下石室第一陵”。经规划建设，2017 年晋升为国家 5A 级景区。围绕文化遗产，做了考古修复、生态恢复以及周边人居环境的提升整治。

曲阜西汉鲁王崖洞陵墓群（图 1–3）保护与传承。在曲阜和邹城交界地带的群山上，坐落着十余座鲁国崖洞墓，九龙山西段南坡独占 5 座。由

商丘永城县芒砀山汉梁共王陵墓围绕主墓室的回廊设计

梁共王陵内的“起居厅”

梁共王陵内的“壁画珍宝”

梁王陵崖洞墓中的卫生间

梁孝王陵耳室中的兵马阵列

图 1–2　河南商丘永城汉梁王崖洞式陵墓群及保护传承

芒砀山汉主题大景区打造

结合矿坑国家生态修复的文化遗产保护

现代化的玻璃防护罩

祭祀建筑基址的考古展示

图 1-2 （续图）

北端的龙首山头往西北眺望，山阳的崖壁上，开凿有五座西汉鲁王的崖墓。由于距离城市较远，目前这些陵墓群基本与乡村和自然和谐一致。

山东菏泽巨野的西汉昌邑国刘贺崖洞墓（图 1-4）。墓葬形制近似鲁国王陵，金代起改为“大明禅院”。北宋时期的题刻已提到石室是汉代昌邑王陵。目前是以旅游区景观打造的方式进行保护传承和利用。

河北保定满城县中山靖王墓（图 1-5）保护传承和利用活化。位于满城区陵山之上，是西汉中山靖王刘胜及其妻窦绾之墓。两墓南北并列，墓门向东。陵山主峰居中，两峰如左辅右弼，三峰相连，又似筑有双阙的城堡。满城县于 2012 年提出打造以“休闲养生地，山水汉韵城”为总目标的汉墓景区旅游升级改造工程。按照国家 5A 级标准，规划建设 8 个以汉文化为主题的特色功能区，集中打造占地 5000 余亩全国最大汉文化主题公园。

九龙山汉鲁王墓墓道

从外墓道看主墓室入口

九龙山汉墓主墓室和耳室

从九龙山墓道口远眺另外两座汉墓密集的亭山和马鞍山

九龙山汉鲁王陵墓内主室和耳室

图 1-3　曲阜汉鲁王九龙山陵墓

菏泽巨野金山崖洞墓墓道口

崖洞墓的岩石结构

崖洞墓墓道外貌

崖洞墓内部结构和佛教宗教场所功能

崖洞墓成为佛教圣地

崖洞墓宋金以来的题刻

图 1-4　菏泽巨野昌邑国刘贺崖洞墓及保护

满城中山国汉墓的墓道和墓室

满城汉墓出土的国宝“长信宫灯”

满城汉墓已经被打造成 4A 景区

墓口工程处理

图 1-5　保定满城中山国刘胜夫妇陵墓及保护活化

表 1-2　以徐州为中心的东汉画像石墓文化遗产

省份	县（市）	文化遗产	全国重点文物保护单位批次	内容	文化遗产活化方式
山东	济宁嘉祥县	武梁祠	第一批	汉阙、汉碑、东汉石狮、祠堂等	博物馆；规划建设山一墓一村落大景区
	济南长清区	郭巨祠	第一批	石祠堂、画像石墓	原址保护，博物馆
	临沂沂南	北寨汉墓	第四批	画像石墓	原址保护，博物馆建设
	临沂平邑	平邑汉阙	第七批	三座画像石汉阙	整体在博物馆保护展示
江苏	徐州铜山区	茅村汉墓	第六批	画像石墓	原址保护，博物馆建设
	徐州贾汪区	白集汉墓	第六批	画像石墓	原址保护，博物馆建设
	徐州云龙区	拉犁山汉墓	第六批	画像石墓 2 座	原址保护，不开放
安徽	淮北濉溪县	古城汉墓	第七批	二号墓画像石刻	原址保护，不开放
	亳州谯城区	曹氏家族墓	第五批	门额、门框、门扇多饰有画像石刻	原址保护，博物馆建设

资料来源：作者整理

济宁嘉祥武梁祠汉代文化国宝（图 1-6）。武梁祠汉画像石是中国最大、保存最完整的汉碑、汉画像石群。其画像石以雄厚博大、质朴古拙见长，有在形式美的运用和组合中找到阳刚之美感的特殊艺术语言。

以泰山为中心的鲁西南地区是中国画像石文化的精华地，除了武梁祠和孝堂山画像石所在的嘉祥县和长清区外，其他各个县（市）也都广泛分布

武梁祠的汉阙及石狮子等汉代遗存

独具特色的“泗水捞鼎”等汉画像石

围绕嘉祥武梁祠的景区打造

图 1-6　济宁嘉祥武梁祠文化遗产及其规划建设

和出土了画像石，尤其是北距徐州不远的滕州、邹城、曲阜等。实际上早在秦始皇东巡该地区的峄山、泰山之时就盛行刻石，到汉代其雕刻技法更是日趋成熟（图 1–7）。

临沂沂南北寨村汉画像石墓（图 1–8）。墓室结构复杂、严谨，由前、中、后三个主室和四个耳室及一个东后侧室组成，占地面积 88.2 平方米，共用石材 280 块，其中画像石 42 块。画像石雕刻细腻，技法多样，气魄雄浑，是汉画像石艺术发展兴盛时期具有代表性的佳作。该画像石墓也是汉代民

济宁邹城的泗水捞鼎画像石

济宁曲阜的后羿射日画像石

图 1–7　大泰山一带画像石文化遗产

沂南画像石墓内部墓室结构

画像石墓内石构斗拱

图 1–8　临沂沂南画像石墓（国宝四）

间匠师创作的集建筑、绘画、雕刻艺术于一体的杰出作品。北寨墓群画像石及出土文物，对于研究当时的社会经济状况、阶级矛盾以及风俗人情、典章制度、建筑绘画、宗教哲学等有重要的参考价值。

济南长清孝堂山汉代郭巨画像石祠堂及墓（图 1–9）。它是中国现存最早的石筑石刻房屋建筑。祠后有一墓冢。石祠为单檐悬山顶两开间房屋，面阔 4.14 米，进深 2.5 米，高 2.64 米。祠内刻画像 36 组。画像技法以阴线刻为主，线条简洁，风格劲利，独具一格，有很高的艺术价值。为全国第一批文物保护单位。

安徽被列入国家文物保护单位的画像石墓以淮北和亳州为代表。亳州曹氏家族墓群（图 1–10）占地约 10 平方千米，总数五六十座。多为砖室结构，

孝堂山郭巨祠博物馆中的汉画像石墓

孝堂山汉画像石祠堂展室

祠堂山墙上的题刻

祠堂屋顶及开间

图 1–9 济南长清孝堂山郭巨画像石祠堂及墓

曹腾墓墓道及墓门画像石题材

四方神青龙画像石

铺首素材画像石

图 1-10　安徽亳州曹氏家族墓画像石文物

规格较高，有前、中、后室及耳室、偏室。甬道口往往有石雕吉羊头，是十分难得的汉代圆雕艺术品。甬道南北两壁对称雕刻有神荼、郁垒等人物画像，门额、门框、门扇均饰有画像石刻，雕刻形象生动。目前已经设立博物馆对外开放。而濉溪古城汉墓是皖北境内规模最大的东汉画像石墓葬，保存完好，画像石题材涉及四灵以及天禄、辟邪、三足乌等珍禽异兽。

连云港孔望山汉代摩崖造像（图 1-11）。汉代画像石刻主要以埋入墓室和嵌入桥梁建筑的为多，而摩崖画像石刻却仅见于连云港的孔望山，把陡崖作为天然的画板，依着壁立迭次绘有饮宴图、叠罗汉图、涅槃图、舍身施虎图，佛像、菩萨弟子、力士和供养人构成整个画面。为第三批全国重点文物保护单位。

图 1-11　连云港孔望山汉画摩崖画像石刻（第三批国宝）

2）徐州市域“两汉起源—两汉枢纽—两汉尾声”“两汉文化带”战略设计

以“洪泽湖—丰沛汉文化发源地”—“徐州彭城—楚汉都城和陵墓群为代表的徐州两汉文化遗产枢纽地”—“骆马湖—下邳东汉文化集聚区为体现的徐州两汉文化余韵区”生态和文化复合带为依托，构建面向市域国土空间秩序（山水林田湖草自然生态共同体和高效有序的城乡建成人居环境），突出谱系渊源完整的“两汉文化带”打造（图 1-13）。

徐州西北部的丰县和沛县是徐州两汉文化的发源地，有刘邦故里、诸多西汉将相在此出生和发展。其中丰县汉文化遗址包括汉高祖刘邦诞育成长之地中阳里、丰西泽、泽中亭、斩蛇沟、厌气台、邀帝城（又名迎驾城）、

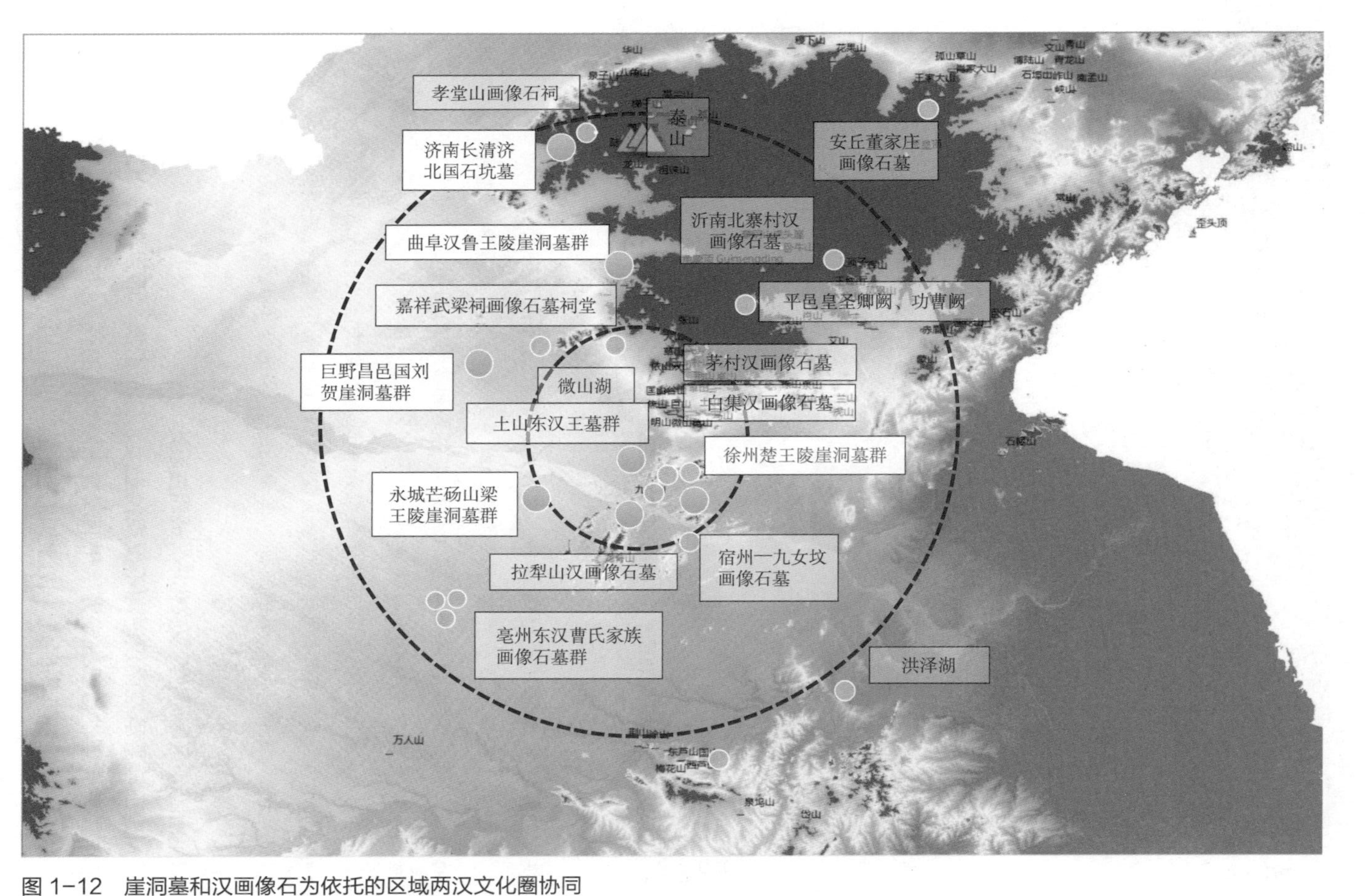

图 1-12 崖洞墓和汉画像石为依托的区域两汉文化圈协同
（资料来源：于涛方，张译匀，梁禄全，2019）

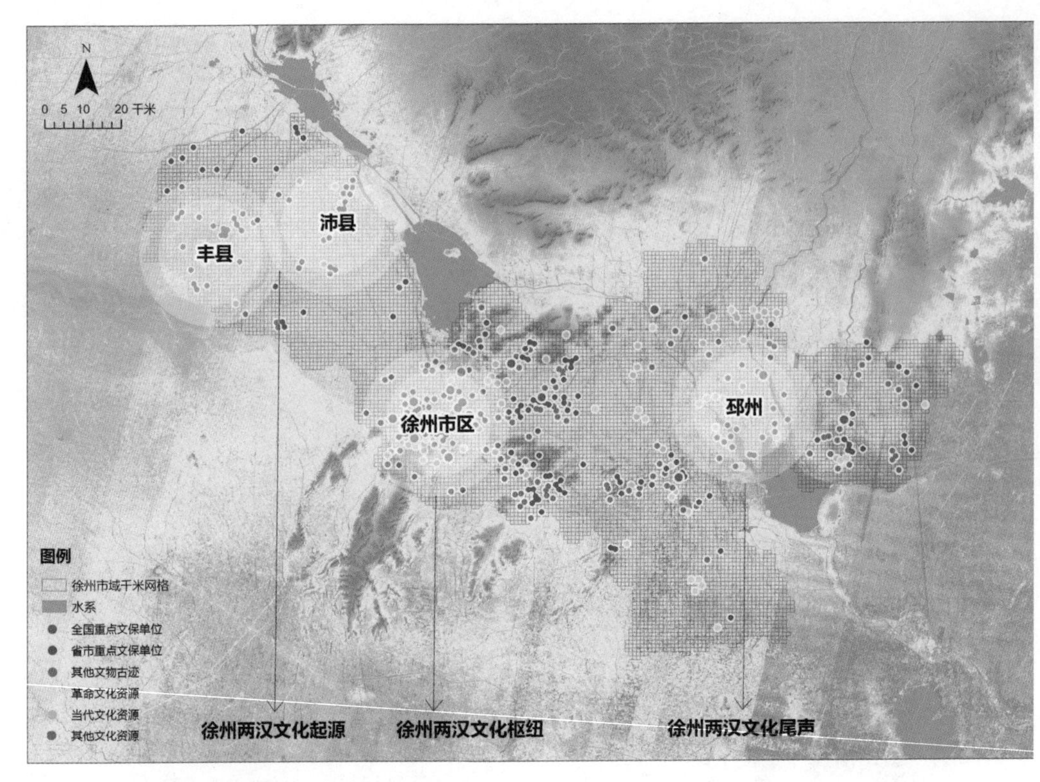

图 1–13　徐州市域范围两汉文化体系

以及汉高祖庙等。沛县汉文化遗址有大风歌碑、歌风台、汉高祖原庙、泗水亭、琉璃井、吕布射戟台、吕母塚遗址、樊井。樊井是汉代遗存，具有很高的研究价值。大风歌碑旧碑，为大篆体，具有珍贵的历史文化价值，为省级文物保护单位。民国《沛县志》载：碑上篆文，钟鼎形，长径尺，阔八寸。徐州市域东南部的下邳和睢宁曾经是东汉的重要政治文化区域中心，有"一部三国史,半部在下邳"之称。睢宁县汉文化遗址有张良圯桥进履遗址、张良留侯祠、戚姬祠、白门楼遗址等。其中睢宁发掘的下邳故城遗址被定为国家保护单位（图 1–14）。

3）徐州都市区层面"两汉文化环"战略性设计

徐州楚王陵墓群在两汉时期不仅规模宏大、分布密集，而且选址和建造等非常具有典型性。已确定为徐州西汉楚王陵墓群的有 8 处：徐州市狮子山汉楚王墓及陪葬兵马俑坑、驮篮山汉楚王墓、小龟山汉楚襄王刘注墓、

沛县博物馆中的大风歌碑

刘邦故里的文化标识

徐州睢宁县的张良祠

从东汉到明清下邳城的城摞城考古现场

图 1-14　徐州各区县两汉文化典型遗产

东洞山汉楚王墓、南洞山汉楚王墓、卧牛山汉楚王墓以及位于铜山县的楚王山汉楚王墓群和北洞山汉楚王墓。除楚王山汉楚王墓群外，其余均已发掘，都是大型岩洞墓。而且这些楚王陵墓大都距徐州市中心 10 千米左右，呈环带状分布（图 1-15）。

担任徐州知州的大文豪苏轼曾在其《放鹤亭记》中描述徐州胜景“彭城之山，冈岭四合，隐然如大环”，这才恍然顿觉在“隐然如大环”的山上，分布着一座座楚王陵墓。这些楚王陵墓，镶嵌于山水中，自然呈现“隐然如大环”之格局。于是就果断提出了在徐州都市区尺度上，通过打造“两

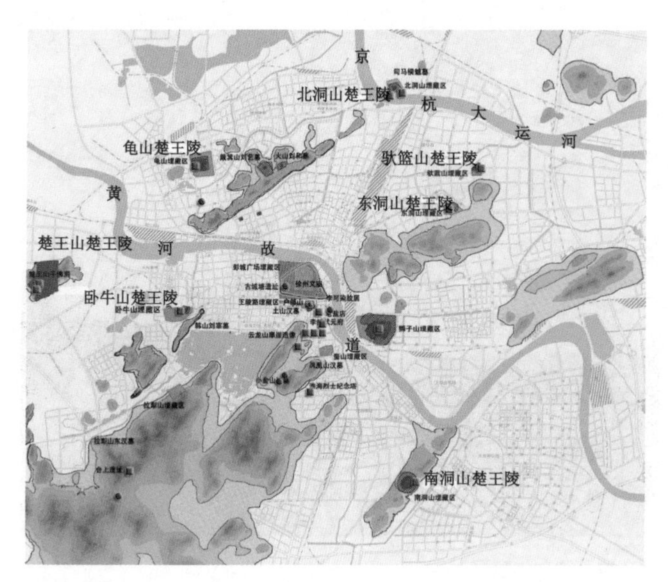

围绕徐州市中心的山川和陵墓“隐然如大环”
（图片来源：东南大学建筑设计研究院，2013）

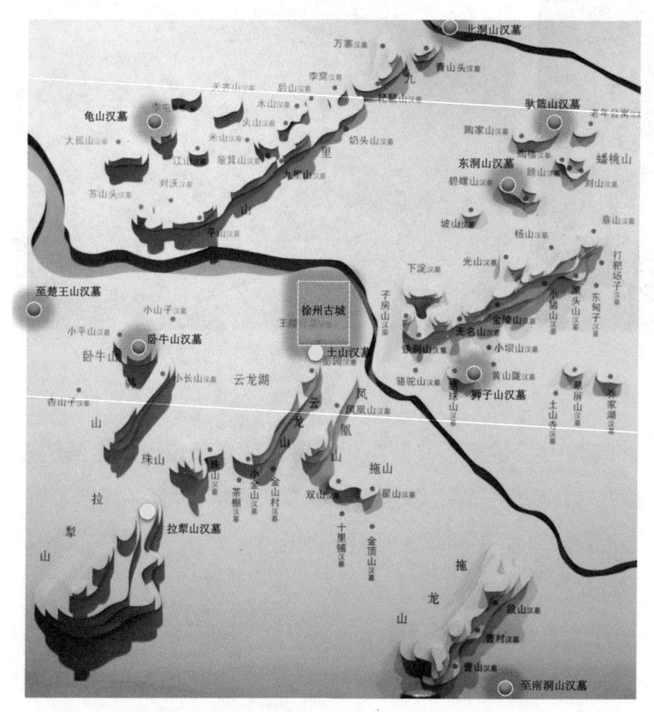

围绕徐州古城形成的两汉汉墓群（资料来源：徐州博物馆）

图 1-15　徐州市中心两汉文化遗产及其与城市和山水要素的关系

徐州山水城格局下文化遗产独树一帜（资料来源：铜山县县志）
图 1–15 （续图）

汉文化环”来促进徐州中心城市建设和都市区的空间品质提升，以及文化遗产的保护、传承和利用活化（图 1–16）。

总体而言，“两汉文化环”以徐州市区的西汉楚王陵为核、以山为骨、以河为脉，彰显汉魂，孕育未来。通过两汉文化环的打造，不仅可以继承与展示两汉文化，而且可以串联山水与开敞空间、提升与优化城市功能、打造宜居与宜业生活（图 1–17）。

依托“两汉文化环”形成：①一条文化环带：以楚王陵和画像石墓等为依托；②一个核心片区：以汉代楚国都城地下埋藏区为依托，促进中心城更新复兴提质；③一个精华片区：以北洞山、东洞山楚王陵为依托，大运河为纽带，促进城市东北方向的新发展带拓展提升；④ 5 个郊野片区：楚王山郊野公园、拔剑泉郊野公园、南洞山郊野公园、茅村汉画像石片公园、龟山汉墓城市公园（图 1–18）。

两汉文化环是一条复合环。其主干环是以近 20 座“环中心分布”的楚王陵崖墓为依托，以“隐然如大环”的山体为自然辅助，连同黄河、运河等纵横水域以及广泛分布的汉画像石及画像石展示馆为补充而形成；两汉

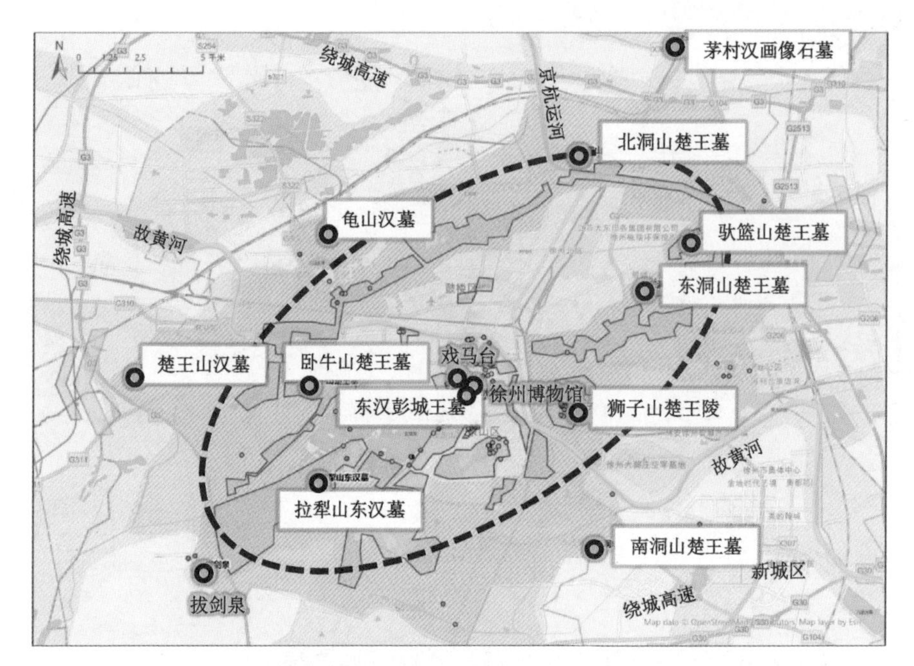

图 1–16 徐州“两汉文化环”的战略构思和“慢行空间”选线
（资料来源：于涛方，张译匀，梁禄全，2019）

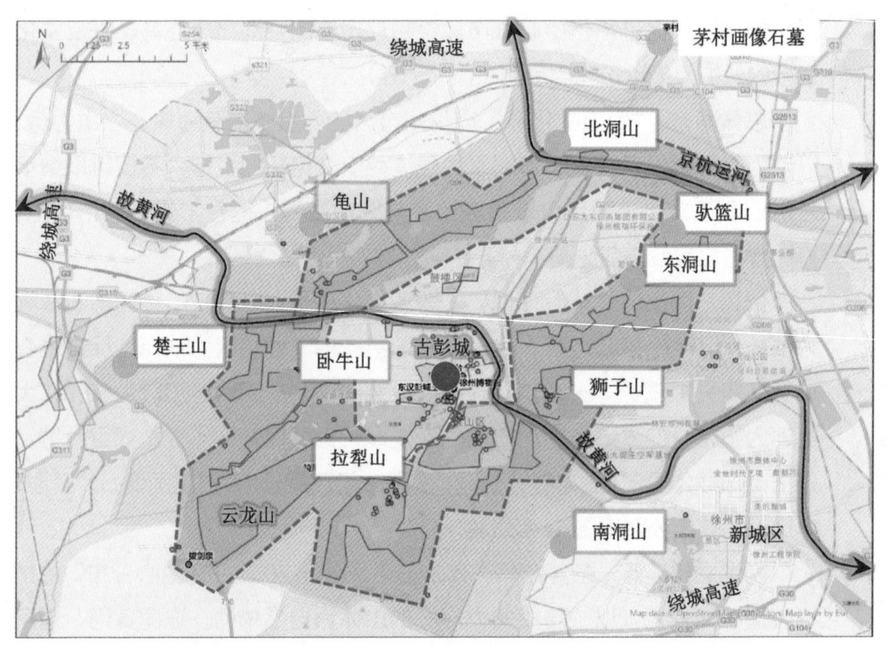

图 1–17 徐州“两汉文化环”核心区—控制区和辐射区划分

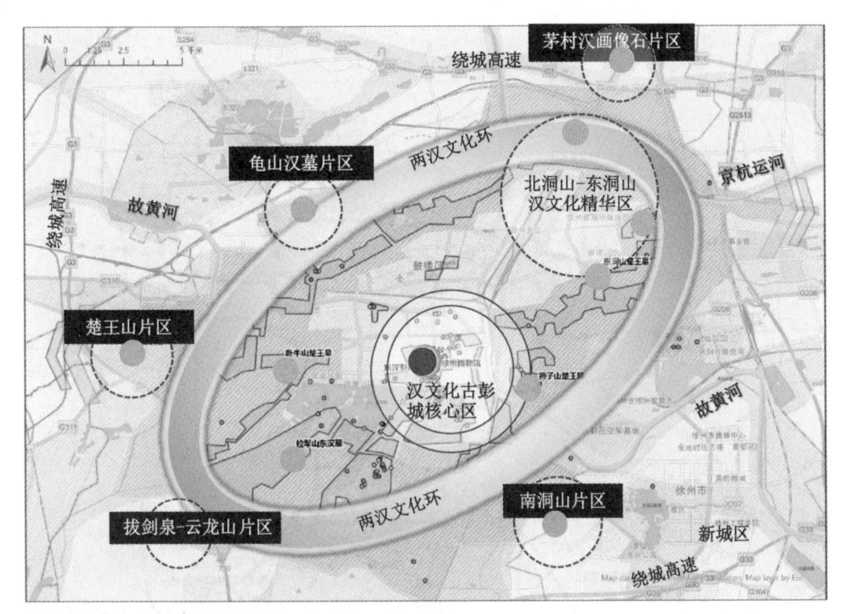

图 1-18　徐州两汉文化环的文化区层级分析

文化环和徐州的山环水绕互相重叠和嵌套。围绕徐州中心城区，分布大小山头共计 80 余座，山势大多为西北—东南走向，其中云龙山、狮子山、东洞山、九里山、北洞山、驮篮山、卧牛山与其他小山头形成一个近似环形的格局，将城区包围。围绕此，在景观路打造和慢行道体系方面加以交通强化。“两汉文化环”的辅助环依托徐州三环线，形成快速沟通的交通依托。三环路作为“两汉文化环”的交通体系支撑，双环偶合促进城市可达性和魅力度。徐州市三环路作为城市快速交通的支撑，能够成功将两汉文化廊道连接起来，同时结合三环路，规划能够快速到达两汉文化廊道和郊野片区的景观通廊（图 1-19）。

4）徐州“两汉文化环”塑造时机是否成熟分析

基于 POI 大数据对徐州市主城区城市用地分析，通过单一功能与混合功能之间的转换分析来判断都市区发展的时空特征和阶段判断。通过 2016 年和 2019 年两个时间阶段的分析，发现单一功能类型用地向混合功能类型用地转换的主要区域集中在中心城区外围的“陵墓环”上。通过 2016 年与 2019 年徐州市主城区城市用地主要功能类型对比分析可见，居住用地主要在中心城区三环以内的区域。两汉文化环周边地区除了景区开发、相关配套建设外，住宅的建设成为非常显著的用地趋势（图 1-20，图 1-21）。

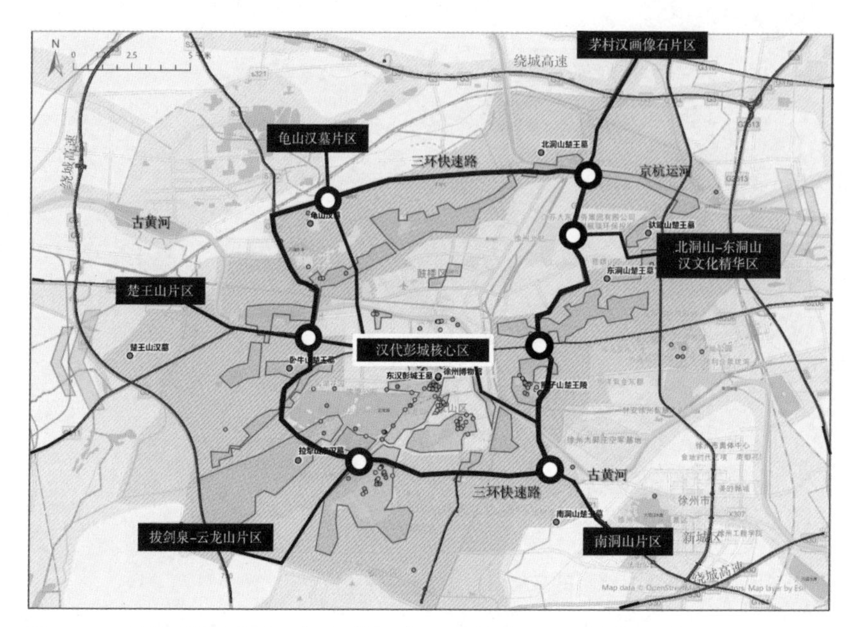

图 1-19　徐州“两汉文化环”的“快速”交通环（以三环为依托）及出入口等分析

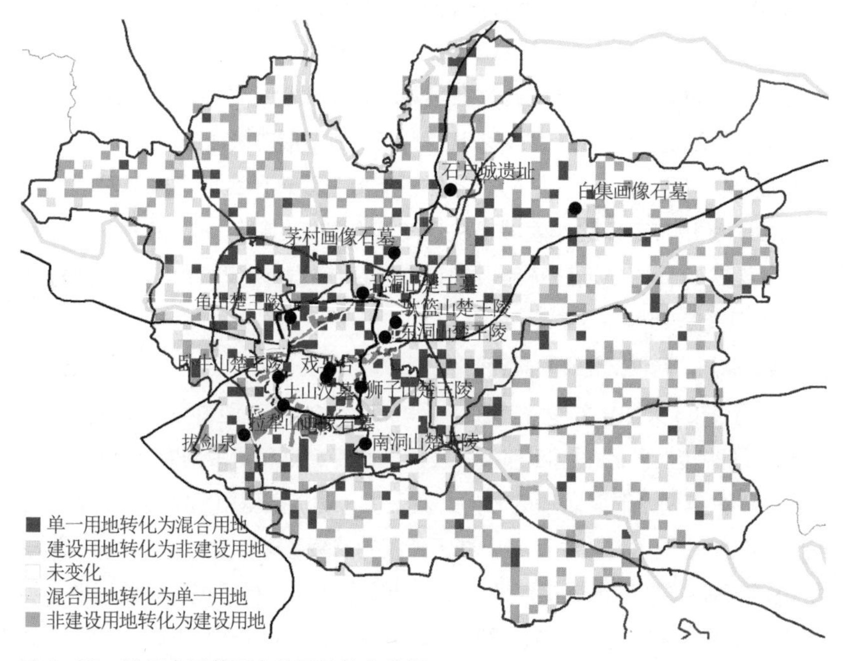

图 1-20　徐州市区范围内的用地转化分析

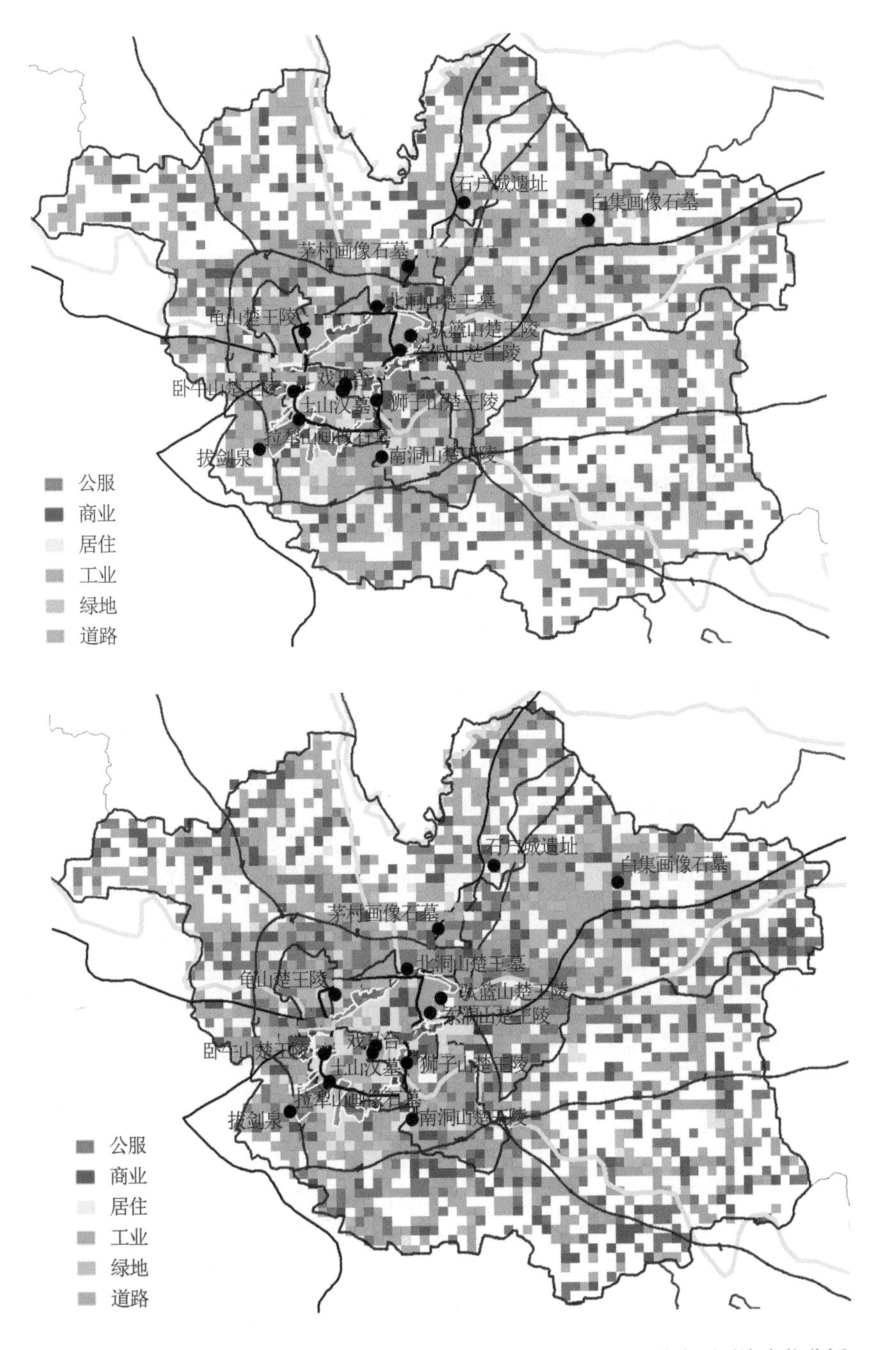

图 1-21　2016 年（上图）、2019 年（下图）徐州市区不同用地类型对比变化分析（注：公服系公共服务简称。）

进一步地，基于“特征价格法”模型对徐州汉文化遗产进行外部性测度研究。以房价作为外部性观测依据，数据来源是基于房天下、安居客和链家官方网站公布的二手房交易数据，经过筛选核对处理选择主城区房价数据点共计 640 条。数据包括住房的总价、均价、楼层位置、是否为别墅以及所处的楼层位置等。其运行结果与解释是：文化遗产对住宅发展和住房的外部性影响较为显著，其显著性水平为 0.068，有较好的解释意义。

因此，可以说“两汉文化环”地区开始成为城市化和郊区化两股力量的重要发力地区。如果不及时有效地保护两汉文化遗产及其所处区位的自然和生态生境，那么徐州的两汉文化遗产会遭受“灭顶之灾”。当然，如果及早地、科学地规划干预，就可以让两汉文化遗产在保护的基础上，进一步得以传承和活化利用。

第2章　文化遗产活化、遗产城市主义与规划设计方法

一、文化遗产活化的价值：过去可以成为未来的基础

过去可以成为未来的基础。文化遗产是人类智慧的结晶，是人类代代相传的珍贵遗产，应该得到传承和保护。同时也应该充分发挥文化遗产的当代价值，利用其发展城市经济。在物质文化比较发达、精神需求日益增长的当代社会，经过科学规划和管理对文化遗产进行合理利用，无疑是对文化遗产的积极保护。文化遗产有多重价值，实践证明，让文化遗产活起来，利用文化遗产向社会提供各种文化服务，所实现的经济价值只是最表层的价值，合理利用文化遗产的效益其实是综合性的（图2-1）。

归纳起来，文化遗产的当代价值包括：①经济价值。因其稀缺性，文化遗产具有很高的经济价值；文化遗产可以通过文化事业和文化产业的开发利用产生经济效益，利用文化遗产开发和生产满足大众需求的文化产品和文化服务。其符号价值为文化产业发展提供无尽的动力。②精神价值。

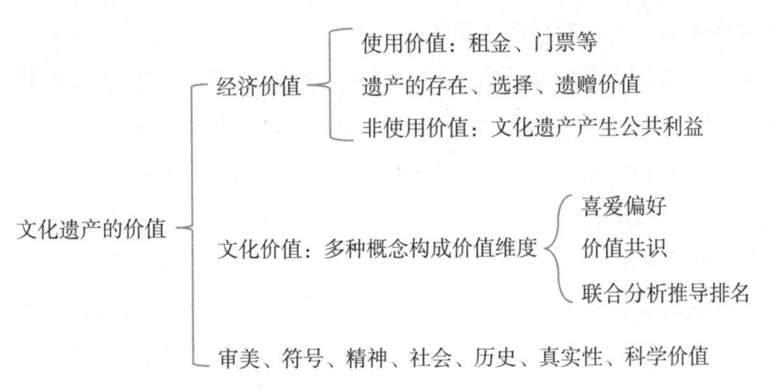

图2-1　文化遗产的价值构成
（资料来源：Licciardi, Guido, Amirtahmasebi, 2012）

文化遗产饱含民族精神、文化观念，具有强大的吸引力、凝聚力和认同感。在资本力量空前发达、城市化进程不断加速的时代背景中，文化遗产更需要得到重视、保护和利用，为国人提供精神归宿、使命感与精神动力。③历史价值。文化遗产的存在是历史的产物和时代的印证，反映各个时期社会、政治、经济、文化等方面的情况，传递历史文化信息，具有重要的历史价值。④社会价值。文化遗产的社会价值体现在有利于增强民族凝聚力，达成民族文化共识，从而促进和谐社会的构建。有利于弘扬民族精神，提升文化软实力，增强文化竞争力。

二、遗产城市主义：文化遗产可以成为城市发展的未来

同样，过去可以成为城市未来的基础。当今世界，一半以上的人口居住在城市，90% 以上的城市增长发生在发展中国家，城市在努力实现现代化的同时又不失其独特的特色，这些特色体现在其城市历史和遗产资产中。随着城市的迅速扩张，保护和继续使用遗产可以提供至关重要的连续性和稳定性。城市保存下来的文化遗产一方面可以使这个城市区别于其他地方；另一方面能够帮助城市吸引投资和人才以满足其公民愿望，减轻贫困，促进包容，使人们建立自尊、恢复尊严。随着支撑投资的经济理论变得越来越有活力，人们越来越多地关注遗产投资对宜居性、创造就业和地方经济发展的益处。

随着城市化进程的加快，其中的文化问题开始显现。如果城市能够在未来繁荣发展，那么对城市政策的研究就需要一种综合的方法，通常需要从技术、社会和经济角度综合分析，也许还需要考虑美学或历史文化问题。于是遗产城市主义（heritage urbanism）理念开始兴起（图 2-2、图 2-3）。从世界各地的经验看，文化遗产保护与城市发展并不矛盾，如果处理得好就能相辅相成。一方面，文化遗产保护项目已经成为城市发展新的经济增长点。文化遗产的稀缺性与独特性使其具有了经济价值的增值性，具备转化为文化资本的可能。可以利用文化遗产发展旅游经济、发展文化创意产业，让文化遗产得到更多消费者的认可，实现文化遗产保护和城市经济发展的良性互动。另一方面，城市经济发展能反哺文化遗产保护（图 2-4）。Florida 在其《城市和创意阶层》中指出“创意产业和创意阶

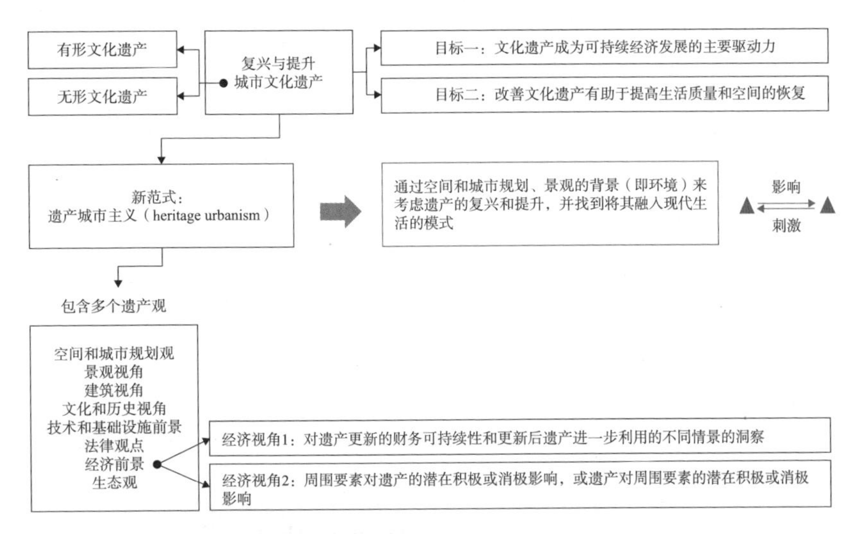

图 2-2　遗产城市主义的基本范式框架

（根据 Mladen，Bojana，Ana（2019）修改）

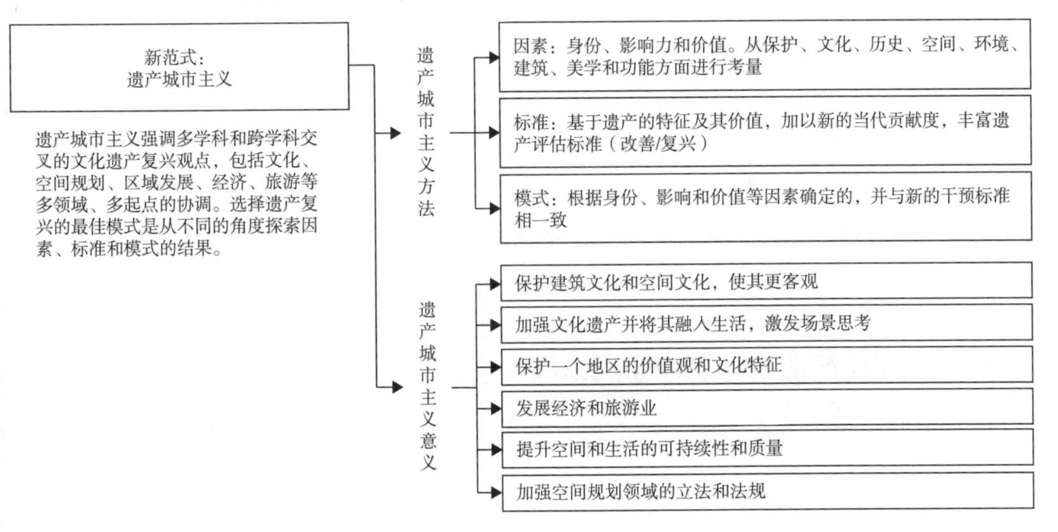

图 2-3　遗产城市主义的方法和意义

（根据 Mladen，Bojana，Ana（2019）修改）

层是现代经济发展的主要推动力量”，在“人才、包容性和科技”的新经济力量下，一个很重要的变化是城市从功能性主导走向“有趣的、真实的文化主导”。近些年来，国际上出现了“遗产经济学”（the economics of heritage）概念，主张采用经济学理论分析遗产属性，促进遗产文化价值

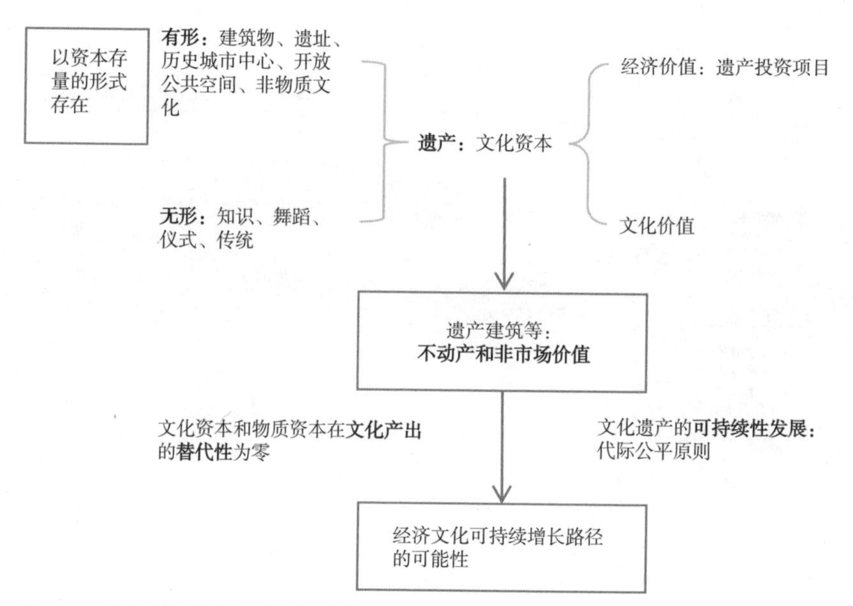

图 2-4　遗产经济学的一个基本框架
（资料来源：Licciardi, Guido, Amirtahmasebi, 2012）

与经济价值的同步挖掘与利用。Nathaniel Lichfield（1988）在《城市保护的经济学》（*Economics in Urban Conservation*）一书中系统阐释了文化建成遗产（cultural built heritage）与经济的关系，论及多元主体与遗产保护进程的互动。

三、文化遗产能重塑城市空间秩序

1. 文化遗产提升整个区域的整合和凝聚力

越来越多的国家和地区重视通过提高区域竞争力来吸引居民定居、游客观光和外来投资。区域竞争力不仅取决于地区的经济因素，如消费标准或地理位置，还与一些无形的因素有关，如一个地方的生活氛围或总体生活质量。Dwyer 指出，决定区域竞争力的因素包括：可用资源（自然资源、文化遗产项目）、创造性资源（旅游基础设施、提供的活动等）、支持性因素（一般基础设施、服务质量、交通条件等）以及地区的管理因素。一定程度上，区域整合在政府的作用下往往是从公共部门开始的。包括水资源等区域治理、港口码头等国家基础设施的合作，以及文化遗产的合作。其中文化遗产的区域合作方面，包括区域保护、文化创意产业的发展、旅游业的发展以及世界文化遗产等的联合申报等。

围绕两汉文化遗产，我国已经将汉代都城遗址、关口古道、陵墓石刻等纳入世界文化遗产——“丝绸之路：长安—天山廊道的路网”（图 2-5），为中西部地区的区域整合和旅游业等发挥了积极的正外部性效应，甚至有力地促进了“一带一路”规划的不断发展和深化。

世界文化遗产——“丝绸之路：长安—天山廊道的路网”中汉文化遗产占据相当重要的位置。对中国中西部地区的区域协调发展以及国际“一带一路”的区域整合和跨境合作有重要推动意义。

跨区域甚至是跨国层面的文化遗产整合战略被国际上高度关注和实施。譬如以阿尔卑斯山为纽带的跨国文化遗产联合申报与打造，由古罗马北部

河南洛阳：西汉函谷关遗址故道和阙台

函谷关门楼

陕西汉中：西汉张骞墓石刻

张骞墓封土

图 2-5　世界文化遗产——“丝绸之路：长安—天山廊道的路网”中的两汉文化遗产区域战略

陕西咸阳：西汉霍去病墓墓前刻石　　人熊搏斗　马踏匈奴

陕西西安：汉未央宫遗址

甘肃敦煌：汉河仓古城

甘肃敦煌：汉玉门关

汉长城遗址

图 2-5（续图）

边境线的英格兰—苏格兰和德国联合申报，直接促进了欧盟的文化与社会整合（social cohesion）战略实施；围绕区域文化遗产，也促进了区域从采矿和制造业等发展路径转向美丽乡村和旅游发展，如英格兰西部地区。

英格兰西部相对欠发达地区围绕美丽乡村进行人居环境建设（图 2-6）。同时，积极发掘早期巨石文化遗址和古罗马等地下文化遗产，为区域旅游和区域特色发展赋能。

在亚洲，日本、韩国在跨区域文化遗产联盟实施方面也进展斐然。例如，日本早期围绕京都、奈良和大阪一带的古迹，成功申报了四项世界文化遗产，

巴斯开放罗马温泉浴池

巴斯温泉古迹

乡村风貌和路径

乡村公共开敞绿地

图 2-6　英格兰西部地区的文化遗产为乡村旅游积极赋能

英格兰威尔特郡的巨石阵

威尔特郡埃夫伯里石圈立石

埃夫伯里石圈与传统村落的有机融合

埃夫伯里石圈与牧业的有机融合

图 2-6 （续图）

并仍在积极推进飞鸟平原古迹的申报。在这些申报中，古代陵墓成为重要的文化遗产形态（图 2-7）。韩国也是如此，在围绕朝鲜王陵、史前巨石墓、高山寺庙群、韩国书院跨区域进行世界文化遗产申报方面都有重要的成功经验，为我国文化导向的区域一体化规划提供了借鉴。

日本的京都—奈良—飞鸟平原世界文化遗产区（图 2-7）。欠发达地区将文化和生态作为转型发展的重要抓手。在发达的城市地区，更加重视通过文化遗产的挖掘和区域整合来促进地区的持久繁荣和竞争力。在日本京都—奈良—飞鸟平原一带，目前已有多项世界文化遗产，成为日本的文化高地，同时还在积极挖掘飞鸟平原一带的古坟墓、古遗址等申报世界文化遗产。

大阪—京都—奈良等区域文化遗产联盟：奈良东大寺

仁和寺等京都文化遗产

日本大阪—京都都市圈中“打包”申请的世界文化遗产

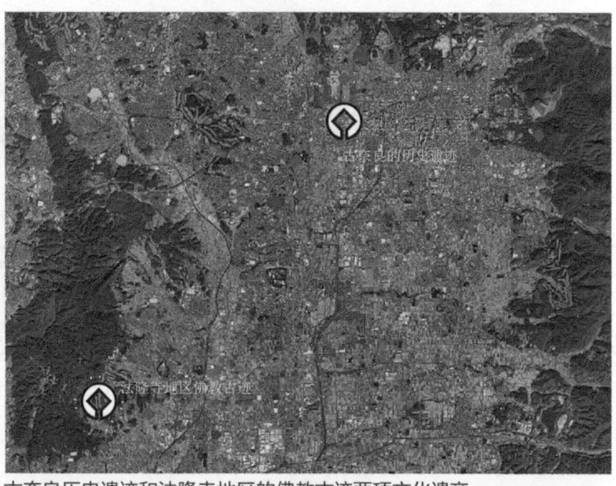

古奈良历史遗迹和法隆寺地区的佛教古迹两项文化遗产

古京都遗址（京都、宇治和大津城）

飞鸟·藤原一带的古迹已经列入预备遗产

大阪—京都都市圈区域联合申报的世界文化遗产

图 2-7 京都—奈良—飞鸟平原一带的文化遗产区域合作战略

飞鸟平原的“石舞台古坟”

飞鸟平原的高松塚古坟内部壁画

飞鸟平原的文物地标和农业景观

飞鸟平原的“落水古迹”和农村景观

图 2-7 （续图）

2. 文化遗产提升都市区品质

在国外，类似区域尺度，文化遗产在都市区层级的作用更加显著，文化遗产的保护活化和城市区域发展的相互作用更加显著。因此在大伦敦地区，围绕一系列文化遗产形成了独具特色的功能聚落和文化旅游目的地，如南部的坎特伯雷、西部的巴斯、北部的布莱海姆，等等。同时在大伦敦都市区尺度也是如此，古道体系、河流体系以及皇家或者民间文化遗产和空间聚落遗产都形成了一些文化功能强的人居聚落点，如温莎城堡等。而韩国的首尔、庆州以及日本的大阪等城市围绕城市中的陵墓良好保护、传承和利用活化也给我国提供了比较好的借鉴。

首尔都市区世界文化遗产高度密集，除了宫殿、古城外，他们也在积极推进朝鲜王陵等遗产的利用和活化（图 2-8）。朝鲜王陵和徐州楚王陵分布非常相似，它们分布于以首尔为中心的 4 千米之外、40 千米之内的汉江南北两侧，是朝鲜李朝时期（1392—1910）国王、王妃陵寝及墓园建筑，共有 42 座，绝大多数分布于今韩国京畿道、首尔市。2009 年，位于韩国境内 18 个地方的 40 座王陵被联合国教科文组织评选为世界文化遗产。

围绕朝鲜王陵世界文化遗产的保护和利用，尤其注重与都市区的和谐共存物质形体环境塑造和控制

朝鲜王陵在首尔的分布以及空间关系（和徐州非常相似，但其价值还是要远远落后于楚王陵）

图 2-8　朝鲜王陵和首尔城市发展的良性互动

大阪百舌鸟和古市古坟群（图 2-9）。该墓葬群位于大阪平原中的一处高地之上。古坟是大小不一的坟冢，外形有锁孔形、扇贝形、正方形、圆形等多种形制。墓主均为贵族阶层，墓内有各种随葬品（如武器、盔甲和饰物）。古坟顶部和四周以黏土塑成的“埴轮”装饰，分圆筒形埴轮和形象

埴轮（房屋、工具、武器或人形）两种。这 49 处古坟是全日本 16 万处古坟的代表，展示了日本古坟时代（公元 3—6 世纪）的文化。

大阪百舌鸟和古市古坟群在大阪都市区中的区位

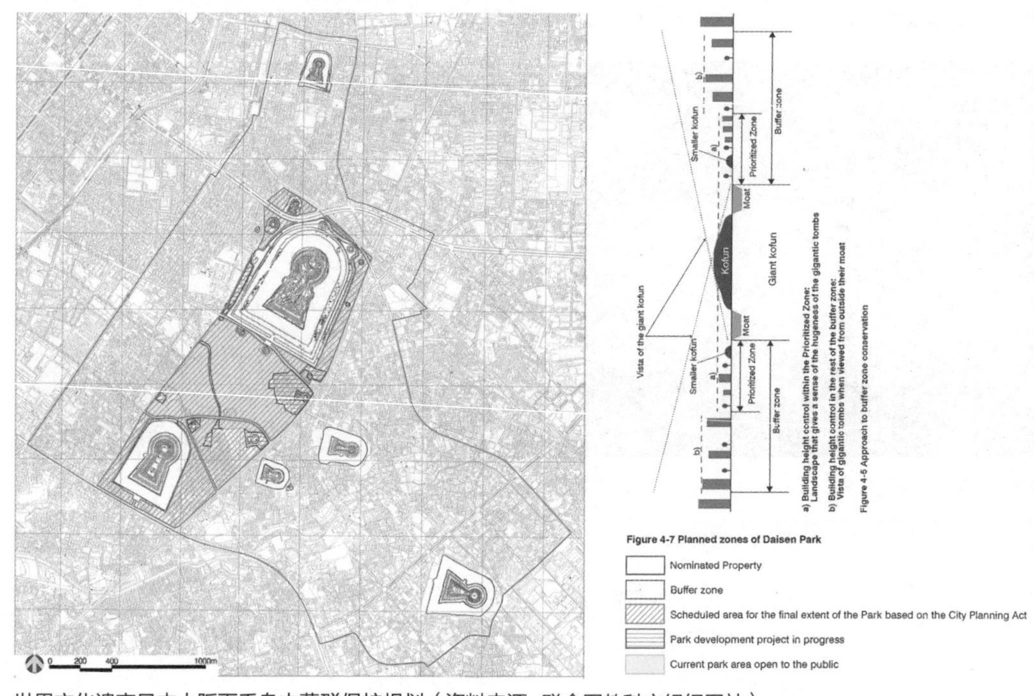

世界文化遗产日本大阪百舌鸟古墓群保护规划（资料来源：联合国教科文组织网站）

图 2-9　古坟群和大阪都市区发展的良性互动

大阪百舌鸟和古市古坟群夜景

图 2-9 （续图）

韩国庆州：一个因露天博物馆举世闻名的都市区（图 2-10）。和徐州一样，韩国的庆州也是一个山水和文化遗产丰厚的城市，其保存着新罗一千年光辉的文化遗产。1983 年庆州市和庆州郡合并，同年石窟庵与佛国寺被列入遗产名录。1995 年，庆州历史区作为另一项文化遗产也被列入世界遗产名录。城区到处可见新罗时代的遗迹，被称为“没有屋顶的博物馆”。庆州历史区由南山、卧龙山、图木里、黄永沙寺和要塞地带 5 个不同的分区组成，由政府所有。根据《文化遗产保护法》，在每个历史区域周围建立了 500 米的缓冲区（历史文化环境保护区）。在缓冲区内，所有的构筑物、构造都需要得到授权方可建设。为了保护大量的出土文物，庆州市在进行任何建设之前都必须进行文化遗产影响评估。庆州文化遗产活化和城市规划给徐州的启发包括：第一，城市总体规划应突出大遗址保护和文化遗产保护优先的原则；第二，文化遗产应避免周边环境的过度开发；第三，建立联系文化遗产的景观廊道。

庆州中心区的新罗陵墓群：天际线和缓冲区保护典范

庆州的佛国寺

世界文化遗产石窟庵

庆州世界文化遗产陵墓位于城市闹市区

文化遗产的活化

图 2-10　文化遗产和庆州都市区发展的良性互动

夜之观星台

夜之大陵苑

图 2-10 （续图）

近期国内对文化遗产和都市区发展战略之间的正向关系也开始日益关注。按照“三区一中心一枢纽”的战略定位，洛阳都市区将联动登封、巩义、汝州等地，开展登封“天地之中”历史建筑群、巩县石窟、宋陵、风穴寺等文化遗产保护、传承工作，共同书写承古耀今的保护、传承、发展新篇章。重点打造文化保护传承弘扬核心区，加强区域文化资源系统性研究保护，统筹推进文化遗产连片整体性保护展示和传承利用。并准备积极推进二里头遗址、“关圣文化史迹”和“万里茶道”联合申遗（图 2-11）。

洛阳偃师的二里头遗址保护和博物馆建设

图 2-11 洛阳都市区与区域协作发展的文化协同发展

郑州巩义的北魏石窟的保护

石窟文化遗产的各种文化遗产活化方式：帝后礼佛拓片制作中

郑州巩义的北宋赵匡胤陵墓

文化遗产结合乡村景观

图 2-11 （续图）

3. 文化遗产复兴内城活力

随着社会的不断进化，城市中心区一座座由钢筋水泥构建的建筑群拔地而起。而内城原本的传统建筑和传统空间在不断遭到破坏，传统文化味道在逐渐消散。后来人们恍然大悟，城市不仅仅是一栋栋建筑，更应该对从前有所传承、对未来有所展望，使城市历久弥新，经久不衰。于是文化遗产保护成为国际公认的城市规划和开发所应坚持的基本理念和原则。伴随着城市发展从工业化功能主导向后工业化体验和服务主导的转变，文化遗产成为重要的稀缺性资源和文化转向资源。于是文化遗产促进内城活力复兴是国内外城市规划建设一大趋势。

存量规划和城市更新背景下的内城区文化复兴越发盛行。我国的城市规划正在由早期的增量规划为主逐渐转为以存量规划为主。在这一背景之下，城市规划与建设当中曾被忽视的历史与文化要素被视为地区振兴与城市更新的关键抓手。在西方国家率先的实践基础之上，近年来，我国涌现出了一批以文化复兴为主导和目的的项目，主要表现为历史街区、工业区与文化区三种空间模式（秦朗，2016）。从区位的角度来看，项目多位于集中建成区或郊野片区。前者凭借多元的资源禀赋，以资本运作的模式达到文化保护与城市发展的平衡；后者则仰仗相对低廉的土地价格，以公园、景点等公共品、半公共品的形式实现文化保护。这些地区的文化传承的背景往往十分复杂。一方面，该类地区面临多种城市要素的杂糅，从人群到产业都呈现出混杂的态势；另一方面，该类地区往往在早期的城市开发中属于“失控”的情况，产权不明晰带来的私搭乱建、山水侵占等问题十分严重。然而，由于山水条件、宗教文化等原因，该类地区往往又蕴含了极大的文化资源潜力。伴随城市的更新与城市交通的发展，未来这一类地区的文化资源将进一步得到开发与利用。

近几年来，广州、成都等在内城区的文化遗产保护与活化为徐州两汉文化环的战略打造提供了借鉴，尤其是位于内城区的西汉楚汉宫殿地下遗址群的活化利用方面（图 2–12）。

南越国宫署遗址位于广州市越秀区北京街道禺山社区中山四路，宫署遗址内埋藏着秦代到民国的历代遗迹遗物，这里不仅是南越国、南汉国的王宫所在地，也是历代郡、县、州、府的官衙所在地，是广州 2200 多年

广州中心城区西汉南越国宫殿地下遗址的展示与活化利用

遗址展示馆设计突出立体“公共空间”

屋顶空间对“曲水流觞”地下遗迹的复原展示

展示馆的建筑材料来自西汉古采石场

地面植被和构筑物对地下遗址的象征性展示

图 2-12 广州南越国宫署遗址保护与内城区复兴：“立体”公共空间的“创造性展示”

南越国宫署遗址博物馆设计表现（来源：北京华清安地建筑设计有限公司官网）
图 2-12 （续图）

城市发展的历史见证。南越国宫署遗迹层层相叠，构成了一部记载广州两千多年发展的无字史书。在基建工程中，分别发现了南越国时期的大型地下石构水池和南越国王宫御苑，被认为是岭南地区考古方面的突破性发现。2000 年在广州市儿童公园发现南越国宫殿遗址。南越国宫署遗址于 1996 年被国务院公布为第四批全国重点文物保护单位，2006 年 12 月被列入中国世界文化遗产预备名单。

四、面向文化遗产活化的规划与设计内容及方法

2021 年，自然资源部和国家文物局印发《关于在国土空间规划编制和实施中加强历史文化遗产保护管理的指导意见》（简称《指导意见》）等一系列文件，均要求发挥国土空间规划的引领作用，加强历史文化遗产管理保护。各省市陆续公示的国土空间规划草案，都将历史文化遗产保护纳入了国土空间规划的时空发展大格局中。《指导意见》主要内容包括：一、将历史文化遗产空间信息纳入国土空间基础信息平台。二、对历史文化遗产及其整体环境实施严格保护和管控。在市、县、乡镇国土空间总体规划中统筹划定包括文物保护单位、保护范围和建设控制地带、地下

文物埋藏区等在内的历史文化保护线，并纳入国土空间规划“一张图”。三、加强历史文化保护类规划的编制和审批管理，文物保护类专项规划、历史文化名城名镇名村街区保护规划与同级国土空间规划同步启动编制。四、严格历史文化保护相关区域的用途管制和规划许可。五、健全“先考古、后出让”的政策和机制。六、促进历史文化遗产活化利用，各地自然资源主管部门对重大历史文化遗产保护利用项目的合理用地需求予以保障。七、加强监督管理。

1. 文化遗产保护、传承与活化利用的规划内容和方法

除了文物保护部门的各类文物保护单位等相关保护体系外，围绕历史文化名城、名镇、名村、街区，以及传统村落等文化遗产空间要素，也都形成了相应的规划体系、内容和方法。

2021 年发布的《指导意见》概要地反映了文化遗产保护、传承与利用规划的一些具体编制、实施内容和相关方法。《指导意见》指出国土空间规划中文化遗产保护、传承和利用的主要过程包括：首先摸清家底，将历史文化遗产空间信息纳入国土空间基础信息平台。其次是进行规划编制。突出强调对历史文化遗产及其整体环境要实施严格保护和管控。强调在市、县、乡镇国土空间总体规划中统筹划定包括文物保护单位保护范围和建设控制地带、地下文物埋藏区等在内的历史文化保护线，并纳入国土空间规划“一张图”。指出要加强历史文化保护类规划的编制和审批管理，文物保护类专项规划、历史文化名城名镇名村街区保护规划与同级国土空间规划同步启动编制。然后是制度建设，包括历史文化保护相关区域的用途管制和规划许可，健全“先考古、后出让”的政策和机制以及监督管理。其中在促进历史文化遗产活化利用方面，要求各地自然资源主管部门对重大历史文化遗产保护利用项目的合理用地需求予以保障。

长期以来，我国文物工作贯彻“保护为主、抢救第一、合理利用、加强管理”的十六字方针[①]；在历史文化名城、名镇、名村保护工作中，又形成了“科学规划、严格保护”的新原则[②]，强化了规划对于文化遗产保护的

① 《中华人民共和国文物保护法》第四条。
② 《历史文化名城名镇名村保护条例》第三条。

引领性作用，也推动了遗产保护与城乡风貌相协调、与经济社会发展相协调。当前正处于文化遗产保护与空间规划进一步深度融合的关键阶段，应在空间类规划引领文化遗产保护传承利用的有利条件下，实现“整体保护、系统管控、积极传承、合理利用”的新格局。

（1）整体保护：建立全域、全要素文化遗产保护体系

我国历史文化资源内容丰富、类型多样，包括国家文化公园、世界遗产、各级文物保护单位（含大遗址）、不可移动文物、历史文化名城名镇名村、传统村落、历史文化街区、历史建筑、农业文化遗产、工业遗产、世界灌溉工程遗产、非物质文化遗产等多种遗产类型，广义上也包含烈士纪念设施、风景名胜区、水利风景区等具有历史文化意义的景观和纪念性设施，以及中国 20 世纪建筑遗迹和其他历史上形成的城乡人居环境、交通线路、文化廊道、山川界域等潜在资源①。在中共中央办公厅、国务院办公厅印发的《关于在城乡建设中加强历史文化保护传承的意见》中，还特别将地名文化遗产一并纳入了城乡历史文化保护、传承体系，也需要空间类规划加以整体协调。总体来看，文化遗产资源量大面广、情况复杂。目前，国土空间规划、文物保护类专项规划以及城乡历史文化保护、传承中都提出了对各类历史文化资源进行整合和系统保护的要求。在规划编制和实施中对规划的全域范围内各类文化遗产资源进行梳理，建立完整名录，优化保护体系，明确不同类型资源的保护利用要求，是一个基础性的工作。

（2）系统管控：统筹多层次历史文化空间管控

以国土空间开发保护促进文化遗产保护是新时期的重要任务。《指导意见》提出了两项重要要求，一是统筹划定历史文化保护线并纳入国土空间规划“一张图”，二是针对历史文化资源富集和集中分布地区明确区域整体保护和活化利用的空间管控要求。根据上述要求，规划编制和实施过程中需要在落实全域、全要素保护和建立名录基础上，着力推进历史文化保护线的科学划定与有效管理。需要指出的是，不能把“历史文化保护线”简单理解为一条线，而要注意相关法规中不同类型保护区、控制区、协调区的区别，从而统筹多种类型的保护线，建立历史文化保护线体系。在地区

---

① 张能，武廷海，王学荣，等. 中国历史文化空间重要性评价与保护研究 [J]. 城市与区域规划研究，2020，12(1):1-17.

和区域层面上，要广泛吸纳我国大遗址保护规划、历史文化名城保护规划和文物保护利用示范区规划中的丰富经验，创新区域整体保护和活化利用的空间管控方式，从历史文脉、历史事件、历史格局、历史环境等不同层面制定适宜的空间策略。

（3）积极传承：将文化遗产价值挖掘作为规划的优先环节

在传统的文化遗产保护中，认识和挖掘文化遗产的突出价值是保护利用的前提条件；在新形势下，深入挖掘历史文化价值仍然是规划的前提。中共中央办公厅、国务院办公厅2018年印发的《关于加强文物保护利用改革的若干意见》中明确要求“构建中华文明标识体系”；2021年印发的《关于在城乡建设中加强历史文化保护传承的意见》则要求“建立城乡历史文化保护传承体系”，其目的在于讲好中国故事、坚定文化自信、传承中华文明。因此，新时期的规划不仅要实现历史文化遗产资源本体保护和空间管控，还要将文化遗产承载的中华文明、特色文化作为关键规划策略，将文化遗产的深入研究与价值挖掘置于规划的优先环节。需要强调的是，在我国文物古迹保护工作中，“研究应贯穿保护工作全过程”是一条基本要求①，这一要求也适用于国土空间规划条件下的历史文化遗产保护工作。目前，国土空间规划的技术逻辑特别强调标准化、模式化、定量化，如将“双评价”作为划定“三条控制线”的主要依据，这有利于规划工作的快速大规模开展。但应注意的是，历史文化遗产价值挖掘与传承难以简化为一套标准化技术流程，也不能由空间规划专业包办，要为考古工作、文物工作和其他领域积极参与规划编制实施创造条件，并在实践中积极吸纳相关的研究成果。

（4）合理利用：广泛开展文化遗产活化利用规划行动

习近平总书记多次强调要保护好、传承好历史文化遗产，要让陈列在广阔大地上的遗产“活起来”。国土空间保护开发和城乡人居环境建设中，在严格保护前提下，推动文化遗产创造性转化、创新性发展，应作为规划的重点内容。“活起来”三个字，为城市规划和发展中的文化遗产保护工作指明了方向。“活起来”告诉我们，文化遗产应该而且能够活在当下、活在人们生活中。它们曾有辉煌的过去，也应该有闪光的现在，并且还要充满生机地走向未来。城镇化快速推进的今天，文化遗产应融入社会，

① 《中国文物古迹保护准则（2015）》第5条。

在保护中利用，在利用中进一步诠释和丰富其价值。从世界上一些历史名城的发展趋势看，文化遗产保护与城市现代化发展并不矛盾，如果处理得好就能相辅相成。习近平总书记倡导让文化遗产活起来，一个重要含义就是从精神资源角度对文化遗产进行再阐发、再挖掘和再转化，释放蕴藏的物质、精神和制度潜能，让文化遗产从典籍、考古、博物馆，从民间、大众以及历史中走出来，续写传统文化复兴的辉煌篇章。当然让文化遗产活起来的一个基本前提是要遵循文化遗产积极保护的基本原则，包括原真性（authenticity）原则、完整性（integrity）原则以及可持续性（sustainable）原则。

具体而言，在规划中推动文化遗产合理利用，可以抓住以下重点环节：第一，要强化重点文化遗产的标识性作用，塑造中华文明标识、地方特色标识和城市文化标识，使文化遗产成为凝聚社会共识和社会认同的积极有利因素；第二，要强化文化遗产潜在的公共属性，在有条件的情况下，积极制定策略增加文化遗产资源的利用率，提高文化遗产资源的开放率；第三，要强化文化遗产的空间属性，推动将历史文化空间塑造为城乡公共空间，通过规划和设计，使历史文化空间可观、可读、可游、可居，使当代人居空间展现传统价值；第四，要强化历史文化景观保护与修复，依托地方性和区域性的历史文化景观、历史文化线路、遗产运河等，积极开展美丽国土、魅力城乡塑造行动；第五，要强化文化保护传承旅游与文旅融合发展的联系，规划要为文化公园、文旅产品、文旅目的地提供条件，为文化服务的充分发展提供空间。

2. 基于文化遗产活起来的城市设计

让文化遗产活起来的城市设计可包括如下几个关键部分：①文化遗产在城市文化体系中的独特性和价值地位；②文化遗产与城市发展阶段（如工业化中期阶段、工业化后期阶段以及后工业化阶段等）的关系、文化遗产与所在区位（如内城区、过渡区、边缘区等）的关系分析；③文化遗产与山水生态等文化生境的关系；④文化遗产活化与交通可达性（如轨道交通等建设）以及城市舒适性（如城市公园等建设）等变化。

首先，文化遗产在很大程度上是属于公共品的范畴，这是城市设计的一个战略认知前提。根据文化遗产所处的城市发展阶段和区位特征以及产权关系，在城市设计中应重视从竞争性和排他性角度来划分文化遗产是属于“纯公共品”还是“俱乐部品”或“公共池塘资源”乃至“私有品”，不同的类属有不同的城市设计策略应对。事实上，关于城市设计本身重要性和作用效果的讨论，学术界强调城市设计的重要性并不局限在如何创造一个新的城市环境，而应更加注重将历史因素、文化因素与城市环境叠加，解决由市场运作导致城市空间出现的隔离问题，塑造城市整体性和连续性（童明，2017）。公共物品与产权概念为文化遗产活起来的不同方式提供了理论依据。如过去我国传统的名城保护模式视文化遗产为纯公共物品，保护与管理主体仅限于政府。但在市场经济语境下，遗产更多地呈现出准公共物品属性。例如，在历史街区的商业开发中，提供溢价辐射的遗产更接近公共池塘资源，因为遗产本身能够提供的文化辐射范围是有限而“竞争”的，已有开发会占据市场份额。但这并不具备排他性，遗产提供的公共文化服务仍然可以由全体市民共享。另如国外私人依托遗产兴建的收费博物馆，具有鲜明的俱乐部物品特性。对于历史文化名城及其遗产保护，应走出传统一元模式的桎梏，鼓励社会多元主体、资本参与保护利用（孟祥懿，于涛方等，2018）。依据产权划分构建保护与利用谱系，提出“刚性保护”“积极保护，公益服务”“综合溢价，积极利用”“创新模式，积极利用”四种保护与利用态度，并提出各模式利用主体、资金来源、遗产对待策略、产业形态等内容（图 2–13、图 2–14）。

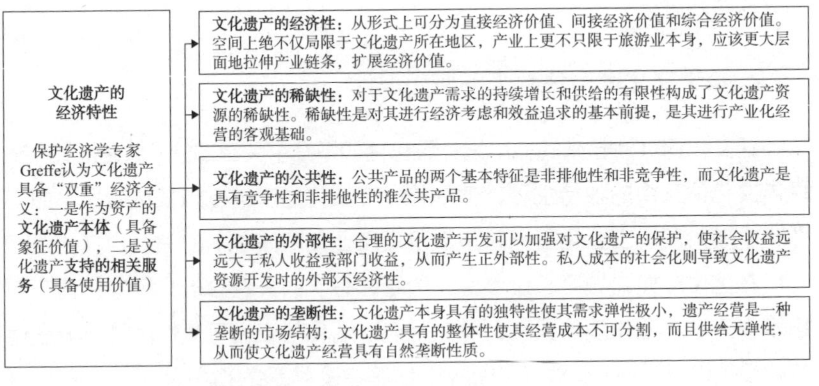

图 2–13　文化遗产的经济特性
（资料来源：周锦，顾江，2019）

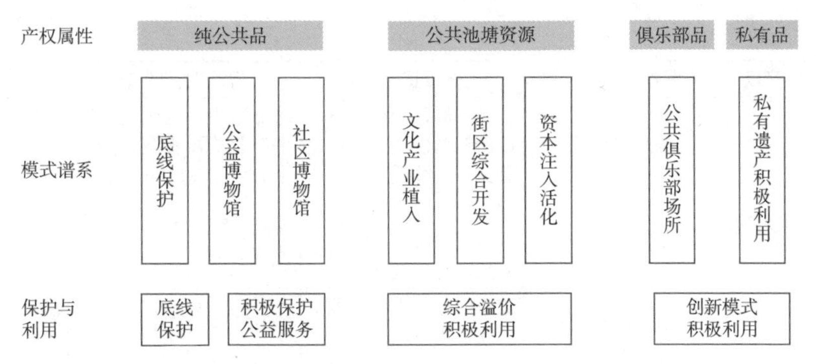

图 2-14　文化遗产活化保护与利用谱系构建
（资料来源：孟祥懿，于涛方等，2018）

其次，文化遗产活起来的一个关键条件是要充分认知文化遗产所在的城市的整体发展阶段、微观区位条件等。一般来说，当城市处于工业化向后工业化转型阶段时，文化遗产活起来的条件就大大提升，文化遗产处于城市土地利用功能急剧变化的地段，其文化遗产活起来的条件也大大提升，当然文化遗产保护的压力也与之相伴而行。而且不同发展阶段，不同地段的文化遗产活起来策略不太一样，如表 2-1、表 2-2 所示。

再次，文化遗产活起来还要综合兼顾其他要素，尤其是山水要素、乡愁要素以及风俗民风和非物质文化遗产要素等，应充分将这些公共品或者公共池塘资源等整合在一起。根据习近平总书记关于文化遗产活起来的理解，文化遗产更要与现代城市生产、生活乃至未来城市的引领有机结合起来，以更好地提升其可持续性。

表 2-1　保护与利用模式谱系构建

产权	保护与利用模式	主体及资金来源	遗产对待策略	产业形态
纯公共品	底线保护	政府主导，公共投资	原址回填，保持原状，定期维护，底线整修	文化事业，适时利用
	公益“博物馆”	政府主导，社会参与，投资为主，基金助力	修旧如旧，整治修缮，价值拓展，科普展示	公益性，文化服务
	社区“博物馆”	政府、社区共同主导，多元资金，公益捐资	整治修缮，营造社区公共空间与文化中心	“步行可及”社区公共文化服务

续表

产权	保护与利用模式	主体及资金来源	遗产对待策略	产业形态
公共池塘资源	文化产业植入	政府引导，社会参与，政府基础投资，引发社会资本持续投入	政府兴建基础设施与文化产业发展场所，企业、个人租住经营	商业、文旅、文化创意等经营性文化产业初步发展
	街区综合开发	政府引导，市场主导，政府基础投资，引发社会资本持续投入	街区更新，场所重塑，传统风貌，整体和谐	经营性文化产业形成规模
	资本注入更新	政府引导，市场主导，企业资本注入	腾退置换，整体更新	融合商业、文旅、地产的"紫色经济"
俱乐部品	公共"俱乐部"	市场主导，政府监管，个人、企业出资	古为今用，植入现代功能与元素	"会员制"经营性文化产业
私有品	私有遗产积极利用	私人主导，政府监管，遗产所有者出资	整治更新，植入现代功能与元素	多样化，博物馆、工作室、创客办公均可

资料来源：孟祥懿，于涛方等，2018。

表 2-2　因地制宜、因时制宜的文化遗产活起来策略

地域	内城区	混合交错区	边缘区
国外	毕尔巴鄂古根汉姆博物馆策略 纽约高线公园； 庆州古坟世界文化遗产区控制与活化； 伦敦圣保罗教堂—泰特现代博物馆	格林尼治天文台的文化结合自然、文化结合副中心建设； 伦敦绿带地区的文化遗产活化和保护； 首尔绿环（陵墓、城墙等）	韩国佛国寺和石窟庵的世界级乡村—文化景观复合区
中国	宽窄巷子、太古里、前门大街（北京坊）	大明宫遗址、未央宫遗址	曲江新城、十三陵、金陵遗址
	徐州博物馆—土山汉墓、戏马台—户部山古民居、徐州楚汉故宫地下文物埋藏区	狮子山陵、龟山汉墓、驮篮山—东洞山汉墓、南洞山汉墓、卧牛山汉墓	北洞山汉墓、楚王山、茅村—白集汉墓

第 3 章　徐州的两汉文化遗产资源、价值及现状

汉代是中国历史上持续时间最长的朝代，两汉四百年所创造的文化，至今依然熠熠生辉。西汉时期，刘邦所建立的汉王朝，以血缘、政治、经济、文化等诸多元素合成的力量，整合了黄河、长江等不同的区域文明，凝聚了汉民族的魂魄，同时也在汉代的不同地方发光发热。东汉文化也非常有特色，如蔡伦改进了造纸术，使造纸术成为中国古代的四大发明之一；张衡发明了地动仪、浑天仪等。在徐州主要体现在画像石墓、土山汉墓等文化遗产以及古城遗址等。除了科技外，两汉文化同时还体现在建筑、军事、宗教、文学、歌舞、雕塑、绘画以及服饰等诸多方面，如图 3-1 所示。文化遗产承载的汉代精神具有“席卷天下，包举宇内”的气魄，一直发挥着民族凝聚、精神激励和价值整合的作用。鲁迅先生就多次盛赞汉代精神：“汉代精神构成了我们民族精神的主体——豁达闳大之风。”

汉中《石门颂》的隶书

铜奔马

图 3-1　两汉时期遗留下的重要文化遗产成果，中华民族凝聚力的重要纽带

东汉骑马石人

东汉击鼓说唱俑

西汉金缕玉衣

图 3-1（续图）

一、徐州是国家两汉文化时空发展的重要见证

1. 徐州对两汉文化的发祥、形成与发展功不可没

由于徐州沛县人刘邦对两汉的缔造地位，汉初最高统治集团的核心大部分都是徐州丰沛人。跟随刘邦打天下的骨干力量，如萧何、曹参、周勃、王陵、樊哙等，也都是沛县人。刘邦的 18 个分封王中，仅沛籍人就占了 10 位；18 个开国元勋中有 8 个是沛人。此外，刘邦在沛县娶来的结发妻子吕后，长时间掌握着西汉的最高权力，决定了西汉未来的发展方向。可以说，没有刘邦及追随他的“丰沛政治集团”，就没有日后繁荣昌盛的两汉王朝，更没有我们的汉族、汉字、汉语等流传。总之，正是这种渊源，使得徐州两汉文化遗产的地位独一无二。

2. 徐州两汉文化的完整性、独特性和稀缺性

在中国有许多汉文化集中的片区，例如河西走廊的汉长城、城堡，关中的长安城、帝王陵墓、汉代刻石等，以汉阙、岩墓群、汉画像砖为代表的成都地区，以及洛阳、岭南、雁门关、燕山，等等。其中，徐州地区的两汉文化以其完整性、独特性和稀缺性而成为我国汉文化的精华区域。

（1）完整性

徐州的汉文化遗存涵盖了政治、经济、社会生活等方方面面，很好地展示了两汉时期的历史风貌。同时，从两汉文化的渊源、高峰辉煌以及式微衰落，徐州的文化遗产及场所都提供了完整的谱系见证，尤其是渊源地的丰沛区域、高潮地的徐州市区和衰落见证的下邳睢宁区。另外，徐州的两汉文化可以说融汇了发达的黄河文化、齐鲁文化以及长江文化、荆楚文化、吴越文化。汉朝建立以后，楚文化中的神秘浪漫精神[①]，与北方的深沉理性思考在徐州融合在一起，构成汉代艺术设计深沉雄豪、气韵灵动的文化底蕴基因。除了楚王陵、汉兵马俑、画像石墓等“汉代三绝”外，徐州的两汉文物系列之完整可从如下一组信息管中窥豹：陶俑 5000 件、封泥 5000 件、玉器近 1500 件，其中玉衣 16 件、玉棺 3 件、钱币 230 万件。

（2）独特性

在汉朝，徐州是北方重要的农业经济重地、交通节点、军事争夺要地，这就决定了其在汉代的重要地位。就目前而言，徐州汉文化遗存的总量和规模都是全国数一数二的，尤其是汉墓与汉兵马俑、汉画像石齐名，是我国汉代的珍世瑰宝。在汉墓体系方面，徐州因其山头较多，形成“因山为陵”的汉墓体系，产生时间早、延续时间长，形成一条完整的汉墓序列；在汉画像石的收藏上，徐州拥有全国规模最大的汉画像石馆，内容涉及礼乐、

---

① 荆楚文化是汉文化形成与发展的最基础的文化类型之一。它主要分布在长江中游的广大地区，是当时刘邦诞育地区的本土文化。丰邑原为宋国属地，后曾在此设都（故丰县有“汉高故里，古宋遗风”之称）。我国著名美术史家邓以蛰曾说：“世人多言秦汉，殊不知秦所以结束三代文化，故凡秦之文献，虽至始皇力求变革，终属于周之系统也。至汉则焕然一新，迥然与周异趣者，殊使之然？吾敢断言其受‘楚风’之影响无疑，汉赋源于楚骚，汉画亦莫不源于‘楚风’也。何谓楚风，即别于三代之严格图案式，而为气韵生动之作风也。”

生活百态、传说神话等多种题材，构建出一个极为丰富、异常热闹的神话、历史、生活世界。

（3）稀缺性

由于汉代距今已有 2000 多年，几乎没有遗存的地上建筑，考古文物也极为稀缺。徐州在两汉时期的历史遗存方面，包括汉墓、汉兵马俑及汉画像石等汉代重要历史遗产，完整地记录下两汉时期政治、经济、文化、生活各个方面的特征。徐州先后发掘 16 座楚王及楚王后陵墓，并有 1000 多座小型汉墓，包括数以万计的汉代出土文物，拥有最为丰富的汉代墓葬器具体系。同时，由于徐州先后作为楚王项羽的都城、西汉时期的楚国及彭城郡，存在各朝代多个县城级别的遗址，而这些遗址由于“地下城”的存在，保护质量较好，反映的历史线索较为完整。

二、徐州两汉文化遗产体系

徐州的两汉文化遗产体系丰富多样。从要素上来看，体现在以“汉文化三绝”为代表的物质文化体系；从空间分布上来看，两汉文化遗产分布在整个市域，同时由于自然条件（如水系变化）和人为条件（王朝更替和战争等），其文化遗产更是呈现在地下、地面和山上等不同海拔高度处。在此，主要从要素角度来梳理其文化遗产体系。

1. 以“汉文化三绝”为代表的物质文化体系

1）独一无二的楚王“凿山为藏”陵墓群：山拥、水绕、环城

（1）中国汉代陵墓分布及形制概述

汉墓分布很广，数量巨大，除西藏、台湾以外，全国其他各省区都有发现。分布比较密集的地方是两汉的都城和当时郡县所在地。汉代比较有特色的陵墓包括关中长安和中原洛阳地区的帝陵、诸侯王陵和列侯墓以及戍边将士墓（如山西阳高汉墓群、广武汉墓群等）、边疆地区中心汉墓（如云南昆明的石寨山汉墓和贵州安顺汉墓群等）。

帝王陵墓

西汉帝陵（图 3-2），是中国发展史上第一个黄金时期西汉王朝（公元前 202—公元 8 年）修建的帝王陵墓，共有 11 座。各陵墓构成包括帝陵、

西汉高祖刘邦长陵及周边陵寝

汉惠帝安陵封土

汉景帝阳陵封土

汉武帝茂陵封土

汉宣帝杜陵封土

图 3-2　聚集在关中渭河南北两岸的西汉帝陵

后陵、陵邑、陪葬墓、丛葬坑等。西汉帝陵规模庞大，气势宏伟，除文帝霸陵外，其余均有高大的封土和规整的陵园，整体布局集中，其中 9 座分布在渭河北岸的咸阳塬上，自西向东依次是汉武帝刘彻茂陵、汉昭帝刘弗陵平陵、汉成帝刘骜延陵、汉平帝刘衎康陵、汉元帝刘奭渭陵、汉哀帝刘欣义陵、汉惠帝刘盈安陵、汉高祖刘邦长陵、汉景帝刘启阳陵。文帝霸陵和宣帝杜陵分别位于西安东郊的白鹿塬和西安东南的少陵塬上。绝大多数的西汉帝陵都筑有高大的覆斗形夯土坟丘，一般底部 150~170 平方米，高 20~30 米，以武帝茂陵坟丘最大。

东汉帝陵。12 个帝陵，除献帝禅陵远在河内郡山阳以外，其他帝陵都在洛阳故城附近。刘秀建立了东汉政权，采用了以血缘关系为基础的宗法制度，特别重视丧葬礼仪，祭祀先祖。刘秀为适应政治上的需要，把豪族注重祭祀祖先祠堂的办法加以扩大，运用到陵寝制度中。东汉帝陵不筑垣墙，改用“行马”。通往陵冢的神道两侧还列置成对石雕。东汉开创了在神道两侧建置石雕生的先例，更进一步显示了皇帝至高无上的权力（图 3-3）。这一建制为以后各朝所沿用并发展。东汉帝陵地下建筑改变了西汉以柏木黄心为椁的制度，多用石头砌建椁室，称为“黄肠题凑”。

图 3-3　洛阳出土的东汉石辟邪

西汉建立之初，大封诸侯王、列侯，开创了两汉分封王侯之制。诸侯王、列侯生前高居尊位，死后大治冢茔，众多遗留至今的诸侯王、列侯墓成为汉代考古发掘、研究的重要对象。诸侯王墓是规模仅次于帝陵的大型墓，其数量较多，分布范围较广。经过全面或部分发掘，年代及墓主身份较清楚的西汉诸侯王、王后墓有 45 座，分属 18 个王国。这些王国分布在北京市以及河北、山东、河南、江苏、湖南、广东等省。1968 年发掘了河北满城汉墓，第一次发现保存完好的诸侯王崖洞墓。之后发掘了北京大葆台汉墓、山东曲阜九龙山汉墓、湖南长沙陡壁山汉墓和象鼻嘴 1 号墓、江苏徐州的多座楚王墓、广州南越王墓、河南永城梁王墓以及山东长清双乳山汉墓等。

广州南越王墓（图 3–4）为一座“凿山为藏”的石室墓，采用竖穴凿洞的方法构筑而成。平面呈“早”字形，建筑面积约 100 平方米，墓室按照“前朝后寝”规格布局，共分 7 间。前部三室为前室和东、西耳室，后部四室为主棺室、东西侧室及后藏室。墓内随葬品丰富，品类繁多，出土金银器、铜器、铁器、陶器、玉器、琉璃器、漆木器、竹器等遗物 1000 余件，其中以“文帝行玺”金印和“丝缕玉衣”最具价值。南越王墓的发现，为探究秦汉期间岭南地区的开发及南越国的历史等提供了珍贵的实物资料。

南越文王墓内部结构

图 3–4　广州南越王墓是西汉时期东南沿海地区的重要文化遗产

南越文王墓内部结构俯瞰

南越王墓博物馆

南越王墓出土的铜屏风构件

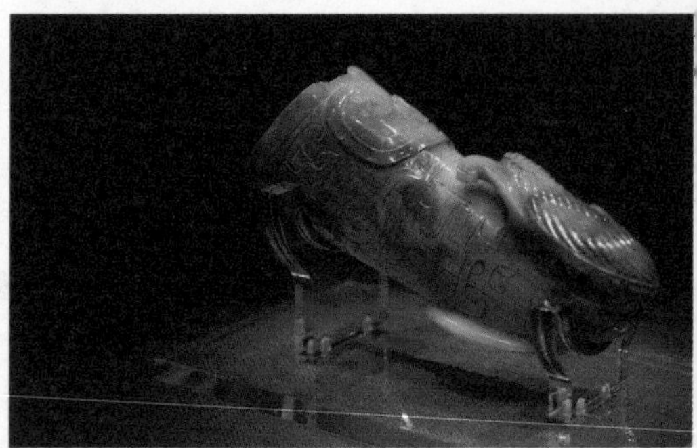
南越王墓出土的角形玉杯

图 3-4 （续图）

湖南长沙王陵墓。主要分布在南起天马山、北至望城县玫瑰园的狭长地带，大多沿湘江西岸，顺低矮山丘蔓延。其中位于象鼻山的长沙吴王陵是西汉文景时期长沙国第五代王——靖王吴著墓（图 3-5），墓葬采用了当时最高礼制的黄肠题凑。

北京大葆台汉墓（图 3-6），为西汉晚期的两座大型木椁墓。据推测为西汉广阳倾王刘建及王后墓，位于北京市丰台区。1 号墓保存较好，是最早发现的结构清晰的黄肠题凑墓。此墓坟丘高 8 米，南北长 90 米、东西长 50.7 米；墓圹底部长 23.2 米，宽 18 米。墓道在南，与甬道相接的一段用木材构筑。大葆台西汉墓葬博物馆是我国第一座汉代墓葬博物馆，其中不少陈列物品都是第一次出土的珍品。

列侯墓。列侯是仅次于诸侯王的第二等爵位，西汉初年开始分封，一直延续到东汉末。列侯墓制是汉代丧葬礼制的重要组成部分，是研究汉代

图 3-5　长沙象鼻山的吴王陵露天墓坑

大葆台汉墓的黄肠题凑近观

图 3-6　位于北京的大葆台汉墓是北方地区的重要西汉文化遗产

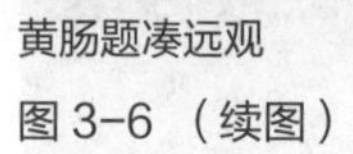

黄肠题凑远观　　墓道中殉葬的“朱斑轮青盖车”和马

图 3-6 （续图）

墓葬制度的重要一环。列侯一级的墓约 80 座。典型列侯墓包括河北邢台南郊汉墓、陕西咸阳杨家湾墓、西安新安机砖厂汉墓、四川绵阳双包山墓、山东济南腊山汉墓、安徽阜阳双古堆墓、江苏徐州簸箕山墓以及湖南长沙马王堆墓、沅陵虎溪山墓和永州鹞子岭墓。这些墓涉及的侯国有南曲侯、绛侯、轪侯等，分布在河北、陕西、四川、山东、安徽、江苏和湖南等省。近几年发现的海昏侯墓是西汉最典型、功能最齐全的列侯陵园。

海昏侯墓（图 3-7）是西汉海昏侯刘贺的墓葬，位于江西省南昌市新建区，是中国发现的面积最大、保存最好、内涵最丰富的汉代列侯等级墓葬，目前已列入世界文化遗产的预备名录。墓园由 2 座主墓、7 座陪葬墓、1 座陪葬坑、园墙、门阙、祠堂、厢房等建筑构成，内有完善的道路系统和排水设施。自 2011 年发掘以来，已出土 1 万余件（套）珍贵文物，对研究中国汉代政治、经济、文化具有重要意义。

沿线戍边将士墓——广武汉墓群（图 3-8）。南距雁门关长城约 5 千米，该地曾是汉朝与匈奴长期争战之地。墓地面积约 10.5 平方千米，共有封土堆 300 座左右，是全国最大、最集中、保存最完整的汉墓群，属于第三批全国重点文物保护单位。

西南边疆地区存有汉代的重要墓葬群（图 3-9）。

贵州汉代政治中心牂牁郡汉墓群。汉代贵州地区的夜郎文化、牂牁文化在当今安顺市的宁谷镇一带有重要的汉代文化遗产得以见证。宁谷汉遗址位于安顺以南 6 千米的宁谷镇，由 160 余座汉墓、8 个汉窑、1 个汉民

高度的居室化和宅院化的甲字形海昏侯墓道和墓室结构

海昏侯主椁室西侧出土的金饼

马蹄金与麒趾金

图 3-7　海昏侯墓是西汉时期列侯墓的重要代表

图 3-8　雁门关外广武汉墓群一隅

安顺牂牁郡汉代砖室墓

云南晋宁石寨山汉墓群文化符号在城市建设中的活化展示

石寨山汉墓出土的文物

广西汉墓出土的铜鼓

图 3-9　西南地区的西汉重要墓葬

居遗址构成。从出土的文物来看，遗址可推断为西汉末（淮阳王刘玄）至东汉初（光武帝刘秀）时期。该汉代遗址规模大、规格高、范围广，汉文化气息浓厚，是贵州古代最大的汉遗址。宁谷应该是牂牁郡首府所在地，如今已被列为全国重点文物保护单位。

汉墓除继承战国以后在墓上堆筑坟丘的做法外，贵族官僚墓还在坟丘四周用夯土筑造围墙以为茔域。东汉时期兴起在墓前立墓碑、建祠堂、置墓阙，阙前辟神道。神道两侧还列置人物和动物的立雕石像。

汉代石阙，简称汉阙，是汉代的一种纪念性建筑（图 3-10）。汉阙有石质“汉书”之称，是我国古代建筑的“活化石”。现存汉阙中有：河南登封市太室阙、少室阙、启母阙，山东济宁市嘉祥武氏阙，四川达州市渠县冯焕阙、沈府君阙、无铭阙，四川绵阳市平阳府君阙，四川雅安高颐阙，

绵阳的平阳府君阙

四川渠县：中国汉阙之乡

渠县王家坪无铭阙

渠县冯焕阙

雅安高颐阙

乐山杨君阙

图 3-10　四川一带是国家汉阙分布的集中区

重庆忠县乌杨阙、丁房阙等。

按照构筑汉墓主要分两种形式：一种是在地面挖出长方形竖穴土坑作为墓室，称土坑墓；再在坑底用木板构筑木壁墓室，称木椁墓；用空心砖、小砖或石板（块）砌筑墓室，则分别称为空心砖墓、砖室墓、石室墓。另一种是在竖穴土坑底部的一端或一侧掏出横穴作为墓室，称土洞墓或洞室墓。另有在山上凿洞建造的，称作崖墓。在许多大型砖室和石室墓中，还流行以彩绘壁画为装饰，称壁画墓（图 3-11）。在石室墓壁上雕刻各种画像的，称画像石墓。

汉代砖室壁画墓——保定望都所药村汉墓。西汉中期以前流行土坑竖穴墓，西汉中期以后，横穴墓出现，墓室的空间逐渐变大。空心砖和小砖的使用，使墓室的四壁逐渐有了绘制壁画的条件。保定望都所药村汉墓属于东汉晚期，两墓东西并列，相距仅 30 米。两墓都有高大的坟丘。由墓道、甬道、前室、中室、后室、耳室和后室后壁的小龛组成，全长 20~30 米。墓主可能是皇族成员。墓内均有精美壁画，并附墨书榜题，分布于前室四壁和前、中两室间的甬道中。画面分两层，上层为属吏图，下层绘祥瑞图。两墓壁画以墨线勾勒、平涂施色的传统技法为主，兼用渲染法以表现明暗，洒脱传神，反映出当时绘画艺术的高度。

辽阳汉壁画墓群，是 1961 年第一批全国重点文物保护单位，全国已经发现的汉壁画墓有 60 余座，辽阳壁画墓群按照不完全统计就有将近 30 座，广泛散布在田野市井间被封闭保护。东汉末年和汉魏之际的石室壁画墓，墓主都是当时割据辽东的公孙氏政权的显贵。壁画墓均有高大的封土。墓室为石板构筑，白灰勾缝，平面略呈方形，大墓长、宽均 7 米左右，小墓长、宽均为 3~4 米。一般由墓门、前室、棺室、前廊（或回廊）、左右耳室组成，棺室 2~6 个不等，棺室间石板上有窗式空洞。墓内的壁画直接绘于墓室的石壁上，内容以表现墓主经历和生活的题材为主，分布的情况和规律是：墓门的两侧是门卒和门犬；前室多绘场面巨大的百戏和乐舞；后室和回廊绘有墓主的车骑出行图；后回廊一般绘乐舞百戏、门阙、宅院以及属吏；耳室和小室则绘墓主的宴饮和庖厨图；各室的顶部绘有流云纹图。辽阳作为当时汉族在辽东乃至东北地区的政治经济文化中心，虽然主动接受中原主流文化影响，但是发展速度自然要比中原地区慢一些，所以辽阳壁画墓直

呆定望都所药村汉墓内部结构

望都所药村汉墓功曹等人物壁画素材

望都所药村汉墓鹿等祥瑞图

辽阳汉魏壁画墓中的歌舞宴饮等生活场景

辽阳汉魏壁画墓

汉魏壁画墓内部场景

图 3-11　以保定望都所药村壁画墓和辽阳壁画墓为代表的东汉壁画墓

到东汉中期左右才出现。

（2）楚王陵“因其山，不起坟”的横穴崖洞墓体系开辟先河

徐州汉墓已发掘清理近 300 座，在这些形式各异的汉墓中尤以十几座汉代王侯陵墓最具规模。第三届中国考古学大会开幕式上正式发布的“百年百大考古发现”中，徐州楚王墓群是江苏唯一入选的项目。徐州地区的楚王墓凿山为陵，这些汉墓工程浩大，墓室既有墓主生活起居的主室，还有武库、仓库、乐舞厅、厨房、厕所等设施，以及车马、兵器、水井、陶楼、家禽家畜、陶俑、乐器等随葬品，还包括墓主人生前的心爱之物，模拟了墓主人生前的奢华生活，是墓主人精心营建的地下宫殿。

徐州楚王陵墓在空间分布上也很有特色。第一，选址上，徐州的楚王汉墓背山面水，具有得天独厚的山水文化景观价值，对城市的发展极为有利。王陵均选择岩石构造的小山头，墓前都一定有一望无际的开阔空间，往往有湖泊或河流（表 3-1）。第二，徐州的楚王陵和其他地方的陵墓很不一样的是，徐州的楚王陵紧密地围绕徐州市区分布，绝大多数陵墓距离市中心在 10 千米的半径范围内。

表 3-1　徐州等西汉分封王陵墓海拔比较

诸侯国	都邑海拔 / 米	诸侯陵墓	位置	墓地海拔 / 米	高差 / 米
梁国（都睢阳，今永城）	35	梁孝王和王后陵	保安山	76	41
		梁共王陵	保安山	76	41
鲁国（都曲阜）	65	汉鲁王和王后陵	九龙山	215	150
梁国（都彭城，今徐州）	34	狮子山楚王陵	狮子山	96	62
		北洞山楚王陵	北洞山	77	43
		驮篮山楚王陵	驮篮山	78	44
		龟山楚王陵	龟山	108	74
		南洞山楚王陵	南洞山	162	128
		东洞山楚王陵	东洞山	121	87
		卧牛山楚王陵	卧牛山	162	128
		楚王山楚王陵	楚王山	229	195
昌邑国（都昌邑，今巨野县）	50	昌邑王刘贺废陵	巨野金山	133	83
中山国（都卢奴，今定州）	53	中山王及王后陵	满城陵山	196	143

资料来源：根据杨懿（2018）修改补充。

徐州狮子山楚王陵（图 3-12），庞大的规模、恢宏的气势、奇特的建筑结构，令人叹为观止，在国内外引起了轰动。墓中出土各类珍贵文物 2000 余件（套），文物有金、银、铜、铁、玉、石、陶等质地，其中不乏倾城倾国的艺术珍品。是 1995 年中国十大考古发现之一，也是 20 世纪中国 100 项考古大发现之一。在狮子山北侧的羊龟山上，已经勘探确定了狮子山楚王王后墓的位置。

气势恢宏的甬道

陵墓中的“天井”

陵墓室内部

图 3-12　徐州狮子山楚王陵

龟山汉墓位于鼓楼区龟山西麓（图 3-13），为西汉第六代楚王襄王刘注（在位时间公元前 128—前 116 年）的夫妻合葬墓，是其中唯一一座可确认墓主人身份的诸侯王墓。龟山汉墓施工精度极高，在崖洞墓开凿、星

墓道中的车马出行室

陵墓中的刻石

龟山汉墓博物馆建设

精湛一丝不苟的工程技术

王后墓室

立柱结构与墓室空间

图 3-13　龟山汉墓楚王王后陵墓

宿分布图、塞石、前殿、壸门、崖壁画等方面极为神秘。

楚王山刘交墓位于楚王山西峰北脚下（图 3–14），坐西朝东，其东南面与楚王山的主峰相连，对周围形势有高屋建瓴之势。刘交墓与后世楚王的横穴多室崖洞墓的葬制结构不同，反映了西汉初期诸侯王的葬制礼仪，与徐州汉初社会风行的竖穴崖洞墓结构一致。

卧牛山是徐州城周围群山中的一座，位于城西 7 千米，紧挨西三环高架路，因形似卧牛而得名。卧牛山上共发现西汉楚王墓葬 4 座，均位于山北麓。1980 年在山东段发掘一座横穴式崖洞墓，由斜坡墓道、甬道、前室、后室和侧室组成，当时据墓中出土钱币推测墓主可能为第十二代楚王刘纡。2010 年在距刘纡墓约 500 米的山西段发现两座规模更大的墓葬，为卧牛山墓群的主墓。该墓为夫妻同茔异穴合葬墓，由 2 条墓道、2 条甬道、16 间墓室构成，两座墓之间有门道相通。墓葬南北全长 82.2 米，其中甬道长 50 多米，甬道内以双层单列塞石封堵，两墓用塞石 87 块。除墓道外，墓室总面积 577.8 平方米，容积为 1473 立方米。墓葬虽遭多次盗扰，仍出土陶器、瓷器、铜器、铁器、玉器、漆器等各类器物近千件（图 3–15）。这座汉墓规模宏大，形制与龟山汉墓相近，推测墓主可能为第五代楚安王刘道及其夫人。卧牛山曾经周边村落（如卧牛村等）环绕，目前卧牛村等已全部夷为平地，鳞次栉比的住宅区迅速发展起来。

楚王山自然环境

陪葬墓

图 3–14　第一代楚王陵刘交墓自然山体环境和周边陪葬墓

（3）横穴崖洞墓体系影响深远

依山为陵可追溯到春秋时期，然而直到西汉楚王才开始使用“因其山，不起坟”的横穴崖洞墓。在没有现代施工机械的条件下，仅凭锤子、錾子等简单工具凿刻而成的崖洞墓，可谓一项创造性的杰作，凿山为陵的葬制则首先兴起于徐州。这种凿山为藏的横穴崖洞墓体系为后世带来了深远的影响。

首先，随着西汉分封制的结束，分封王陵的横穴崖洞墓形制几乎绝迹。显然比平地起穴那种封土式陵墓防盗效果要理想得多。但这种葬法一般人家也造不起、造不成，非帝王陵寝、王公贵族墓冢不可为。在东汉时期，在经济比较发达的地区出现了在崖壁上开凿洞穴放置棺木的墓葬形式。尤以四川、重庆、湖南等地最具典型性。这种墓葬形式盛行于公元 2 世纪，蜀汉时已趋衰落，至南北朝时则成为尾声。崖墓的形式、平面布置、立面、细部直到墓室的内部布置都仿尘世的住宅，如重室墓分前后室，象征人间住宅的前堂后室。入口处的墓门仿宅门的木构造在石崖上雕出柱子、斗拱、飞檐。有的在门旁还雕有门阙。此外，墓室内壁面有隐出的仿木构件，如有的将墙面划分成方块示意外露的木墙骨，壁面上部刻隐出的斗拱；有的在墓室和耳室间，以石柱斗拱分隔成两个空间；还有在墓室壁面凿出壁龛和灶台等世人住宅的常用物。从这些可以了解到汉代木构建筑的概貌。

卧牛山出土的陶俑

卧牛山汉墓位于卧牛山东北坡

卧牛山被打造成城市公园

图 3-15　徐州卧牛山汉墓文物及现状和活化方式

其次，这种依山为陵甚至是凿山为陵的形制再次兴起于唐朝。开创者李世民开凿九嵕山为昭陵、建玄宫。18 座唐陵中，除了献、庄、端、靖 4 座是“堆土为陵”外，其他的 14 座都是“依山为陵”，其后唐诸帝多兴师动众，将附近风水上佳的山体都凿空。这些在此后的明清陵寝中都得以继承和延续。

郪江崖墓群（图 3–16）（第四批国宝）位于四川绵阳三台县古镇郪江镇，左带锦水，右邻郭江，东有鼓楼山，西邻天台山。以镇为中心的河湾山峦间，遗存数以千计的崖墓，以金钟山、泉水坝、紫荆湾墓群最为集中，最富有特色。以东汉墓为主。结构上，多室墓均在中轴线上，一般可分墓道、墓门、前室、中室、后室、侧室和耳室，墓内利用山岩凿有台阶、水沟、壁龛，灶案、柜、棺台、床等附属设施。很多墓有圆雕、浮雕、线刻等建筑装饰雕刻和画像装饰雕刻，还有一些墓内有红色涂料彩绘。画像装饰雕刻多在前、中室两壁和门壁上。

乐山东汉崖墓群分布在岷江、青衣江、大渡河沿岸和浅山谷的崖壁上，数以万计。其数量之多、规模之大、石刻之丰富居蜀中之首。麻浩崖墓（图 3–17）是乐山崖墓群中最集中、最有代表性的墓葬群，在长约 200 米、宽约 25 米的范围内有崖墓 544 座，墓门披连，密如蜂房，极为壮观。墓内石刻图像丰富，墓门刻有飞檐、瓦当、斗拱，享

金钟山崖墓典型内部结构形制

崖墓中的斗拱等建筑构件

崖墓群中的“狗咬耗子”石刻

图 3–16　绵阳三台县的郪江镇是成渝地区崖洞墓的重要代表

堂壁上凿浮雕图像有车辇图、牧马图、宴乐图、荆轲刺秦王图等。其中一墓道口外门枋上，刻浮雕佛像一尊，高 37 厘米，结跏趺坐，头为高向髻，有背顶光，右手作降魔印，左手放膝上执一襟带状物，身躯突出，是我国早期的佛教造像之一。该汉代墓群于 1988 年经国务院公布为全国重点文物保护单位。

除了四川盆地等邻近地区在东汉盛行崖洞墓外，以徐州楚王陵为代表的凿山为陵形制对之后的唐代帝陵、明代帝陵都有极为重要的影响，唐代凿山为陵以九嵕山李世民的昭陵、梁山李治与武则天的乾陵为典型，明代依山为陵以北京明十三陵等为典型（图 3−18）。

（4）徐州竖穴墓和画像石砖墓等形制

在汉墓上，徐州除了稀缺性的横穴崖洞楚王陵墓外，还有数量众多的竖穴墓，其中尤以土山汉墓与拉犁山、白集和茅村画像石墓等为代表。

2）楚风汉韵塑汉俑：徐州多元地域文化的载体

俑是中国古代丧葬仪礼中逐渐取消用活人为主人殉葬制度而产生的一种特殊替代品，是人性自然转化的一种标志。人类最初是用活人殉葬来祭奠死者的，随着社会的发展，人的文明程度的提高，俑开始出现在祭祀活动中。俑在秦汉至隋唐盛行（图 3−19~ 图 3−22），北宋以后逐渐衰落，一直延续到明代，才转为纸质殉葬。俑大多真实地模拟着当时的各种人物，主要有奴仆、舞乐、士兵、仪仗、官吏等形象。陶俑既是研究人类历史的实物资料，又以其独有的审美风格，在人类艺术史上留下了浓墨重彩的一笔，是我国古代造型艺术中的一个重要内容。

西汉楚王陵中出土的汉代陶俑种类极其繁多，从兵马俑、仪卫俑、舞俑到杂役俑，是汉代楚国的军队、乐舞到炊厨宴饮的直观反映。

汉代俑的质料以陶质为多，但江南仍多流行木俑。在海昏侯墓的藏阁中出土数十件包括伎乐俑、随侍俑、车马俑、仪仗俑在内的各类木俑，木俑制作精美、形象生动。

作为诸侯级楚王的陪葬品，徐州楚王陵墓群出土了 4000 余件工艺精湛的汉俑，直观反映了汉代楚国（彭城）从军队、乐舞到炊厨宴饮等场景。第一大类是将汉代士兵的思想、神态和情感，惟妙惟肖地刻画出来的

荆轲刺秦王历史故事石刻

崖洞口上方的建筑构件石刻

中国乃至世界遗留最早的佛教石刻造像浮雕

图 3-17 乐山的麻浩崖墓

唐定陵凿山为陵

明十三陵之康陵的依山为陵格局

明十三陵中的陵寝和山水格局

图 3-18 唐代和明代的帝陵都继承了西汉时期以山为陵的传统

图 3-19　秦始皇兵马俑阵

图 3-20　汉景帝阳陵出土的陶俑

西汉刘邦陵陪葬列侯墓出土的彩绘陶兵马俑

绵阳双包山出土的列侯兵马俑阵

图 3-21　西汉列侯墓出土的诸多兵马俑文物

图 3-22　列侯墓代表——海昏侯墓出土的漆木俑

兵马俑，具有代表性的有狮子山汉墓出土的气势不凡的兵马俑阵列，北洞山汉墓出土的须眉毕肖、纤细如毫的彩绘仪卫俑；第二大类是乐舞俑、杂役俑等独特性稀缺性极强的汉俑，以驮篮山汉墓、北洞山汉墓出土的搴袍舞俑、绕襟衣舞俑以及抚琴、击磬、敲钟等别具一格的乐舞俑等为代表。

其中，出土于徐州驮篮山楚王墓的陶俑，是由 18 件乐舞俑组成的“乐舞团”，4 人抚瑟，4 人敲钟磬，2 人吹奏，均按当时乐舞表演的座次排列；8 名舞者，两人一组，穿绕襟深衣，双臂甩袖向上，身体作 S 形，舞姿刚柔并济、轻盈飘逸。这组埋藏了两千多年的乐舞陶俑，生动地再现了西汉楚王宫庭歌舞宴会的场面，反映了汉朝徐州地区上层贵胄们的奢华生活。另外一个典型的代表是北洞山楚王墓墓道两边的小龛内的各式彩绘仪卫陶俑，他们绝大部分完整，服饰色彩丰富多样，有红、白、黑、绿、青、蓝、紫、绛诸色，色调配置和谐，衣纹线条流畅飘逸。陶俑面部表情生动细致，眉目、胡须纤细如毫，形式多样，甚至单、双眼睑也清晰可辨，给人以千人千面之感。它们由汉代最杰出的工匠塑造而成，代表了汉代陶俑制作的最高水平，堪称汉代人物雕塑的博物馆。这两个陵墓及其周边地区都作为重要地段进行城市设计和文化遗产活化。

狮子山楚王陵兵马俑阵

陶马

兵马俑坑

图 3-23 狮子山王陵的各种兵马俑

狮子山汉兵马俑（图 3-23）。位于楚王刘戊的陵墓西侧 300 米远。象征着卫戍楚王陵的部队。狮子山兵马俑种类丰富、数量众多，共有博袖长袍的官员俑、冠帻握兵器的卫士俑、执长器械的发辫俑、足蹬战靴和抱弩负弓的甲士俑等 10 余种 4000 多件。围绕兵马俑珍品，徐州分别建设了“兵马俑博物馆”和“水下兵马俑陈列馆”等展示建筑。

3）绣像百科全书汉画像石：两汉鲜活市民文化的物质载体

汉画像石是汉代地下墓室、墓地祠堂、墓阙和庙阙等建筑上雕刻画像的建筑构石。画像石不仅是汉代以前中国古典美术艺术发展的巅峰，而且对汉代以后的美术艺术也产生了深远的影响。汉画像石同商周的青铜器、南北朝的石窟艺术、唐诗、宋词一样，各领风骚数百年，成为我国文化艺术中的杰出代表和文化艺术瑰宝。根据现有资料，汉代画像石应萌发于西汉昭宣时期。东汉时期画像石艺术蓬勃发展起来，分布极为广泛，依其主要分布可以分为四大区域，即除了苏北和鲁西地区外，还有川渝地区、陕北晋西地区（如山西离石和陕西米脂一带）、河南地区（南阳一带等）。山东和以徐州为代表的苏北画像石以质朴厚重见长，古风盎然；河南以南阳地区为代表的画像石以雄壮有力取胜，豪放而又浪漫；四川画像石清新活泼、精巧俊爽；陕北晋西画像石则是纯朴自然、简练朴素。此外，汉画像石在北京、河北、浙江等地也有零星发现。

四大集中区之一的川渝地区。汉画像石在研究民俗、建筑、农业、宗教、军事、科学等方面具有极高的价值。画像砖构图完整，结构严谨（图 3–24）。无论是其表现方法还是艺术形式，融雕塑和绘画于一体，独具艺术审美韵味。

以陕北和晋西北为中心的画像石区（图 3–25），以榆林、离石为集聚点，是全国四大汉画像石产区之一。这里出土的画像石具有鲜明的地域特色，其题材可分为狩猎、战争、农耕、畜牧、出行宴饮、乐舞百戏以及神话信仰等类别。在汉代该地区是汉胡并存、民族杂居的地域，是远离京畿、烽鼓不息、战火纷飞的动荡疆域。独特的文化地理背景下产生的汉画像石，其图像纹样、题材内容都有独特的表现形式。

以南阳为中心的画像石区（图 3–26）也极具特色。南阳为楚国故地，"曾是西汉霍去病、张骞、王莽等人的封地，又是东汉开国皇帝刘秀的家乡"，在东汉时"王侯将相，宅第相望""商遍天下，富冠海内"，有"南都"之称。为此，南阳也是四大汉画像石产区之一。南阳汉画像石分类有多种，按照王建中等学者的分法，将南阳汉画像石分为 7 类，即生产、生活、历史故事、远古神话、吉礼祥瑞、天文星象、装饰图案。其中天文星象为南阳汉画像石的重要特色之一。汉代是天文学繁荣时期，南阳又是汉代著名天文学家张衡的故乡，在南阳汉画像石刻中多次出现日月星辰等图案。南阳出土天文画像石无论是从数量上还是从内容上都居全国之首，其内容有三足乌、彗星、苍龙星座、北斗七星等。

徐州地区，西汉时期流行的是崖洞墓，东汉时期，墓葬形制盛行的是汉画像石墓。汉画像石雕刻在中国美术史上占有重要的位置，鲁迅先生称赞其"气魄浑沉雄大"，民间艺人创作出了"把深沉的理性精神和大胆的浪漫幻想结合在一起的生机勃勃、恢宏伟岸的汉文化"。徐州是中国汉画像石的集中分布地之一，目前徐州地区出土汉画像石 700 余块，收藏在徐州汉

四川采莲捕鱼画像砖

雅安高颐墓阙上的画像石

雅安墓阙上的人物及动植物素材

四川娱乐嬉戏画像砖

图 3-24　川渝地区的画像石和画像砖

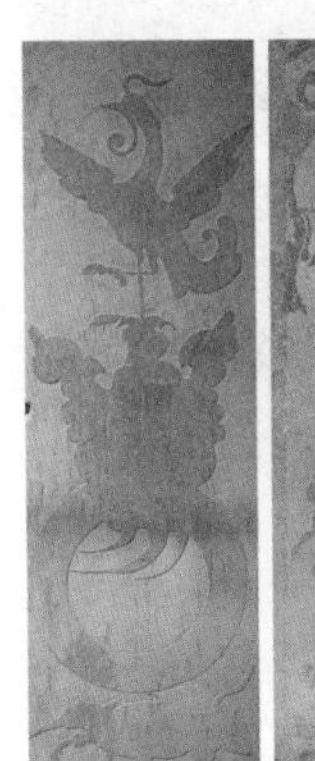

图 3-25　以陕北和晋西北为中心的画像石区

嫦娥会玄武

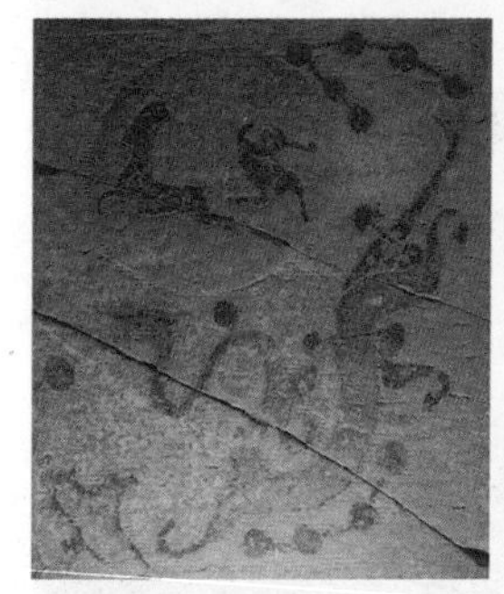

苍龙星座

日月同辉

嫦娥奔月

图 3-26　南阳一带的“天文星象”素材的画像石

画像石艺术馆的画像石有 500 余块。徐州汉画像石同苏州园林、南京六朝陵墓石雕，并称为“江苏文物三宝”。

徐州汉画像石（图 3-27）题材广博、内容丰富，反映现实生活的题材有车马出行、对博比武、舞乐杂技、迎宾待客、庖厨宴饮、建筑人物、男

徐州画像石：力士 大禹治水等

画像石所展现的徐州两汉世俗文化和精神世界

徐州画像石：胡人

缉盗荣归图

徐州画像石：建筑、动物与人物

画像石的多元形式

徐州画像石：外来元素

徐州画像石：神话元素

图 3-27 徐州画像石及其主要内容和形式

耕女织等；反映神话故事的内容有伏羲、女娲、炎帝、黄帝、东王公、西王母、日中金乌、月中玉兔等；表示祥瑞吉祥的图案有青龙、白虎、朱雀、玄武、麒麟、九尾狐、二龙穿璧、十字穿环等。徐州汉画像石中的牛耕图、纺织图、九仕图、迎宾图、百戏图及八米长卷押囚图（缉盗荣归图），堪称艺术珍品、镇馆之宝。

1949 年新中国成立后，先后在铜山县的茅村、洪楼、苗山、白集、利国、柳新、汉王，睢宁县的张圩、九女墩，邳州市的燕子埠、占城，新沂市的瓦窑，沛县的栖山等乡镇，保护性地发掘了一批汉画像石墓。拉犁山汉墓、白集汉画像石墓、茅村汉画像石墓等都成功进入国家级文物保护单位行列。

此外，徐州市的其他两汉文化遗产还包括戏马台、九里山楚汉古战场遗址、王陵母墓、龚胜墓、汉高祖庙和拔剑泉、子房山留侯庙、华祖庙等。

白集汉墓位于贾汪区青山泉镇白集村，是徐州地区具有典型意义的、保存最为完好的一座东汉祠堂画像石墓（图 3–28）。墓葬整体由祠堂和墓室两部分组成，祠堂前设 12 平方米的祭祀平台。墓室总面积 27 平方米，分前、中、后室。中室附有左右耳室。后室呈长方形，并由石板隔开，为夫妻合葬放置棺具之所。整个墓室为叠涩式封顶。画像分别雕刻于祠堂及前、

图 3–28　白集画像石墓（全国重点文物保护单位）

中、后室，画面内容十分丰富。

茅村汉画像石墓（图 3-29）位于茅村镇凤凰山。墓室保存完好，坐西朝东，分前、中、后三室及左右四个侧室和一个长廊。墓道及墓室东西总长 10.4 米，南北宽 6.9 米，建筑面积 70 余平方米，中室高约 3 米，前室和后室高约 2 米，长廊全长 8 米。该墓用青质条石砌成，室为叠涩顶，外用大石覆盖，其上覆土成坟。该墓墓门、前室、中室和后室在一条轴线上，后室是寝殿，中室为前堂，前室则是庭院部分，后室和中室之间除门户相通外，还有直棂窗相隔，其设计构想完全依照地面阳宅的前堂后室制度。前室和中室四壁刻满画像，共有画像 21 块，雕刻技法为减地浅浮雕，所刻内容丰富多彩、形神兼备，反映出较高的艺术水平。在墓的前室北壁刻有“熹平四年四月十三日乙酉”等字样铭文。

图 3-29　茅村汉画像石墓（全国重点文物保护单位）

2. 深蕴在阡陌与市井的非物质文化体系

曾经是“千古龙飞地、一代帝王乡”的徐州，在两汉后虽然地位依然重要，但逐渐被南京、北京等城市所替代。曾经的两汉文化，“飞入寻常百姓家”，融入城市的风俗、生产和生活中。

1）徐州地区两汉非物质文化非常浓厚

长期以来，以徐州汉高祖庙为中心祭祀刘邦的格局，是徐州地区两汉文化昌盛的突出表现。仅徐州市区就至少有5座汉高祖庙遗址和4处拔剑泉。分别是奎山北侧的徐州汉高祖庙、铜山区汉王镇汉王庙、铜山区柳泉镇高皇庙、铜山区三堡镇王山汉高祖庙、贾汪区杜庄高皇寺。汉王镇、柳泉镇、三堡镇的高祖庙附近都有拔剑泉，另外张集镇班庄也有一处拔剑泉。市区的道路命名，如王陵路、美人巷、范增巷、马市街、马场湖等地名也都折射出汉代风云际会。

两汉时期的古典文学作品，与徐州关系密切的，以刘邦在沛县所创作的《大风歌》为代表。此外，司马迁的《史记》和班固的《汉书》中，有一些重要章节，其素材也源于徐州。这些流传后世的伟大作品，均以徐州的真实故事为基础创作，脍炙人口，流传至今。徐州也被誉为“曲艺之乡”，既有北方高亢刚烈、粗犷朴实的风格，又有南方委婉抒情、细腻优美的特点。戏曲《霸王别姬》《三让徐州》，以及乐曲《十面埋伏》等历史典故，也都取材于徐州。

2) 以玉石为代表的手工艺文化遗产：早期科技和创新精神影响至今

徐州汉文化崇尚创新、开放、包容。

就科技和创新来讲，汉墓及其出土文物所反映出来的就不胜枚举。以龟山楚王陵为例，其陵墓的开凿精度令人惊叹，在长56米的甬道，其中心线误差仅为5毫米；王陵和王后墓分别开凿出的甬道，平行的误差仅8毫米。徐州汉玉被认为代表了我国汉代玉器的最高水平。

在工艺方面，其设计、制作、抛光都堪称一流。出土玉器1188件，其中玉衣15套、玉棺3件，玉质佳，器形硕大，丧葬玉器突出，开西汉楚国风气之先。狮子山出土的玉棺、金缕玉衣、九里山出土的银缕玉衣和拉犁山出土的铜缕玉衣等都是当之无愧的国宝[①]（图3-30）。徐州狮子山楚王陵出土的龙形玉佩以其生动的形象与气势成为徐州博物馆的标志。汉代玉龙的造型很丰富，但竖式龙很少，全国只出土6件，徐州有5件。在全国玉龙佩饰中堪为翘楚，代表了汉代玉器的最高水平。

此外，楚王陵出土的铁铠甲、玉棺、玉豹、水晶带钓、刘注银、鎏金兽形砚、铜牛灯等都具有高超的工艺水平。北洞山楚王墓出土的16件玻璃

---

① 郑历兰 . 关于深入发掘两汉文化遗产打造徐州城市文化符号问题研究 [J]. 淮海文汇，2020(1):31-36.

镶玉漆棺

金缕玉衣

镶玉漆枕

图 3-30　徐州楚王陵中出土的珍贵文物

器和 1 件大型玻璃兽，是典型的中国古代铅钡玻璃，说明我国西汉时期就已经有了先进的玻璃制造工艺。

这些创新和科技浓厚的文化或许是徐州诸多高校和研究机构、诸多世界级装备制造业支柱产业得以长期存在和繁荣的重要基因力量。

三、徐州两汉文化遗产传承及问题

1. 徐州在彰显两汉文化传承方面已经做了卓有成效的探索和实践

1）形成了以两汉文化为主题的博物馆体系

徐州的博物馆体系中，两汉文化主题占据了半壁江山（图 3-31）。徐州举世瞩目的两汉文化展示博物馆群包括徐州馆、汉兵马俑博物馆、汉画像石艺术馆、水下兵马俑博物馆、北洞山汉墓陈列馆、沛县博物馆等（表 3-2）。徐州博物馆最彰显特色的是两汉精品文物，它们不仅代表了国家级文物水平，还展现了独特的徐州历史文化底蕴，作为两汉文化对外交流的重要窗口，馆藏汉代珍品曾多次在英国、意大利等欧洲国家展览，对徐州汉文化和徐州博物馆的文物保护技术走向世界起到了良好的作用。

2）形成了以狮子山楚王陵等为依托的巨型汉文化展示公园

徐州汉文化景区为 5A 级景区，集中展现两汉文化的精髓，汉文化保护基地距离徐州市中心区很近，其中有汉兵马俑博物馆、

白集画像石博物馆

茅村画像石博物馆

狮子山汉兵马俑博物馆

水下兵马俑博物馆

徐州汉画像石长廊展示空间

画像石体验交流中心

云龙山和云龙湖之间的汉画像石艺术馆一期

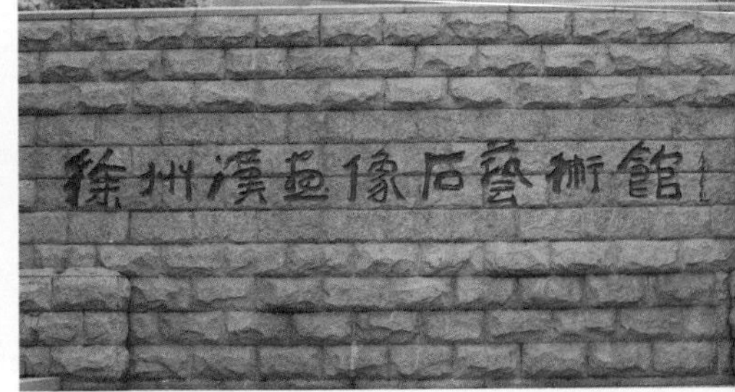

汉画像石艺术馆二期

图 3-31　以画像石等为主要展示对象的徐州典型博物馆

表 3-2 徐州以两汉文化为主要表现主题的博物馆

博物馆名称	博物馆主要藏品
徐州博物馆	徐州发掘、保护、陈列、收藏和研究历史文物的综合博物馆。其中：汉文化展示是精华，此外，博物馆还有汉代采矿石、土山汉墓等的露天展示
汉兵马俑博物馆	遗址性博物馆，展示古代军事史、秦汉军事发展史、汉兵马俑军阵等
汉画像石艺术馆	汉画像石 300 余块
水下兵马俑博物馆	展出复原了曾被水淹的俑坑和修复的兵马俑，陈列汉兵骑兵俑军阵
北洞山汉墓陈列馆	北洞山汉墓遗址类博物馆
白集汉墓陈列馆	汉墓及画像石
茅村汉墓陈列馆	汉墓及画像石
沛县博物馆	地方性综合博物馆，两汉文物为主。歌风碑在此陈列
丰县博物馆	地方性综合博物馆，主要展出汉画像石等
新沂博物馆	地方性综合博物馆，以史前和两汉文物为主
邳州博物馆	代表文物包括大墩子彩陶、邳州画像石、汉代虎形石镇等

水下兵马俑博物馆、汉画长廊、1995 年中国十大考古新发现之首狮子山楚王陵，以及羊龟山王后陵等景点。此外，依托龟山楚王陵和项羽戏马台等文化古迹也开发打造了 4A 级景区。这些公园和文化工程一方面提升了徐州的知名度和文化形象，另一方面也深刻影响了其周边地区的功能提升和空间品质重塑。

徐州汉文化景区（图 3-32）是两汉文化环的一个重要工程，占地面积 1400 亩，由核心区和外延区两部分构成，核心区由狮子山楚王陵、汉兵马俑博物馆、汉文化交流中心、刘氏宗祠、竹林寺、羊龟山展亭（王后陵）、水下兵马俑博物馆等两汉文化精髓景点组成，外延区包括汉文化广场、市民休闲广场、考古模拟基地等景点。是徐州区域内规模最大、内涵最丰富、两汉遗风最浓郁的汉文化保护基地。

3）汉符号的公共空间运用

徐州市委认为徐州是两汉文化的发祥地，汉文化底蕴深厚，必须有效地传承和弘扬，要赋予新的时代内涵和现代表达，增强影响力和感召力。尤其提出“两汉文化要将汉文化符号融入城市建设和发展之中，推出高显示度的汉文化标识（图 3-33），多层次、立体化、高标准地建立文化旅游融合发展平台，让彰显徐州特色的汉文化名片真正鲜活起来、闪耀起来，

徐州汉文化景区集中展示了两汉的政治、文化以及科技等内容

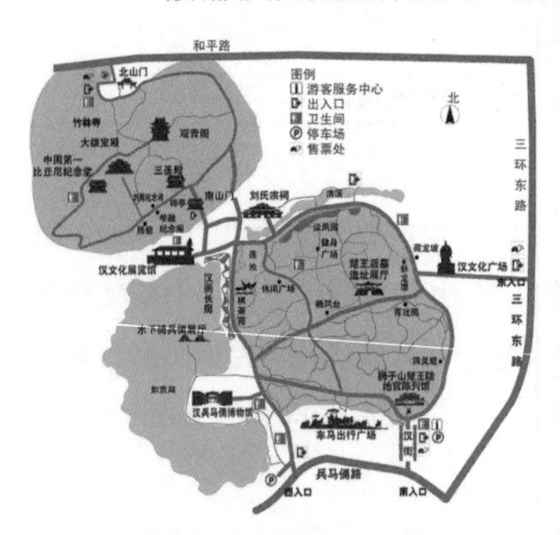

徐州汉文化景区功能布局

园区的两汉科技贡献元素

图 3-32 狮子山陵、兵马俑、画像石等三绝为主要载体的汉文化景区

徐州博物馆中的东汉石狮

徐州汉画像石博物馆设计中的汉代符号

图 3-33 徐州城市中的汉代文化元素

为建设淮海经济区中心城市、奋力走在高质量发展前列提供更加有力的文化支撑。”另外，徐州也在围绕两汉文化，积极进行学术研讨和宣传，并与西安、洛阳和北京等形成文化联盟，提升和彰显了两汉文化软实力。

2. 两汉文化遗产活化还存在的问题和不足

1）与山水自然格局有待进一步加强融合

山水格局是城市发展的主要骨架。自然山水作为规划设计的底图基础，是设计过程中最重要的影响因素。将山体元素和水体元素从目前的困境中解救出来，发挥其应有的价值，是徐州两汉文化活起来城市设计的主要着力点。

“两汉文化环”战略的提出也高度考虑了自然山水的关系。实际上“隐然如大环”的楚王陵墓群和如大环的山水相互缠绕偶合在一起。即两汉楚王（后）陵围绕古彭城，以群山山体为骨架呈环状分布，京杭运河和故黄河从中穿流而过，共同构成了“两汉文化环”。然而，在实施中，文化遗产的活化虽然得到重视，但是文化遗产所处的自然山水条件往往没有得到足够的重视（图 3-34）。

2）两汉文化整体性和积极影响力没有得到充分彰显

第一，两汉文化没有形成一个系统的管理体系和经营体系。目前 8 处汉墓由 5 家部门和单位管理，既有政府部门又有事业和企业单位。

第二，社会认知面窄，普及度低。“提到徐州，人们首先想到的是‘交通枢纽’和‘工业城市’的城市名片，而不是徐州丰富多彩的汉代旅游资源，

卧牛山矿坑治理

卧牛山毗邻林立高楼

图 3-34　楚王陵墓群及所在山体被“高层住宅”贴边包围

这是因为徐州还未树立‘两汉文化旅游’的城市形象。”[①] 西安是秦文化和汉唐文化的代表，在历史文化旅游领域受到大众的广泛认可。然而，在徐州，如龟山汉墓这样比较有代表性的旅游景点，目前的人气也仅限于江苏省，有的甚至仅在徐州地区，其影响力是不够的。据有关调查[②]，人们对两汉文化的陌生成为普遍问题，49.91% 的被调查年轻人群仅将徐州两汉文化的遗迹作为普通景点，认为其缺失了文化教育意义，77.27% 的被调查人群认为徐州两汉文化逐渐淡出人们思想的主要原因是社会节奏加快，人们无暇顾及。

第三，对两汉文化遗产的保护在徐州地区经济社会发展中的作用认识不足。例如在徐州苏宁广场开发建设过程中曾经发掘出历史背景不明的文物“扛着石碑的赑屃”，但在建设初期挖掘机就将石碑碑帽和赑屃头挖断，导致现今留下的仅有残破的石块。除此之外，“还发现了西汉楚国及东汉彭城国之都城的东城墙，发掘面积约 600 平方米，分别发现各个历史时期的 39 个坑座、7 座房屋遗址、1 座鼓楼建筑遗存、3 方石碑，出土大量青花瓷、青瓷、绢麻等各类文物千余件”[③]；虽然所发掘文物都被完整保留下来，但发掘地点的产权归属于开发商，为其财政收益的需要，文物保护无法做到原址原建，这意味着文物出土遗址的破坏和对考古工作的阻碍。另外，“目前中国发现的古代汉唐以前唯一一处采石场遗址——徐州云龙山采石场，发掘于 2014 年，在现存的 30000 多平方米遗址范围内，挖掘人员共发掘出 68 处石坑，其中采石坑 63 个、石坯 5 处、刻字 1 处、墓葬 2 处等。”[④] 还有踏步、楔窝等遗迹。由于开发商不肯让步以及政府的不作为，保护工作始终无法进行下去。

第四，文化遗产的庸俗化和功利化消极“活化”普遍。文化遗产与市

---

① 周云圣 . 关于徐州文物古迹保护开发现状的调查 [R]. 徐州：中国矿业大学，2015.

② 杨雅岑，杨镍玮，杨宁 . 区域性历史文化在社会转型期的传承与保护：以徐州两汉文化为例 [J]. 长江丛刊，2017(7):90.

③ 林玉尘，古德 . 徐州苏宁广场工地发现汉代徐州城古城墙遗址 [N]. 徐州晚报，2013-05-21(5).

④ 沈燕祺，孙梓萍，何靖 . 徐州博物馆两汉文化遗产保护现状及对策分析 [J]. 戏剧之家，2018(14):210-211, 223.

场和产业紧密相连，开发利用必须围绕实现文化的公益性和公共性职能，满足大众文化需求。当前，徐州和其他城市类似，在文化遗产的保护和传承中也面临如下问题。第一，文化遗产活化倾向于被庸俗化，而淡化文化内涵进行掠夺式开发。无论是直接开发、借助载体进行的转化性开发还是利用文化空间类资源进行的转化，都必须坚持遗产的文化属性。第二，将文化遗产功利化，缺乏现代审美、创意设计和艺术创造，不能融入现实生活、丰富公共文化并带动旅游就业。

3）“混合过渡区”中非物质文化和市井生活的保护和活化形势严峻

在文化遗产活化方面，有几个非常复杂而棘手的议题：从要素来看，包括非物质文化遗产的活化利用、市井文化的传承和发扬；在空间上，从伯吉斯的同心圆结构区位特征来看，处于“混合过渡区”（mixed use zone）的遗产活化比较复杂。如果这几个要素偶合在一起，那就更需要谨慎分析，采取合适的活化设计。本书将围绕这一问题，分别在都市区尺度（图 3-35 中的 a 地段，详见第 5 章）和中心城尺度（图 3-35 中的 b 地段，详见第 7 章），因地制宜地进行不同的文化遗产活化设计分析和表达。

图 3-35　徐州都市区范围内主要楚王陵分布及其设计地段的区位选择

第 4 章　边缘城乡过渡区结合自然的遗产活化设计：北洞山汉墓片区

一、边缘区过渡带的区位属性

北洞山汉墓片区位于徐州市北 10 千米的世界文化遗产京杭大运河北岸、工业遗产津浦铁路西侧的铜山区茅村镇洞山村（图 4-1）。

洞山村 1400 余户、人口 6300 余人。村内以种植水稻、小麦为主，现经过产业结构调整，村内蔬菜智能大棚、葡萄园、草莓园已初具规模，尤其洞山村大米入口甘甜、香味纯正。村民的生产方式以农业为主，含少量商业和教育等服务业，留守儿童问题严重。整个聚落较好地保留了典型苏北农村的村庄与建筑样式。除洞山小学等公共建筑外，民居基本为“二层砖混 + 院落 + 辅房”样式。村原有四个山头，现存三处，北洞山汉墓、春秋司马桓魋石室墓[①]（实为一汉墓）、桓山龙华寺[②]坐落其中。在以洞山村为中心的周边 1 千米左右的地方，还有秦始皇捞鼎、北洞山贵族陪葬墓等，这些都是古老的历史文物古迹。

北洞山片区是徐州工业区和农耕区的过渡带。工业区、港口、市场等城镇用地，村庄、耕地、水塘等农村用地以及铁路、普通公路、村庄道路、大运河等交通用地犬牙交错，构成了独特的城郊过渡带景观。

---

① 《泗水》篇载：“泗水又南迳宋大夫桓魋冢西，山枕泗水，西上尽石，凿而为冢，今人谓之石郭者也……”被误认为春秋“桓魋冢”的徐州桓山汉墓则极可能是某代楚王后墓。

②　徐州龙华寺始建于东晋义熙八年（公元 412 年），南朝宋武帝永初元年（公元 420 年）建成，是高僧沙门法显从印度取经返回中国，在徐州建造的中国第一座有异国建筑风格的寺院，嘉福寺、圣女庙、洞山寺等都是龙华寺的其他称呼。

图 4-1　北洞山村及周边山水自然区位等条件

二、北洞山汉墓是徐州楚王陵体系的精华

北洞山楚王陵墓位于铜山区茅村镇洞山村内，开凿在村东南的一座小山的南坡，依山为陵，积土增山，现存仅剩 11 米高，出土了大量的钱币，共 400 余斤，5 万余枚。钱文大都为“半两”，包括秦半两、吕后八株半两、文帝四株半两等。墓内钱币最晚的是汉武帝建元五年（公元前 136 年）以后所铸的四株半两，对照史书记载的西汉楚王世系，推定北洞山西汉楚王墓的墓主为西汉楚国第五代楚安王刘道。

北洞山楚王陵墓一绝是其巧夺天工的陵墓形制和建筑技艺。北洞山汉墓结构异常巧妙且工艺精湛，是汉代陵墓代表作之一，也是目前所有汉墓中结构最为复杂独特的。该汉墓依山为陵，积土增山，工程浩大，设备齐全。整座汉墓由墓道、甬道、主墓室和附属建筑构成，墓道全长 56 米，宽 3~4 米，中段有一对土坯镶贴的门阙。共有 19 个大小不等的墓室和 17 座小龛。完全模仿了地面的阳宅建筑，堪称汉代的地下宫殿，可谓“汉墓奇观”，本身已经构成了完整自足的墓葬建筑格局。其不仅开凿出了主体建筑，还在墓道一侧另辟附属墓室，在同类型的墓葬中属于孤例。墓室穿山作室，附属墓室凿坑累石而成，附属墓室低于主体墓室 2.60 米，分为四进院落，规模巨大，结构复杂，共有 11 间。其中设有武库、洗漱室、宴乐室、炊厨、厕间、饮食库、凌阴（冷藏室）等。崖洞墓设计者试图为诸侯王和王后构建黄泉世界的不朽宫殿，在视觉效果上实现了空前的“真实”（图 4-2）。

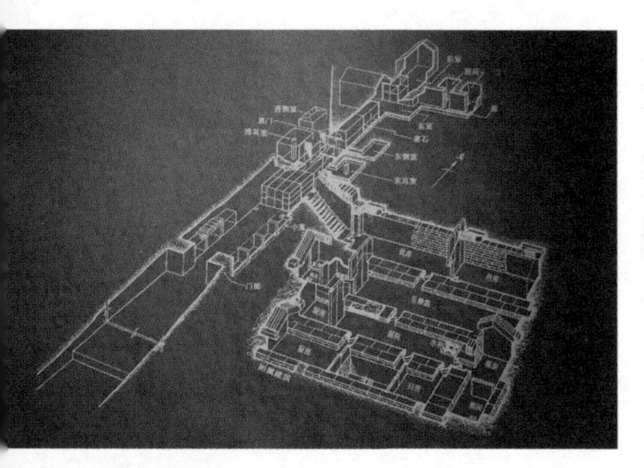

北洞山楚王墓透视图

北洞山王后墓（桓山石室，传说桓魋石室）入口

北洞山汉墓“地下宫殿”空间关键枢纽

图 4-2　北洞山楚王陵及其陪葬墓的工程结构

彩绘仪卫陶俑是北洞山楚王陵二绝，也是徐州汉俑的主要代表。北洞山西汉楚王墓陶俑以其浓重的色彩、丰富的面部描绘以及独特的艺术风格在国内具有重要的地位。该墓共出土彩绘仪卫陶俑 224 件，大部分保存较完整，形象生动，其风格属于以传神为主要特征的自然主义风格。根据北洞山楚王墓出土彩绘俑的姿态或冠式可分为执笏俑、持兵俑、背箭箙俑和仪卫陶俑 4 种形制，反映了诸多两汉文化内涵。这些彩绘俑是我国迄今为止发现汉代及以前色彩保存最好的彩绘俑雕塑群，堪称我国西汉时期陶俑雕塑艺术的精品。色彩艳丽如新，有红、白、黑、绿、蓝、紫、绛诸色。其眉、须根根可数、纤细如毫，面部表情生动细致，形式多样，甚至连单、双眼睑都清晰可辨，融雕塑和绘画技艺于一体。衣纹服饰花纹描绘纤细入微，集中反映了汉代服饰丰富和飘逸的艺术魅力，所体现出的汉代服饰制度细致多样。张衡在《南都赋》中这样描述着汉服的女子：“修袖缭绕而满庭，罗袜蹑蹀而容与”[①]，如图 4-3 所示。

第三绝是出土的玻璃杯、琉璃杯及玉器工艺无比超前、精湛。其中有迄今已知的年代最早、发掘数量最多的中国自制玻璃杯。在其他 500 件文物中，金带钩、玉熊镇、琉璃杯、铜印等也都反映了西汉时期极高的创新、科技和开放性水平，以及徐州地区的繁荣和文化政治重要性（图 4-4）。

---

① 李宗敏 . 汉韵霓裳：徐州北洞山出土陶俑彩绘探微 [J]. 文物天地，2019 (7):110-113.

彩绘陶背箭箙俑背面

彩绘陶执笏俑

西汉彩绘仪卫俑表情各异

图 4-3　北洞山汉俑是“徐州三绝”的重要代表

1989 年成立的北洞山汉墓陈列馆具有特定的历史和文化价值，而且自然环境优美，北依美丽的微山湖，西邻九里山古战场，东靠津浦铁路和 104 国道，南倚缓缓流淌的京杭大运河，因此成为服务业转型和大运河文

我国发现最早的仿玉玻璃杯

本土玻璃工艺的代表：铅钡玻璃兽

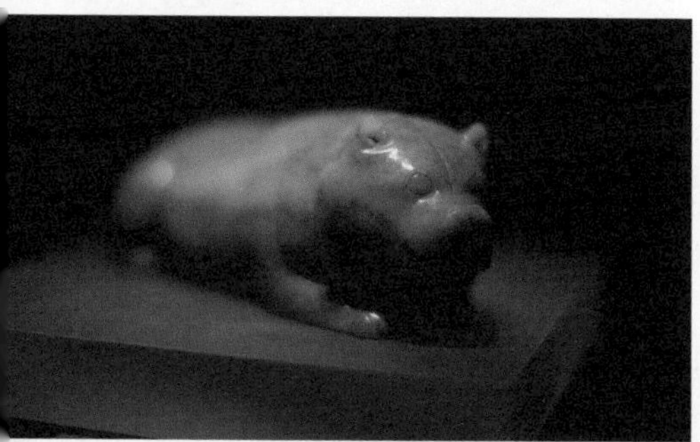

玉熊镇

鹅首形金带钩

重仅 18 克的玉佩

铜铺首

图 4-4　北洞山出土的玉石及金属等文物反映了高超的工艺水平和对外开放性

化旅游概念下徐州的重要景点之一，更是徐州两汉文化环不可或缺的独特构成。

三、两山夹一水：山水形胜之所

道光县志有如下记载：(九里山)“又东为青山，山东有村，名‘青山头’，又东北三里为桓山，山临引绿河与青山南北相对”。九里山在徐州历史上多次起到抵御外敌的重要战略作用，历代多次战争都是发生在九里山前。山体自然围合形成独特的地理特征，营造出徐州“冈峦四合，势如仰釜”的氛围。桓山也叫魋山。苏轼曾经在此游览，并留下了游记。桓山旁边有一座山叫作圣女山，即今日人们所称的北洞山。其中所记载的“引绿河”位于桓山和青山之间，那么很明显就是今日大运河的河道，也是古泗水故道。

1. 两岸青山相对出

大运河西岸是九里山脉的青山，东岸即桓山—北洞山，这里曾经风景旖旎（图 4-5），“春风吹上洞山巅，满野云烟接碧天”。如今虽有工厂、码头以及衰败的村庄，但神韵犹在。

“×[①] 志山西临泗水 × 名圣女山，今俗名洞山。伏涛云椁皆青石隐起龟龙麟凤之象，孙曰石椁，由山顶 × 下数十尺，西向有埏道，门高数尺，宽如之中，广二丈，深三四丈，两旁有耳房，上皆板石，四壁 × 痕阔二尺。入夏，上板滴水不绝。”“记所谓不成者以此山西北数十武复有南北二山，南山顶上有土堆，北山之西数武又有土山，皆人力所为”“在城东北十七里，水经注泗水，南经宋 ××× 郁者是也。明一统志曰：桓山，亦名魋山。山下有桓魋墓。故名伏涛云椁，皆青石隐起龟龙麟鱼之象 ×。苏轼游桓山有记……桓山东临泗水，一名圣女山，今俗称洞山，有洞山寺。”

2. 古泗水、今运河

徐州处于汴、泗、黄、运四河交错之地，北洞山段是徐州水运的重要象征和组成部分。北洞山—桓山一带是《水经注》标注的泗水所在。泗水古航道作为大运河的前身，沟通了“北京”以及江浙“经济中心”，发挥着极为重要的作用。著名的徐州“古泗三洪”之秦梁洪也在此处。由于徐州

① X 表示字迹不清楚的地方

銅山縣志 卷十三 山川攷 八

之師寒山堰在城東南十八里其地與今之騾駝山相連
東魏北來馳救不應既南至今之騾駝山與梁軍壘復
北進城下始與梁軍戰也舊府志因山名偶合此壘
遂以屬城今之騾駝山似誤東魏槖駝峴當即此山之支嶺
南北橫亙里許爲寨山山有明季萬氏所結之寨故名又東爲青山山東有村
名青山頭又東北三里爲桓山山臨引線河與青山南北相對在城北十七里舊志作二十七
里二字衍文水經注泗水南逕宋大夫桓魋冢西山枕泗
水西上盡石鑿而爲冢今人謂之石槨皆也魏地形志彭
城有桓魋冢一統志云桓山亦名魋山下有桓魋墓故名
舊志山西臨泗水舊名聖女山今俗名洞山伏滔云槨皆
青石隱起蟠龍鱗鬣之象孫曰石槨由山頂鑿下數十尺
西向有埏道門高數尺寬如之中廣二丈深三四丈兩旁
有耳房上皆版石四壁鑿痕闊二指入上版滴水不絕
記所謂不成者以此山西北數十武復有南北二山南山
頂上有土堆北山之西數武又有土山皆人力所爲宋蘇
軾桓山記元豐二年正月己亥春服既成從二三子遊於
泗水之上登桓山入石室使道士戴日祥鼓雷氏之琴操
履霜之遺音曰噫嘻悲夫此宋司馬桓魋之墓也或曰鼓
琴於墓禮歟曰禮也季武子之喪曾點倚其門而歌仲尼
日月也而魋以爲可得而害也且死爲石槨三年不成古

图 4-5　县志中关于桓山的记载
（资料来源：《铜山县志》（道光辛卯年版））

属多山的丘陵地带，古泗水受两侧山地所限，河道狭窄，尤其暴涨的水流在河道陡窄流急之处，石阻河流，滩石湍激，深仅可容舟，惊涛拍岸，震耳欲聋，舟行其中，樯倾楫摧，险象环生，称之为“洪”。泗水经徐州形成了秦梁洪、百步洪、吕梁洪三处激流险滩，为古泗水三洪。徐州“三洪之险闻于天下”，也称徐州三洪。北洞山附近目前有个地标性的桥梁叫秦（梁）

洪大桥，是三环北路与三环东路的拐点。正是泗水经徐州北郊与铜山区茅村镇交界地带，河床下有石梁阻碍而使河水水流湍急，终成洪峰险滩。秦梁洪之所以得名和闻名于徐州及周边，与秦始皇泗水捞鼎有关[①]。黄河屡次改道，泛滥成灾，厚厚的冲积层淤积了古泗水，秦梁洪也被夷为平川，再无凶险。

绕村蜿蜒而过的京杭大运河是中华文明的重要标识。作为国家大运河文化公园建设的核心区，江苏正在积极规划以园、点、带结合的方式，全面展示大运河的魅力。而徐州北洞山一带也是《大运河文化建设徐州段的规划方案》的"三园两带十八点"之"蔺家坝—北洞山汉墓—荆山桥"集中展示带的一个关键环节。

四、北洞山片区是古道上的重要节点

在《铜山县志》(道光辛卯年版)中，根据九里山、黄河、微山湖等的位置，北洞山位于一条重要的古代交通要道上(图4-6中的虚线标注)。这条古道向北经过荆山口石桥，然后经由北洞山渡口至故黄河(汴水)、东岸驿和徐州古城，最后经云龙山东麓南下江浙。

在这种四通八达交通优势和交通节点孕育下，形成了上述该片区的宗教、商业、文人墨客、军事等多元文化。苏轼在担任徐州知府期间，曾多次游览桓山，并留下了10余篇诗歌文章。

五、现状问题

洞山村虽然聚集了一批高质量的文化遗产，但其文化发展相对滞后，许多人甚至不知道它的存在，而且，作为重要的旅游景点，无论是在墓室构造和规模上，还是在保存的完整性上都稍逊一筹的龟山汉墓和狮子山楚王陵成为徐州旅游的热点，而北洞山汉墓却是门可罗雀(图4-7)。

---

① 秦始皇泗水捞鼎没有成功，遂有秦梁洪之说："梁，寻鼎之时从泗水中打捞出的石块，堆积在岸边，高约五丈，长约里许的石梁"(《淮系年表》)。《史记·秦始皇本纪》明确记载："始皇还，过彭城，斋戒祷祠，欲出周鼎泗水。使千人没水求之，弗得。"

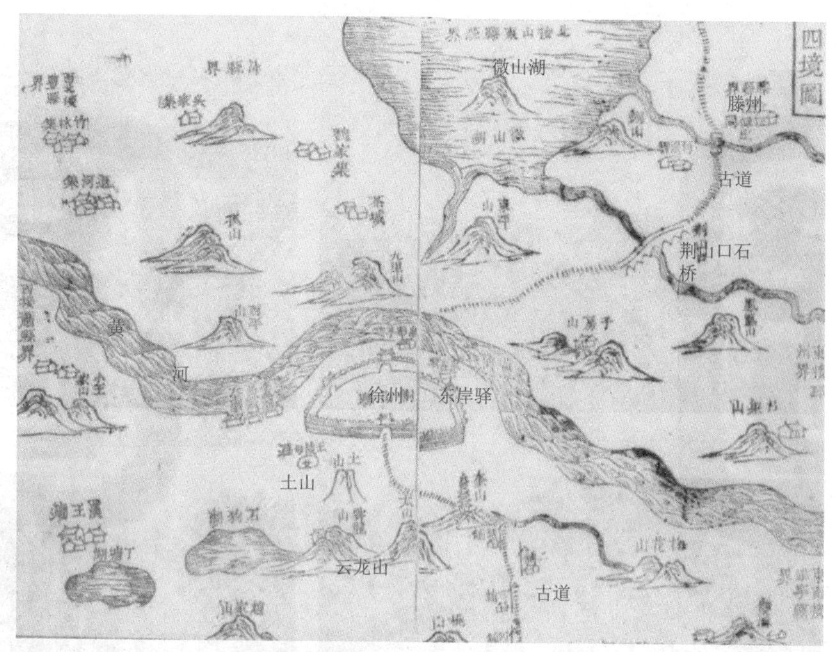

图 4-6　道光年间的徐州城周围地图
（资料来源：《铜山县志》（道光辛卯年版））

1. 生态破碎

由于经济落后，洞山村存在大量自建二层居民楼，且私搭乱建严重，对北洞山和桓山山体造成破坏。自然湿地也受到道路建设、农田的侵蚀，逐渐枯萎且退出人类聚居区域，生态环境受到严重破坏。

2. 经济滞后

在城市化的过程中，村庄的人口也在发生变化，单一的农业经济结构逐渐向多元化产业转型。而对岸的青山—大运河片区则是工厂遍地，港口码头低水平发展。

3. 交通不便是重要因素

北洞山汉墓陈列馆位于徐州北郊 10 千米处的铜山区茅村镇洞山村，徐州一直以来北边发展就是最落后的。由于被大运河跟主城区隔开，交通极

进出北洞山片区的水路渡口

秦虹桥等道路交通工程

未美化前的北洞山所在村落的村容村貌

村落业态

洞山村的北洞山汉墓所在山体

汉墓博物馆

图 4-7　北洞山汉墓周边的交通、村落和环境

其不便。在市区没有直达北洞山的公交车，因而在选择旅游点的时候，人们往往会选择交通便捷的狮子山楚王陵，北洞山就在北三环的京杭运河的边上，大运河成为北洞山通往徐州市区的天堑，以前是通过渡船从秦虹桥旁边的铁路桥过，现在需要绕道到秦虹桥然后再绕道到孟家沟，出行很不方便。由于交通等原因，2009 年后的北洞山风景区规划搁浅，北洞山占地上百亩的烂尾楼项目没有解决方案。

周边配套设施建设不足。北洞山汉墓陈列馆所在的洞山村，各方面都相对落后，没有能够建设起以旅游为主题的一系列配套设施，诸如大型停车场、购物商店、餐馆饭店、公共卫生间等；公路建设也相当落后，很多路都不是水泥路，这些都给游客们造成极大不便，也导致北洞山汉墓陈列馆发展的滞后。

六、北洞山汉墓文化遗产活起来的空间价值

北洞山作为徐州汉墓的组成部分之一，该处的文化规划、文化建设，对于提升整个徐州的汉文化质量、打包申请世界遗产具有重要意义。加上北洞山地区独特的城郊混合带、运河带的区位特征，成为汉文化精品区打造的优良选址。

1. 促进“北区”崛起和转型

在 2020 年版的徐州市规划中，中心城区将要规划布局徐州新区等若干大区域。其中，老城片区的北部和九里山片区为徐州市“北区”。“北区”一词是当地人的习惯称呼，多年来，“北区”发展相对滞后。在老徐州人眼里，“北区”就是脏乱差的代表，工厂遍地，空气中终年弥漫着浓厚的工业气味和煤炭的气息。由于九里山的地形阻隔，交通长期滞后，投资环境差。北区长期落后的现状实际上已经在逐步改善，商业中心、未来小镇、地铁规划、矿业大学等的建设，让北区腾飞的趋势成为人们的共识。以洞山村片区的丁万河为例，这条脏、乱、差的河流在徐州市 2012 年启动综合治理工程后大为改观，被誉为“见证城市变革的一条河流”。同理，只要挖掘好文化价值，打好汉文化牌和大运河牌以及生态牌和山水牌，北洞山片区同样具有促进北区振兴的潜力。

事实上在当前，文化创意产业已经成为徐州北部和铜山区转型的示范和亮点，围绕楚王陵和汉墓开始启动“遗址公园建设”。除了楚王山汉墓群公园以外，也推进了北洞山景区打造。据其总体规划，整个景区将形成汉文化及宗教文化游览区、文化休闲娱乐区、科普教育示范区、水岸农家度假休闲区、光电科技产业园区以及村民生活集聚区六大功能区域。其中，汉文化及宗教文化游览区主要结合境内的汉墓、石室、古文化遗址、庙宇遗址等历史资源条件，打造“汉风、古韵、历史传承”的茅村北洞山汉文化景区（图 4-8、图 4-9），整合北洞山楚王陵、“桓魋石室”、中国第一寺庙龙华寺遗址，继而辐射到茅村汉画像石墓乃至梅庄村蔡丘古文化遗址、大庄村岳飞纪念堂等区域。围绕和依托京杭大运河，在“水岸农家度假休闲区”则利用 10 余千米的运河沿岸，打造一条以休闲、趣致为基调的功能区，内容涉及特色农家度假村、自驾游营地以及旅游集散地等。

2. 山水自然和历史文化的区域营造

北洞山汉墓作为徐州重要的楚王陵墓之一，其开发营造对于汉文化景观节点遍地开花具有推动意义。长期以来，由于交通落后、知名度低、接

图 4-8　北洞山片区附近的白集画像石墓　图 4-9　茅村画像石墓

待能力差，北洞山汉墓的文化价值被大大低估，建设北洞山汉文化景区将显著改变这一现状。这一片区将成为可与狮子山楚王陵相媲美的彰显徐州两汉文化精髓和山水魅力的功能区。

3. 为徐州国家大运河文化公园建设增添浓重一笔

大运河是我国的世界文化遗产，徐州市境内长度为 56.1 千米。京杭运河徐州段目前已经全部建成二级河道，能够 24 小时不间断通行 2000 吨级船舶，年运输量达到 1.5 亿吨，江苏省依赖的“北煤南运”能源通道有 90% 的运输量依赖大运河航线。大运河不仅是一条河流，更代表了一种制度、一种文化。

在大运河北岸可形成以汉文化、村落—郊野景观为符号的“看得见山、望得见水、记得住乡愁”的独特文化生态片区，与南岸青山脚下的工厂和码头区更新改造区隔岸呼应，从而形成“青山—大运河—北洞山山水文化集中展现区”（图 4–10）。

大运河和青山公园

大运河和南岸的已经拆迁的工业区

废弃地绿化和旧路景观化打造

旧村的“粉刷”工程

图 4–10　京杭大运河洞山村段国家公园建设

七、总体与重点地段设计

突出该片区作为徐州山水形胜的价值（运河精华、九里山—北洞山）、突出北洞山汉风精髓以及田园风光，进行“一河两岸、两山、两墓”总体设计，将“徐州山水精华及两汉文化彰显的北门户”作为总体设计的目标和愿景（图 4-11~ 图 4-13）。

通过规划设计，利用即将改善的交通条件，通过自然生态与人文环境相互融合渗透达到农村与城市、远古与当代、人类与自然和谐共存的目的。

1. 突出“洞山汉风—运河流长”的北岸核心区设计

北岸是这一地区的核心片区，包括主要的山、水、村等要素。分析场地山水关系，确定设计重点位于“两山”以南的、面朝运河的开阔空间，其中两山之间区域是传统古道的必经之地。再结合现有渡口确定场地的入口位置，考虑山体和运河的山水关系，逐步展开设计思路。

在功能分区上，有四大片区。分别是体现运河风貌的水岸度假休闲区、体现汉风意蕴的北洞山—桓魋石室—龙华寺遗址的文化休闲娱乐区、体现“黄发垂髫怡然自得”的村民生活风貌区以及体现“田园风光”的乡野自然开敞区。

在沿运河滨水地带，布置了汉文化休闲商业街，集吃、住、游、购、

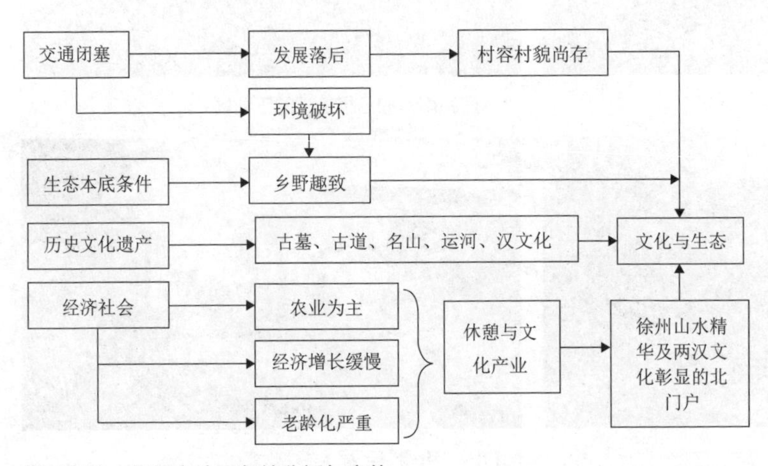

图 4-11　北洞山片区条件分析与定位

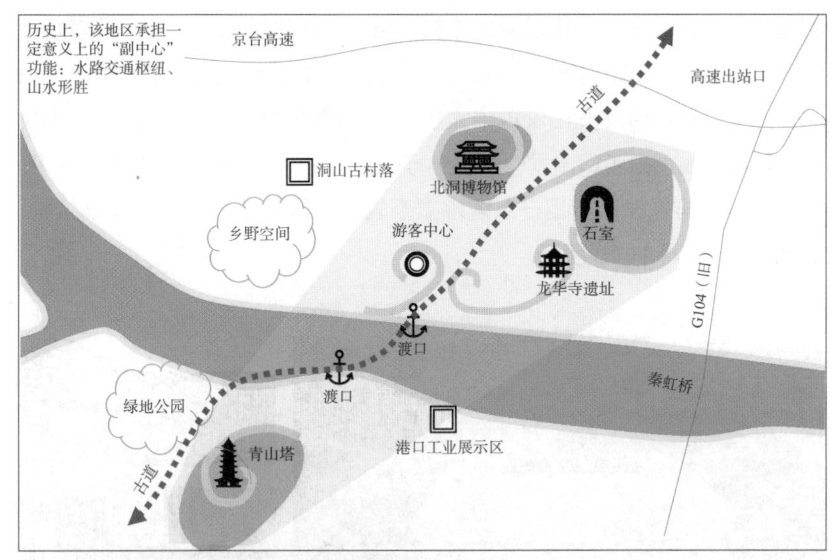

图 4-12　北洞山片区区域设计要素结构

图 4-13　北洞山片区及运河两岸整体设计示意

娱为一体，规划的功能用地涵盖风味餐饮、街边小吃、购物消费、生态养生、滨水民宿等。商业街北侧是小型湖泊，呼应此处的古泗水、湿地的自然地理特色。在北洞山南侧，规划了博物馆、广场设施，集中展示北洞山的汉文化。桓山石室则设计了桓山广场，与北洞山广场紧邻。此外，在设计的西南角布置轮渡码头，用以接送旅客、居民。从这里出发，有一条景观廊道呈西南—东北向穿过整个场地，这是为了呼应古代商道的元素。引入“古道”元素，再结合北洞山汉墓中大量文物具有的特色“云纹”图案，确定一条景观轴线，由渡口出发，蜿蜒穿行于两山之间，最后消失在桓山脚下。平行于运河再从渡口引出一条滨水景观轴线，构成整个场地的景观结构，如图 4-14、图 4-15 所示。

图 4-14　北洞山汉墓设计示意

图 4-15　运河北岸“汉风街”设计示意

都市区外围区文化遗产活化的方式：大遗址公园

海昏侯夫妇墓葬

突出生态化的空间处理

图 4-16　南昌都市区外围地区的海昏侯国国家公园建设

2017 年，南昌汉代海昏侯国遗址被列入国家考古遗址公园立项名单。以大遗址文化和大鄱阳湖生态资源为核心，以规划引领和项目建设为抓手，努力打造一个集遗址保护、旅游观光、文化体验、生态休闲为一体的世界级大遗址公园旅游目的地（图 4-16）。

2. 运河南岸区的辅助性设计

运河南岸主要做了一些空间优化。包括西侧的滨河广场和青山景区，设置了对应的游轮码头，用以和北岸呼应，如图 4-17 所示。

孟家沟港位于京杭运河水道和琵琶山—青头山—北洞山十字廊道间，承载山水魅力和城市千年历史，是山水运河门户。建议规划功能包括：结合原有工业建筑改造为大运河（徐州）游客中心、休闲商业街区、广场、运河文化艺术展览馆、精品运河风景酒店。针对当前的工业建筑和港口码头建筑特色，可采取保留结构框架、进行外立面与屋顶材料重新填。部分空间可利用工业建筑特色加设空间层，改造为商业空间、创意空间及公共空间等。大体量建筑可通过底部架空、上层适当设计、维持其建筑材质并突出面向运河景观界面的开敞性。在不改变整体格局情况下优化岸线布局，增强岸线与建筑和公共空间的互动感，增强沿岸活力。

图 4-17　运河南岸工业和码头区设计示意

第 5 章　外围城郊过渡混合区文化遗产活化设计：驮篮山—东洞山片区

一、外围过渡混合区的区位属性

驮篮山—东洞山汉文化区位于徐州市区东北方向，鼓楼区三环快速路外与 G104 京福线之间，是“两汉文化环”战略的关键组成部分之一。一方面，驮篮山和东洞山两处楚王陵价值独特，该地段还有一处列侯级别的陶楼山汉墓；另一方面，该地段向东南方向直通狮子山楚王陵，向北经大运河和链接北洞山楚王陵，如图 5-1 所示。

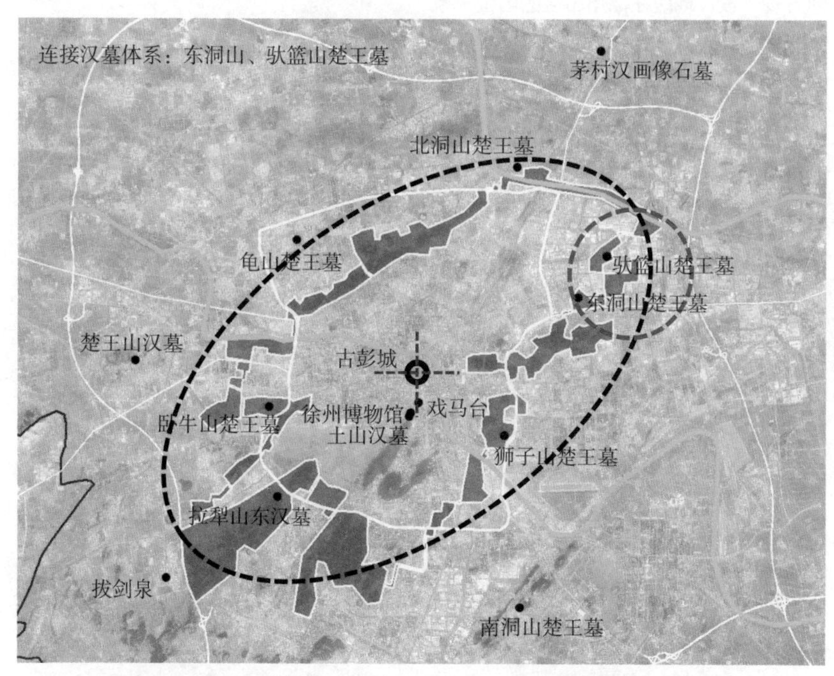

图 5-1　在两汉文化环上的区位：连接狮子山和北洞山汉墓体系

从城市发展的角度来看，该地段属于城市地理学经典芝加哥城市模型中的“过渡混合区”，位于居住圈层和工业圈层的过渡地带。拥有诸多的城乡发展要素、面临诸多的问题和挑战以及优势和机遇。总之，该地区集合了山水和文化等多元要素，形成集汉代帝王陵墓区、机械工业园区、村庄聚落区、自然山水区于一体的特殊区域，可谓是徐州古代与当代的文化与发展的缩影，如图 5-2、图 5-3 所示。

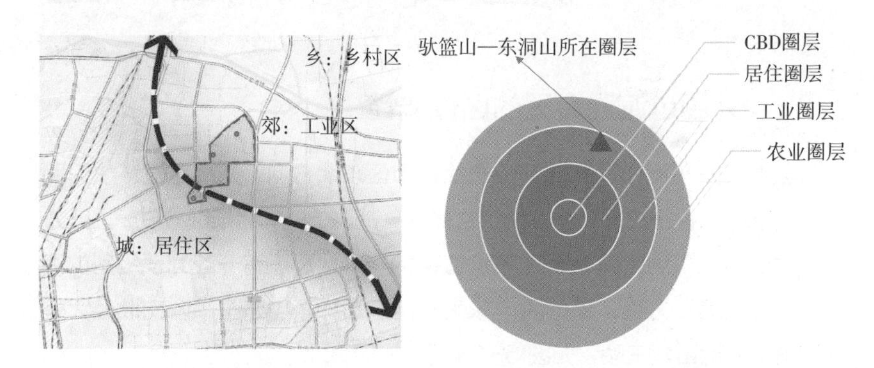

图 5-2　设计地段在徐州市区的区位关系

图 5-3　微观区位角色：城乡工业和人文自然的整合关键要素

归纳起来，这一地段的设计特征和意义包括：一是作为物质载体的山水和汉墓，在城市规划与设计中可以纳入具体的考量；二是作为文化载体的历史与文化资源，其文化本身具有较高的价值。而城乡接合部因素和工业区因素为“文化遗产活起来”的方式提供了更为多元的前提条件。

二、要素混杂且变化迅疾

正是因为地段的外围地区过渡带区位特征，使该地区空间要素极其复杂。其主要用地类型除为工业用地和居住用地外，驮篮山附近为文物古迹用地，另有教育科研用地和公园用地。地段内大部分为机械工业厂房和建筑密度较高的低矮城中村，并设有两所小学、一所中学、一所职业学院，如图 5-4 所示。

正是因为地段的外围地区过渡带区位特征，地块要素也迅疾变化。蟠桃山在此大兴土木，建成徐州著名的佛教旅游目的地，乡村随时在被推倒重建，如图 5-5、图 5-6 所示。

驮篮山和陶楼山一带的多元要素和迅速变化

东洞山—陶楼山一带

陶楼山及其周边

图 5-4　蟠桃山上俯瞰设计地段

陶楼山东侧、驮篮山周边地区

驮篮山东侧—徐工集团总部

图 5-4 （续图）

文化巨型工程的规划建设

从工业区看蟠桃山

郊区房地产的结构性变化

工业区和村庄之间的混合功能区

驮篮山—东洞山具有大尺度“两汉文化环”塑造的自然和人文景观

图 5-5 驮篮山—东洞山一带的区域要素及变化示意

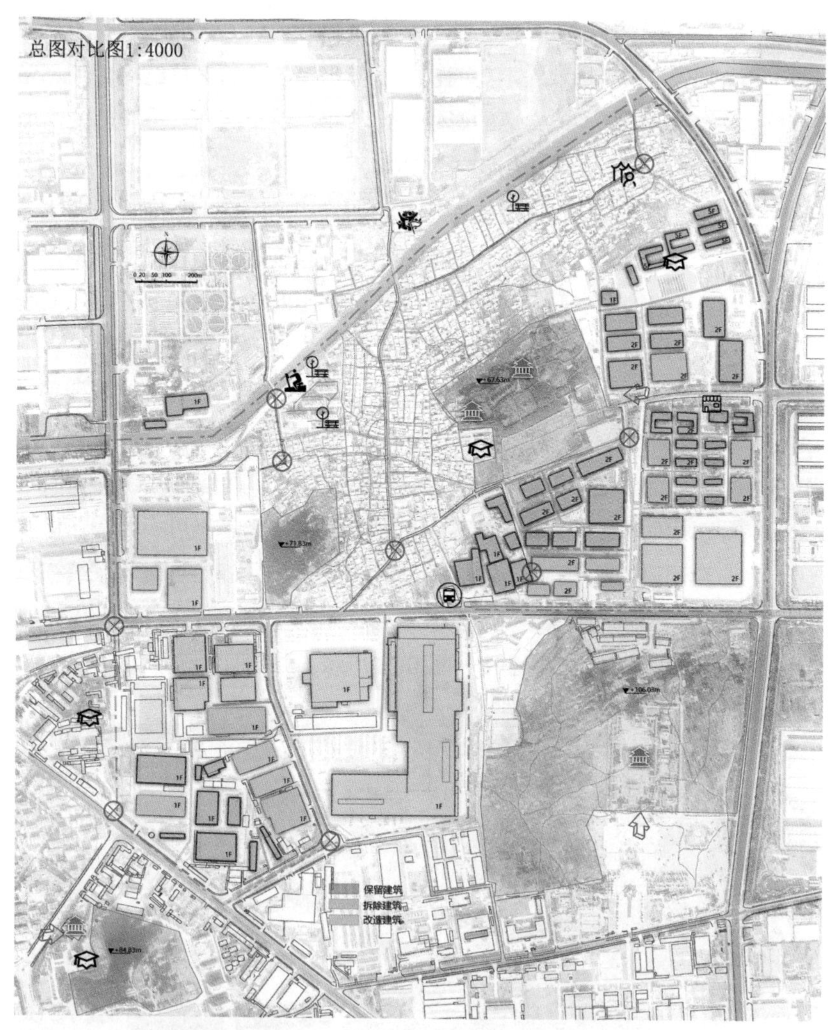

图 5-6　地段文化遗产—自然格局—城乡聚落—工业发展多要素现状

三、趋势和需求战略判断

1. 驮篮山—东洞山在徐州两汉文化环中具有重要地位

驮篮山、陶楼山、东洞山为汉墓文化遗产所在地，是徐州两汉文化环战略的重要环节。驮篮山楚王墓于 1989 年至 1990 年间发掘，关于其墓主还存在争议，但学术界认为其为西汉楚国第三代楚王刘戊及其王后的墓葬可能性最大。刘戊参与“七国之乱”反叛失败后自杀，因此在入葬时陪葬品和丧仪被降格。但就墓穴本身而言，驮篮山楚王（后）墓结构合理、布局严谨，已完全摆脱了竖穴墓的影响，是徐州西汉早期横穴崖洞墓的定型之作。墓道宽度大于主室，后有与甬道口平齐的平台，虽较短，但也体现出向平坡墓道过渡的特征。功能室较齐全，专门的厕室、浴室、乐舞室等出现，屋顶结构多样。汉代所有的屋顶形制在驮篮山汉墓均有所体现，第一次出现了完备的排水系统。驮篮山汉墓最突出的成就是陶制乐舞俑的制造工艺。驮篮山出土的乐舞俑体现了汉代民俗生活的繁荣和较高水准。乐舞俑属于“俗乐”即汉代新乐，区分于宫廷乐中的“雅乐”，主要表现平民百姓的丰富的娱乐文化生活。驮篮山汉墓出土乐舞俑 23 件、舞俑 8 件、乐俑 15 件。徐州出土的西汉乐舞俑，袭秦制，承楚风，具有鲜明的时代特征，是一种具有明确塑制目的和创作意识的丧葬用品，也是不可多得的艺术珍品，表现了西汉时期人们的欣赏趣味和审美要求。另外，防排水系统在驮篮山墓中首次出现，墓室格局、形式等与徐州狮子山汉墓、北洞山汉墓等相比更加科学与复杂，如图 5-7~ 图 5-8 所示。

图 5-7　地段中两汉文化遗产分析

墓墓道现状

西墓墓道现状

篮山生态景观现状

汉墓当前的“博物馆”

5-8　驮篮山汉墓及周边环境

驮篮山汉墓舞俑（图 5-9）。在形式众多的各色陶俑中，驮篮山汉墓出土的乐舞俑最为精彩。徐州博物馆“俑偶华彩”展厅已考古发现的 15 件陶女俑和 1 件陶瑟情景再现了西汉时期这一乐舞场景，包括乐器演奏和舞蹈表演两组，其中 8 人分两排跽坐于方阵后方，4 人抚瑟、2 人击磬、2 人吹奏。乐队之前，7 名舞者正在跳舞，有单袖上举搴袍舞俑和双手上举身姿呈 S 形舞俑两种，单袖舞俑左臂附于体侧，右臂上举齐额，双袖舞俑双袖上抛，身体向左前倾，呈现扭动的优美的 S 形。驮篮山乐舞俑自 1989 年发现以来，尤其是单袖上举搴袍舞俑和双手上举身姿呈 S 形舞俑多次在内地及香港地区各大博物馆展出，数次在英国、美国、法国、意大利等国家亮相，成为中国汉文化的代表作。

陶楼山上存在4座竖穴墓，都在石灰岩山顶上凿成，均为长方形竖穴墓。四墓共出土器物58件，其中陶器32件，其余为铜、铁、玉、银器。其中最大的墓穴根据印文推测，墓主人姓刘名颀，虽自称“臣颀”，然“君侯之印”表明其实为西汉中期的列侯墓。

东洞山汉墓于1982年发掘，为楚王刘延寿及其两位王后的墓葬，时期较驮篮山汉墓晚，共有三座墓葬。东洞山汉墓本体文化价值相对平凡，没有驮篮山汉墓的突出成就。但东洞山的出土文物价值相对突出。第一任王后墓中出土的器物超过160件，其中“明光宫”铜器和玉器最为精美，展现了当时高超的手工业水平。东洞山汉墓早期破坏较为严重，位于徐州幼儿高等师范学校院内。与荒野中的驮篮山、南洞山、卧牛山汉墓相比，东洞山汉墓算得上比较幸运的，现状得到了很好的保护（图5–10）。

总的来讲，基本连成一片的东洞山—驮篮山汉墓区别于龟山汉墓、狮子山汉墓以及北洞山汉墓比较明显的地方是，其文化遗产反映了西汉时期丰富多元的市民生活，陵墓建设和陪葬品生产的高超的工艺技术。

2004年驮篮山汉文化遗址公园开始规划建设，但如今遗址公园建设处于停滞状态，驮篮山也因此荒废，很少有人问津。陶楼山的陵墓遗址相对价值不高，而且位于村落中，几近无人问津。从道路交通方面，驮篮山路以北部分道路不通畅，因此区域多为村落，道路宽度以5米为主，造成了汉墓遗址难到达的问题，低可达性使得文化遗址更难展现。

抚琴乐俑

陶俑生动的表情和艺术魅力

有浓厚楚韵汉风的驮篮山舞俑

图5–9　驮篮山汉墓精美绝伦的陶俑

左墓墓道

右侧墓墓道

墓道内明代的佛教造像

墓室立柱

鎏金铜盆

龙凤纹玉环

鎏金博山炉

明光宫铜钟

图 5-10　东洞山汉墓及其出土的诸多鎏金铜器

2. 驮篮山—东洞山汉文化区是徐州山水城市特色彰显的重要地区

片区有重要的山水资源条件。其南为东洞山、北为陶楼山与驮篮山相连，附近有荆马河与京杭大运河，其东有蟠桃山佛教文化区；在京杭大运河南岸腹地的驮篮山、陶楼山和东洞山均有汉代墓穴遗存。驮篮山一东洞山汉文化片区，南倚五山，北眺运河，中部被荆马河道横穿而过，四座山丘呈不规则四边形分列四角。因此，本地段的城市设计以自然肌理作为重要设计要素，旨在增强山体、水体与历史遗产本体之间的联系，构成城市设计的主线（图 5-11）。

下面分别从自然环境、山体联系和景观序列三方面对地段的自然要素和人为要素进行剖面分析。第一个是由北至南，荆马河道一驮篮山一蟠桃

东洞山及周边旧厂和旧村

荆马河

荆马河远看驮篮山

陶楼山及其周边的工业厂房

图 5-11　区域中的山水及环境

山一线，地势逐渐升高，海拔高度从 32.90 米升至 89.03 米。蟠桃山作为地段内部海拔最高、体积最大的山体，为地段核心的驮篮山的对景点和正南北向景观序列的收尾。荆马河与驮篮山之间的城中村、驮篮山与蟠桃山之间的工厂是本次城市设计的重点更新改造区域。第二个是东洞山一蟠桃山一线，是地段南部的东西方向剖断。东洞山和蟠桃山之间坐落着建筑肌理较为混杂的工厂群。跨国企业工厂和小型作坊鱼龙混杂，交通不畅，将两座富有历史文化内涵的山体完全阻断。工厂多为 2~3 层厂房，建筑风格为现代简明的工业厂区风格。第三个代表了整个地段的景观序列，该剖面串联起荆马河、驮篮山、陶楼山和东洞山，是本次城市设计的主要自然要素本体。在自然要素本体之间，穿插着村庄、工厂和教育设施，山体的景观价值也不尽相同。驮篮山与东洞山以历史文化价值为主，陶楼山以自然景观游览价值为主。

水体元素主要为北部京杭大运河及横亘地段中部的荆马河。京杭大运河自西北向东南贯穿徐州，在黄河故道北侧。“20 世纪 50 年代以来，濒临断航的运河徐州段进行了一系列的整治管理，裁湾、拓浚和闸坝改建工程，使运河徐州段河道成为通航、供水和泄洪的重要通道。”荆马河为徐州市重要的泄洪水道，自 20 世纪八九十年代开挖修建以来，逐步形成了荆马河排水片——荆马河、子房河、金水河和荆山引河。荆马河发源于九里山，自西向东穿过徐州主城区，在驮篮山一东洞山地段东北方向汇入京杭大运河。

总体来看，本地段的山体和水体布局较富有层次感和节奏感，为景观轴线和开敞空间体系塑造增添了天然节点和序列方向。城市设计以山水格局为依托，充分利用自然要素，力求达到自然环境与人居环境的相互依托、相互成就，塑造人与自然和谐共生的可持续发展模式。

3.“中国工程机械之都”创新驱动趋势

片区毗邻徐州开发区的核心地段。徐州经济技术开发区是淮海经济区规模最大、实力最强的国家级经济技术开发区。其附近有世界 500 强徐工集团、卡特彼勒集团及迈特（中国）机械设备有限公司等著名龙头企业的办公、研发和生产空间，充分体现了徐州“中国工程机械之都”的称号。本地段内部工业厂房占地面积 1.5 平方千米。除大企业外，地段内部还有一些规模较小的制造企业，这也是导致建筑肌理混乱、产权边界模糊的主要原因。对于驮篮山—东洞山汉文化区，工厂的围绕既是挑战，也是机遇（图 5-12）。基于对周边企业与工厂建筑的分析判断，归纳出如下三点机遇：

第一，企业员工的文化与生活需求。就现状而言，地段范围及其周边缺乏相应的配套设施，这使企业员工的文化与生活需求多有不便。通过挖掘其文化与生活需求并提供相应的服务设施，在此基础之上探讨文化发展的路径，能够为城市设计与运营提供长足发展的基础。

第二，领军企业的文化底蕴。对于徐州文化的探讨，必然无法回避当下的工业文化。设计地段的区位优势，恰好又为探讨当代工业文化与汉代文化的关系、发展模式提供了机遇。在地段的设计中需要充分利用当前的工业文化资源，形成与汉代文化的呼应。

第三，工业区中的机会空间。通过企业分析与建筑分析，将场地中的建筑归纳为保留建筑、修缮建筑与拆除建筑。其中，修缮建筑与拆除建筑

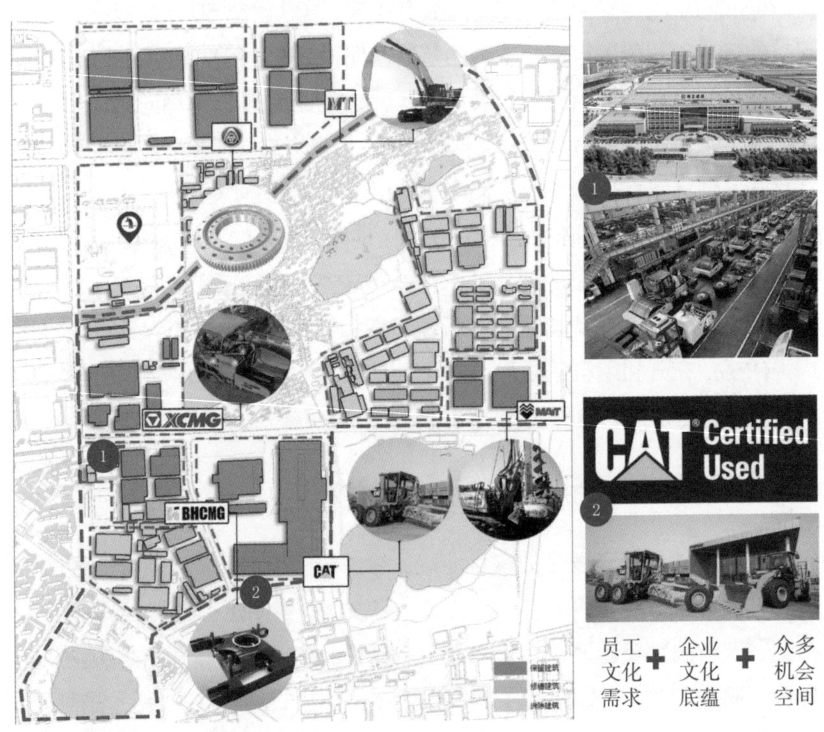

图 5-12　驮篮山—东洞山一带工厂要素分析

作为地段当中的关键机会空间，可用于文化的复兴与公共空间的塑造。

4. 亦城亦乡的过渡混合区具有重要的地租潜力条件

驮篮山—东洞山汉文化区的西南部，是徐州的市中心方向，有交通枢纽、商业、居住与教育等功能，在其东北部，则是村庄、学校与山水诸多因素（图 5–13）。村庄占地面积约为 0.62 平方千米。本地段残存着大面积的城中村，具有建筑密度高、肌理混乱、交通不畅、公共服务设施不足等明显问题。民居以 2~3 层为主，没有明显的院落结构和产权分界，存在严重的消防安全隐患。过高密度的住房导致了公共服务设施的严重不足。

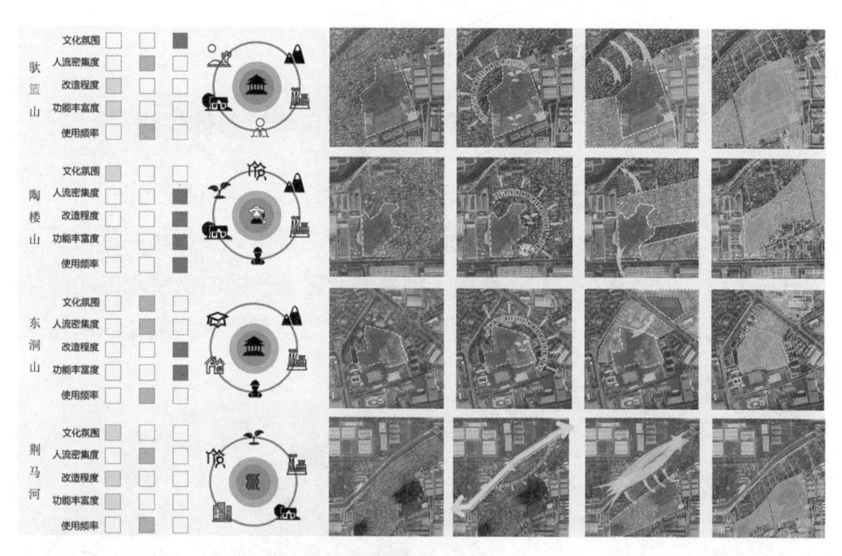

图 5–13　山水要素与周边的聚落及环境

地段北部的村庄要素主要分为南部的陶楼村，以及北部中侧的中王庄与东侧的东王庄。总体而言，三者都存在老龄化严重、公共活动空间缺失、配套服务欠缺等问题。陶楼社区：辖区面积 0.21 平方千米，总人口 3300 人，6 个村民小组，1 个安置小区；中王庄社区：辖区面积 0.25 平方千米，共有 800 多户，3600 余人；东王庄社区：辖区面积约 0.2 平方千米，3 个居民小组，总人口约 1300 余人，常住人口约 900 余人，60 岁以上老人占总人口的 15% 左右。村庄要素当中的关键资源归纳为两类：一类是以文化为主的空间资源，表现为具有文化底蕴的三多堂、传统的坡屋顶建筑型制等。另一类则是以居民公共活动为主的空间资源，表现为绿地、活动中心、健身广场、商业街与学校等。应持保留或更新为主的方式来积极发展这两类空间资源。在最近的城市规划中，城市政府拟进行棚户区和城中村整治，其方式是整体拆迁。综合文化角度与经济角度而言，本研究测算认为：对于南部的陶楼村片区主要持拆迁改造的态度，而北部的沿河片区（中王庄与东王庄）则主要以保留、更新为主。

当前的城市道路由于地块的产权分割存在诸如断头路等问题。虽然类型丰富但各类功能主体却没发挥出应有的价值。这也从另一个方面说明了本地段可塑性较强，可以利用的要素丰富。

四、总体城市设计

1.“人群—场所”面向的“创新”和“包容”总体战略

该片区最大的特点是场所人居环境的多元性以及人群的多元性。

基于多元环境要素分析，发现该地段实质上是需要在多元要素背景下展开城市设计的策略布局。一是由于城乡过渡区这一区位所带来的功能与人群的多元性（图 5-14）；二是由于人文要素与自然要素共同交织所带来

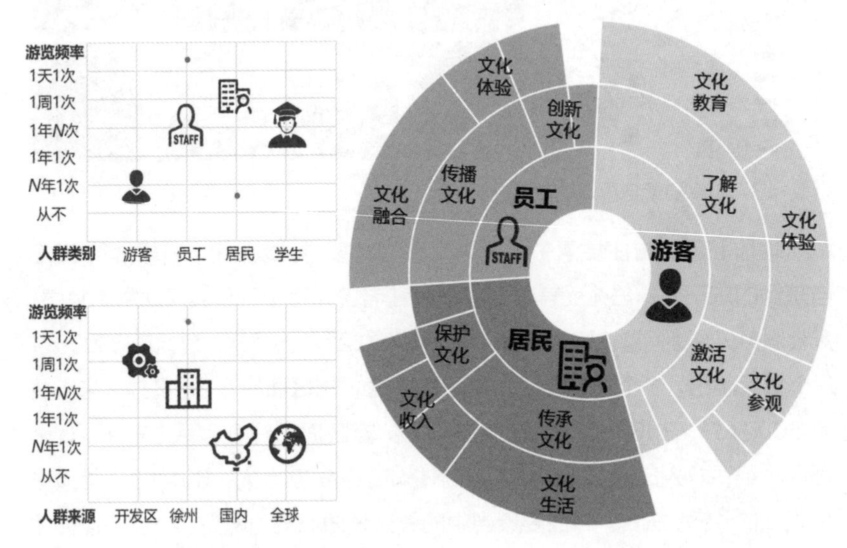

图 5-14　设计地段的核心人群分析

的汉文化、佛教文化、工业文化与城市文化的文化多元性。为此提出“创新”和“包容”作为该地区文化活起来的总体城市设计理念（图 5-15、表 5-1）。

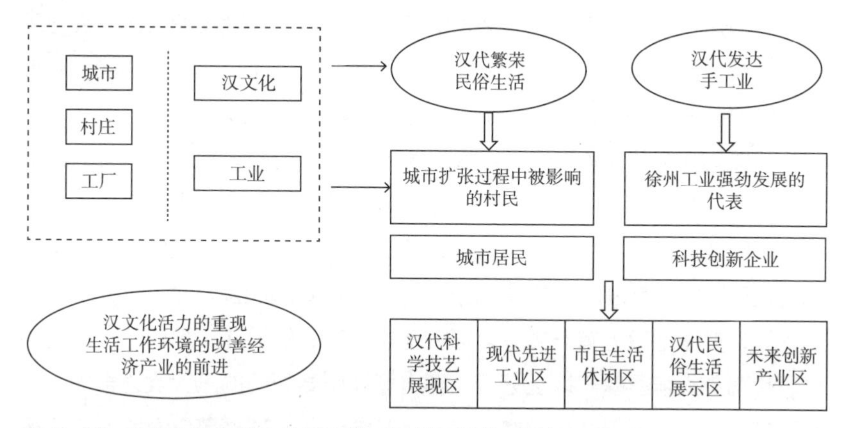

图 5-15　驮篮山地区的文化遗产特质及其活化的区域场所特质关系

表 5-1　从问题到策略和设计

	现状问题	设计策略	遗产空间设计
主体要素	工厂围困 村庄环绕	反客为主 解放文化遗产	两汉文化区域主环串联
	山水隔离 遗世独立	强化汉文化要素系统性	东洞山—驮篮山汉文化遗产—生态复合廊道
设计要素	汉墓文化展示困局	可见	汉文化展览空间
	汉墓文化传播困局	可感	汉文化体验空间
	汉墓文化传承困局	可创造	汉文化再创造空间

实际上，无论从技术变化、思想体系、文化艺术还是从生活和生产方面，两汉文化本身就具有蒸蒸日上的创新性和包容性，从而奠定了其无比辉煌的历史和遗产基础；此外，该地区是装备制造业的重要地区，如何在文化和生态等方面发挥优势，也是促进智造、促进研发的一个重要抓手和战略。

就其包容性的要素来看，与其他汉墓相比，驮篮山汉墓周边的城乡环境要素最为丰富，包含了城市要素、工厂要素与村庄要素。相比之下，开发保护较早的狮子山汉墓周边仅有城市要素作为依托，龟山汉墓拥有工业与城市两种要素；而相对边缘化的北洞山汉墓则被村庄要素环绕。因此，更多元的环境要素实际上给予了这一片区更多元的发展路径和可能性。

然而，就现状而言，这三类要素与汉墓、山水和文化的关系并不和谐。从驮篮山汉墓周边的环境要素发展变化的历程来看，驮篮山汉墓实际上经历了一个由开放走向封闭的过程：2004 年，驮篮山背靠河流与村庄，其东南方向仍然是开放的界面；而 2005—2013 年间，伴随工业区的开发与工厂的建设，驮篮山的四周被彻底地围合了起来；2014—2020 年间，城市东北向的扩张与发展又赋予了驮篮山突破重围的可能性。

从以人为本的视角来看，目前该地区的人群类别包括当地的城市居民、村落村民、在经济开发区上班的产业工人、经济开发区的企业负责人、附近一些职业教育学校的学生。目前，除了一些汉墓“发烧友”外，外来游客的数量还比较有限。但同时，由于徐工的全球化地位和 CAT 的全球化企业入驻，在该地段另有一部分人群值得规划设计的关注，那就是全球化的管理和精英人群。基于以上分析，得出场地所要面向的三大类人群为：开发区产业工人、两汉文化游客和世界装备制造业全球精英以及徐州和片区的居民和学生。而这三类人群对于汉文化的作用与需求又不尽相同。其中，开发区产业工人目前对两汉文化和山水景观没有太多的需求，但伴随装备制造业的“创新”和“研发”功能和需求的提升，传统文化和现代文化的打造必将能够为创新提供积极的“环境”氛围，为创新人群提供良好的居住和面对面交流的环境。该地区的游客除了有休闲休憩需求的本地市民外，更需要着重考虑两类游客：一类是文化遗产的体验游客，另一类是装备制造业商务精英人群（商务游客）；前者能从经济收入的角度直接激活和传播两汉文化，他们对于两汉文化特别是楚王陵的文化体验与参观有需求；后者更需要的是全球化文化的整体认同和地方文化的特质凸显，一方面需要咖啡馆、酒吧等交流场所，另一方面需要山水环境和独特的文化氛围，这类人群对徐州装备制造业和全球化经济至关重要。当地居民主要涉及在此居住的市民和在此求学的学生群体。很显然，随着就业郊区化的不断发展（经济技术开发区等），其居住郊区化的进程会持续跟进，教育、医疗等设施的郊区化也会不断完善起来。因此，充分将两汉文化遗产和山水环境融合起来，能够很好地提供家庭区位选址的“舒适性”维度，而地铁的建设也将从根本上改善区位选址的可达性维度，再加上经济技术开发区的就业维度，该地区的未来的功能提升也将开始新一轮的周期。综上所述，城市要素为驮篮山的突围提供了可能性，同时也汇集了多元的人群，由此形成多元文化的效益与作用。

2. 基于文化遗产、自然山水和城乡人居的设计策略

基于城乡环境和历史文化、山水关系的空间分析，该设计地段贯彻如下三类策略：

一是基于历史文化分析，提出“可见、可感、可创造”整合策略，将城市空间分为博物馆式、舞台式与孵化器式进行功能组织。

二是基于山水关系分析，整合“被山带河”生态走廊的构建，显山露水，从大区域到设计地段连通山水关系。

三是基于城乡环境分析，提出公共空间走廊的构建，基于共融、共生、共享的原则，形成人群、文化与功能的贯通融合。

基于这三类策略的统筹整合，形成了最终总体城市设计方案。

1）文化遗产保护与传承：可见、可感、可创造

徐州市目前对于历史文化保护的措施较为单一，以建造博物馆、文化景区等方式为主，举办的传统文化活动等民众参与度也逐渐降低。历史文化保护与传承不仅需要提供文化物质载体的展示空间如博物馆等，还要根据人民需求让民众能够直接感知并参与文化活动中，将文化的静态遗存转变为以“人”为载体的动态遗存。除此之外，文化的传承还需要与产业、经济的发展挂钩，如创新创业、文化创意、旅游等相关经济活动。因此提出了面向过去、面向需求、面向未来的发展策略（图 5-16）。

第一，可见：面向过去的发展策略。面向过去，指的是历史文化静态遗存，在此研究范围内主要指的是汉墓遗址中发掘的文物，如陶器、铜器以及墓室本体等，其所代表的汉代丰富的民俗生活以及高超的手工技艺是本研究地段的文化特征。因为本研究地段内没有历史文化展示的空间，所以需要通过建造博物馆、展览馆以及文化研究所等对历史文化进行直接的展示，同时应优化遗址所在的山体景观，提高历史文化的“可见性”，这就是面向过去的历史文化“可见”策略。

第二，可感：面向需求的发展策略。面向需求，指的是根据民众对历史文化的各种需求来制定策略，如对演艺空间、艺术家工作室、图书馆、

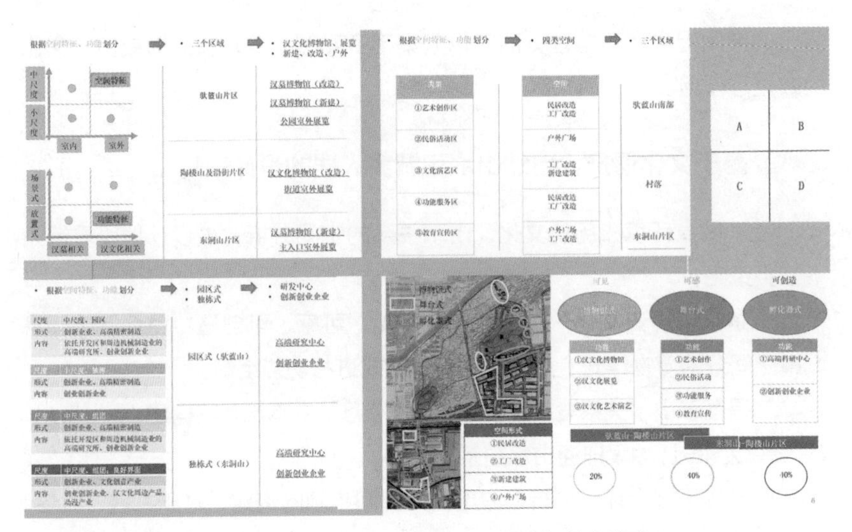

图 5-16　文化遗产利用活化与“可见、可感、可创造”整合策略

商业商务场所等空间的需求等。从而让人真正参与历史文化相关活动中，将被动传达文化的静态载体转化为能主动传播信息的动态载体即“人”身上，让人能够切身感知文化的同时也能传播文化，这就是面向需求的历史文化“可感”策略。

第三，可创造：面向未来的发展策略。面向未来，指的是驮篮山片区未来空间的多样性或是产业发展的可能性。由于现在驮篮山片区被工业企业包围，若想保护历史文化并保持文化发展的长续性，就需要引入文化创意、科学研究、旅游等多样化的与文化发展、创新相关的活动，并需要其提供办公空间，因此在驮篮山片区需要预留弹性发展空间，以应对相关文化产业的发展，吸引创新人才，通过创新活动让历史文化充满活力。这就是面向未来的“可创造”策略。文化遗存的“可见”策略、面向人民需求的“可感”策略以及面向未来发展的“可创造”策略。

西安文化遗产活化：从大唐芙蓉园主题公园到大明宫遗址建设（图 5-17）

2002 年，在西安城区东南方向的一片农田中，市政府以较低的成本（500 万元左右）缔造了闻名全国的“曲江模式”。十年之中运用“讲故事”、建公园等文化造势带动了该地区地价升值 10 多倍，农田变成了西安重要的居住区和国家级文化产业示范区。从 2006 年开始，在西安城墙外的唐代大明

乡接合部地区的曲江大唐芙蓉园

文化遗产的活化

明宫遗址活化之前的人居

大遗产保护中“棚户区”历史展示

明宫宫殿基址修复图

大明宫遗址的“模型缩微”展示

5-17　西安大唐文化遗产的活化利用

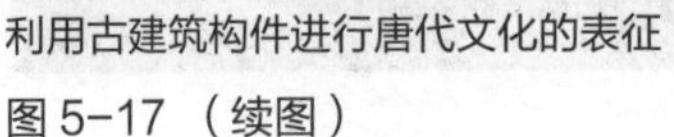

利用古建筑构件进行唐代文化的表征

金龙和唐代屋顶作为遗址符号

图 5-17 （续图）

宫遗址上，一个投资 120 亿元的遗址公园开始兴建，连同公园周边的旧城改造，总投资将达 1400 亿元。

南昌海昏侯墓的文化活化利用（图 5-18）

创新理念导向下的南昌外围区海昏侯墓及紫禁城城址文化遗产活化实践。海昏侯墓等文化活化体现了“文物”保护向“文化遗产”保护转型的理念：从被动的抢救性保护到主动的规划性保护，从“打补丁式”的局部保护到着眼于遗址规模和格局的全面保护，从单纯的本体保护到涵盖遗址环境的综合性保护，从“画地为牢式”的封闭式保护到引领参观的开放式保护，从专一的文物保护工程到推动城市发展、改善民生的文化工程。

2）显山露水：自然山水修复重塑和要素联动

山水要素作为自然肌理，在城市发展的漫长历史中与人类的关系也在缓慢地发生变化。从原始社会和农业社会的被依赖到工业社会中被改造、被破坏，再到后工业化社会的被利用，自然要素在人居环境中经历了主动—被动—再主动的过程。时至今日人类也在反思，在永续发展的目标指引下，提升人与自然和谐相处的水平，充分发挥自然肌理的价值和引导作用，是山水开发策略的宗旨。

找寻要素、节点分级。将地段内部及周边的绿地、景观提炼整理，确立主、次、一般三级节点。如驮篮山、东洞山为主要景观文化节点，陶楼山、蟠桃山次之，小型绿地和街头公园为一般。

海昏侯棺椁模型

“事死如生”汉墓墓葬文化的模拟展示

墓园墓阙的标识性展示

博物馆场地的“金色海魂”雕塑

大遗址旅游接待中心设计

南昌海昏侯博物馆设计

图 5-18　南昌海昏侯墓的文化活化利用

确定主线、山水关系。京杭运河—荆马河—驮篮山—东洞山一线成为本地段的主要景观序列和公共空间脉络，主要功能性建筑在这些主要节点之间展开。从更大的尺度范围来看，新的景观序列南倚五山公园，北眺京杭运河，在山水格局的利用上延续了汉墓“被山带河”的格局观念。

适当改造。为了增强驮篮山和陶楼山之间的联系，拟将两座山之间的村庄部分拆改为绿地公园，为高密度的住宅区和大片的工业区提供休憩的开敞空间。同时也以发挥山体的文化价值和景观价值作为改建的目的。在荆马河与山体之间的南北方向上，增设次要绿地廊道穿过村庄，为村庄提供喘息的空间。

联系周边、增强参与。由于地段位于开发区，景观公园和绿地处于较为缺乏的状态。驮篮山—陶楼山公园将成为经济开发区新的文化、景观活力中心。

（1）山水与文化

针对文化价值较为突出的驮篮山和东洞山，将以汉墓本体为核心，山体元素为依托，文化价值和景观价值为导向，扩大文物和山体的发展腹地影响范围，以文化价值带活山水要素本体。

（2）山水与工业

针对工厂将山水围困、功能区隔离的现状，首先将工厂建筑进行现状评估。将现有建筑分为保留建筑、改造建筑和拆除建筑。结合汉墓的文化价值和工业园区的区位条件，将工厂定位为结合汉文化和徐州机械工业、文化产业的企业孵化器园区。山体、水体作为工业区的周边的开敞空间，为密集、功能单一的工业园区注入有机元素。

（3）山水与村庄

针对村庄将陶楼山、驮篮山、荆马河包围隔离的现状问题，将山体要素和水体要素的影响范围扩大，在两山之间的东西方向上拆除部分村庄改为绿地公园；加强河流与山体间的联系，在南北方向上结合等级较高的街巷增设绿廊；在荆马河沿岸开拓沿河绿地廊道。

山水视角下的多要素融合以“显山露水”为宗旨，着重加强自然元素与人居环境的联系，提升自然肌理对城市格局的影响力。山水作为城乡发展的基础，从原始社会的依山傍水而居，到农业社会城市的被山带河设城，再到工业社会对山水本体的干预改造，一直是城市发展、改造更新的骨架。在后工业化社会，人类正在重新思考自然与社会的关系。我们倡导回归自然，“绿水青山就是金山银山”，让山水要素重新发挥应有的价值，重新成为激发地块活力的引擎。

3）城乡人居环境和谐共融

一方面作为两汉文化环的重要部分，该片区应强化文化遗产的保护和活化，突出山水城乡多要素特色，“看得见山、望得见水”“记得住乡愁”，突出文化遗产让城市更美好的优势和特色。通过文化遗产活化进一步提升该片区作为城乡接合部空间品质的提升和优化。另一方面，工业区是徐州重要产业空间，是这一地区人居环境的重要组成部分，因此文化遗产的活化就不能忽视工业发展的需求和工业要素的存在。可以通过“文化＋工业”的策略，促进该地区制造业从要素驱动、投资驱动向创新驱动等转型升级，并促进乡村振兴和城市经济繁荣，只有周边的人居整体品质上去了，文化遗产才能得到更好的活化。

同时，该地区当前相互隔离的要素在未来交通、城市化、生活方式、生产方式等的驱动下，不可避免地将进行结构化整合。为此，“大刀阔斧”的结构调整也非常有必要，但与此同时，从公共经济学等相关理念出发，这种过渡混合地区的文化遗产活化还应该充分考虑既有的条件，在此基础上，寻找一套“组合化”的规划和设计方案（图 5-19、图 5-20）。

图 5-19　不同策略模式列举及比较

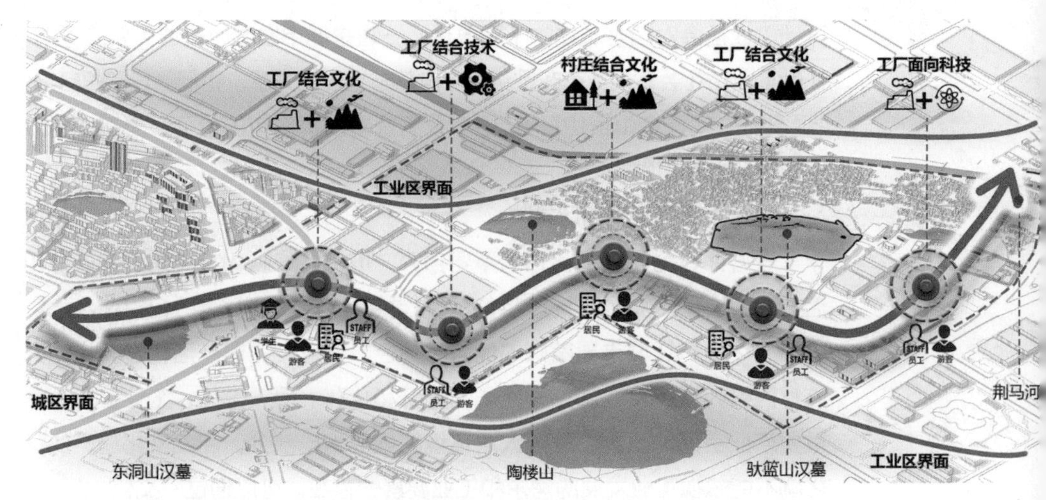

图 5-20　功能整合与文化赋能：公共空间走廊、山水生态走廊与装备智造走廊

3. 双廊道为骨架的总体城市设计

1）双廊道骨架：公共活动和自然山体生态廊道

两汉文化不能独立地形成物质空间，需要借助公共空间的体系作为载体。第一，从驮篮山到陶楼山再到东洞山的自然生态廊道。汉墓与山体高度偶合，从驮篮山到陶楼山和东洞山之间梳理出一条自然山体生态廊道，连同河流形成串联和柔化村落、城市、工业和服务业的重要空间要素。第二，借助机会空间，逐步培育和体系化公共空间廊道。围绕村庄、工厂、城市以及公共设施，提取公共活动空间，用以整合多样的功能、多样的文化与多元的人群，解决城乡过渡区带来的文化与空间分割的问题，并以驮篮山至东洞山的汉文化为空间进行赋能。第三，在这两条廊道之外分别是两个界面，面向中心城区方向的城市功能区界面和面向工业区、外围区的工业走廊界面。第四，以公共空间廊道整合多元人群，促进创新转型。对于场地中的多元人群，不同的空间节点有不同的侧重人群。总体而言，游客是贯穿全线的核心人群。在城市的设计过程中，借鉴了丹麦的超级线性公园作为指导性案例。该公园同样位于城乡过渡区，由北向南依次针对居民、学生、儿童等人群布局了体育、聚会游憩与文化展览等公园功能。其功能的差异化体现了对于人群差异化的回应。

伴随城市的扩张，地段南部的城市界面逐渐向北部扩张，由此在地段中形成了城市与乡村的混合界面。因此，为了实现界面的过渡与功能的混合，拟在交界处打造一多功能混合区（图 5-21）。这一混合区主要有两个作用：一是对于城市文化、山水文化、村庄文化与汉文化进行整合；二是对于多元人群的功能需求，如公共服务需求、文化服务需求等，进行整合回应。在城市设计过程中，主要借鉴了由 Sasaki 完成的北京宋庄创意产业园区规划的设计理念。一是与新型空间有机结合的拆迁策略，重点关注村庄改造之后的社区共建问题，而非将迁居村民与当地环境分割；二是可持续发展的策略，重点在于构建以人为本的生态圈而非以产业链为主的模式。李阳（2016）指出，其基于多元主体的生态式商业模式设计，是地段设计成功的关键。在 5 个细分片区当中，针对具有机会性的空间与建筑进行改造，并针对不同片区的文化特性与空间特性进行不同的公共空间布局与文化布局（图 5-22）。

具体的城市设计借鉴了广州永庆坊的改造案例。该设计在进行文化保护与城市更新的过程中，主要形成了 4 类关键策略用以借鉴：一是公共空间作为串联；二是文化要素形成节点；三是产业置入吸引资本；四是主题设计焕发活力。梅文兵（2018）认为，这类微更新策略是在主体众多、矛盾众多的背景下的有效解决方案。

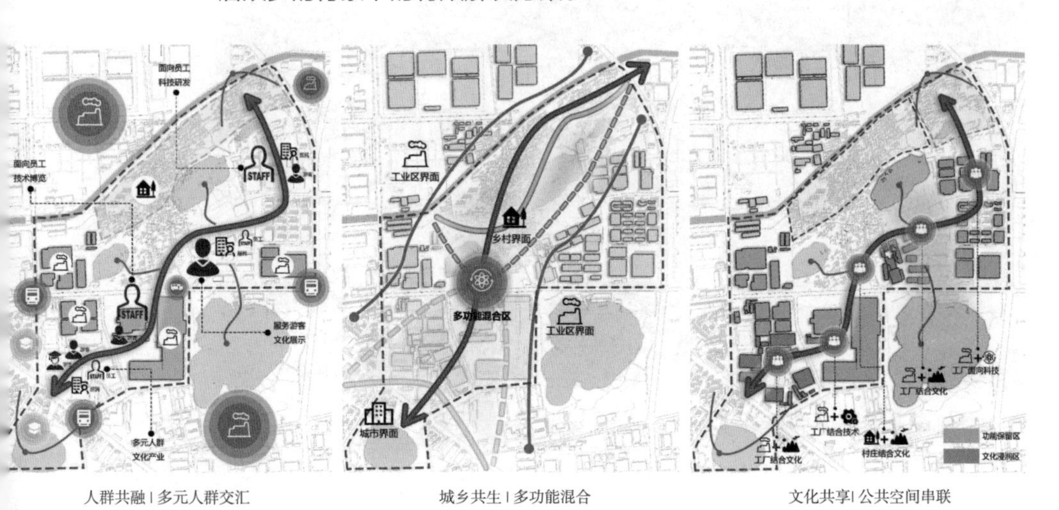

图 5-21 人群共融、城乡共生与文化共享

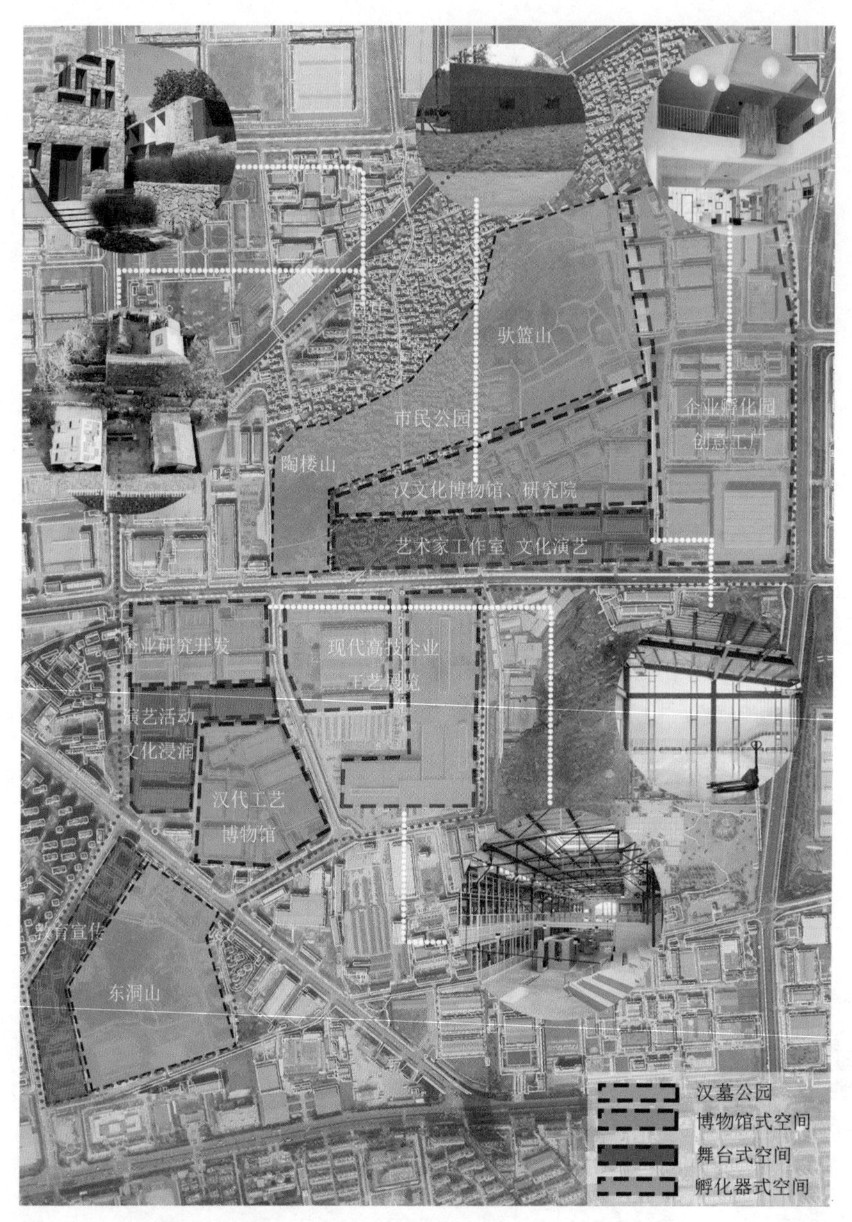

图 5-22　设计策略空间组合：可见、可感、可创造

2）空间设计模式：从功能到形态

具体而言，由现状场地走向最终的城市方案共有九小步，其关键在于借由核心走廊的空间界定与构建，实现从封闭孤立走向开放共享的实质性变化，如图 5-23、图 5-24 所示。

第一步，功能引导，机会空间。通过前期的场地分析，提取出最具有可塑性的三个机会空间节点。

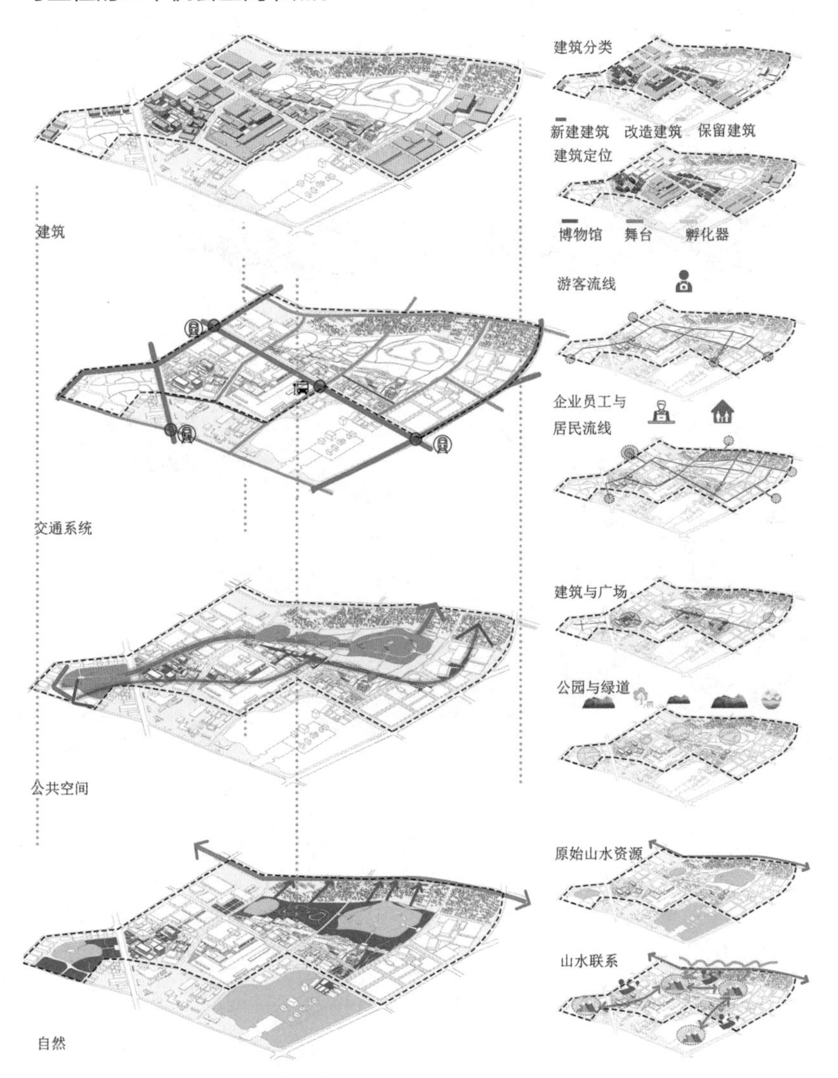

图 5-23　地段设计的主要要素分析

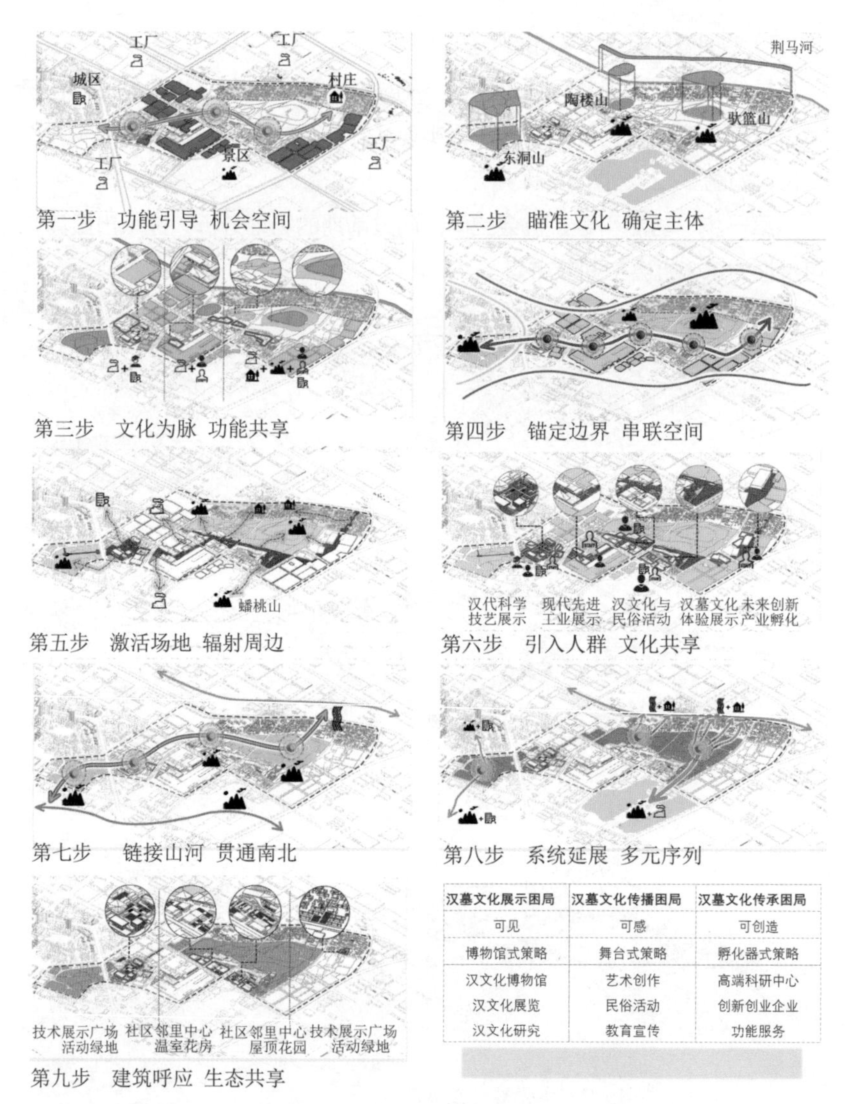

汉墓文化展示困局	汉墓文化传播困局	汉墓文化传承困局
可见	可感	可创造
博物馆式策略	舞台式策略	孵化器式策略
汉文化博物馆 汉文化展览 汉文化研究	艺术创作 民俗活动 教育宣传	高端科研中心 创新创业企业 功能服务

图 5-24 方案生成：由封闭孤立走向开放共享

第二步，瞄准文化，确定主体。在此基础之上，将视线放在三座山及其所属文化上。

第三步，文化为脉，功能共享。用文化依托，实现原先场地当中的封闭空间的功能共享。

第四步，锚定边界，串联空间。在城市界面和工厂界面相对确定的情况下，构建一条公共空间走廊。

第五步，激活场地，辐射周边。将公共空间与周边的工业、村庄和山水要素相联系，形成混合型的功能空间。

第六步，引入人群，文化共享。针对不同空间的人群和文化要素，形成对应的文化展示与发展片区，由南至北依次为汉代科学技艺展示、现代先进工业展示、汉文化与民俗活动、汉墓文化体验展示和未来创新产业孵化。

第七步，链接山河，贯通南北。在场地内部之外，向南延伸至狮子山，向北延伸至京杭大运河，形成完整的景观体系。

第八步，系统延展，多元序列。在此基础之上，形成和蟠桃山与荆马河景观视廊联系。

第九步，建筑呼应，生态共享。将景观体系延伸至建筑与公共空间之中，由南向北依次形成活动绿地、温室花房、屋顶花园等与建筑空间密切相关的景观节点。

同时，对于场地中关键的交通、建筑、公共空间与景观系统要素进行了梳理和整合，形成了统一体系之下的城市空间系统。对于交通，在回应徐州的总体城市规划的基础之上，疏通了道路体系，加密了道路网。同时，也考虑到不同人群的流线差异，设计对应的慢行空间体系。对于建筑，主要梳理了老建筑和新建筑之间的关系，根据拆除、更新与新建进行了整合。同时也按照三类文化策略进行了差异化的策略设计。对于公共空间与景观系统，在总体结构统领的基础之上，整合内部与内部、内部和周边之间的关系。生态走廊与公共空间走廊既有分离又有重合。

城市设计围绕“制造技术”展开。徐州自古以来就是制造技术的领军城市：场地是汉代高超工艺与当代突出工业的集大成者。工：手工（乐舞俑等汉代工艺突出代表）；业：机械行业（徐工等突出代表）。

3）总体城市设计方案

总体城市设计方案可以归纳为三个层次结构。一是地段之外以城市和工业为主的背景。二是设计范围的过渡区，主要表现工业空间与村庄空间两个边界。在这类空间中，进行了针灸式的局部改造与空间设计，维持原有的空间关系。三是核心的生态走廊与公共空间走廊，在两条走廊之上展开了关键性的文化遗产保护、功能塑造与空间设计（图 5-25~ 图 5-31）。

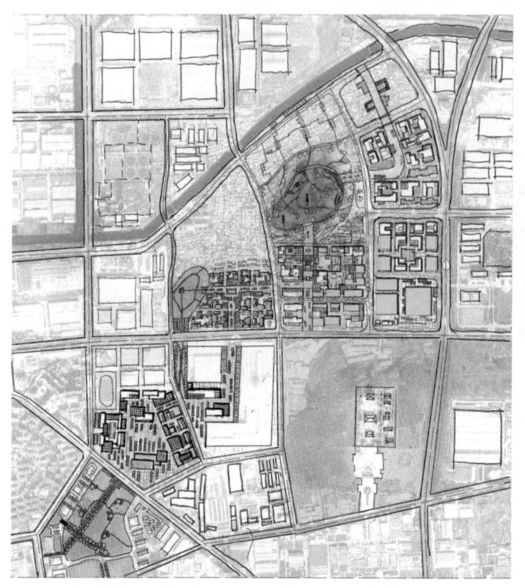

图 5-25　第一轮的总体设计方案

图 5-26　第二轮的总体设计方案

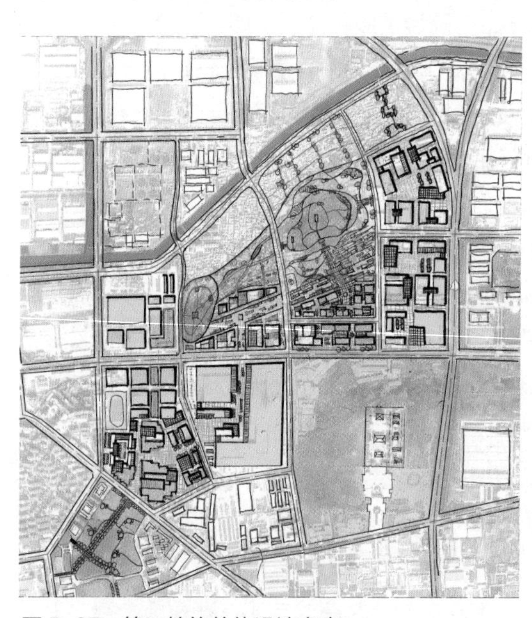

图 5-27　第三轮的总体设计方案

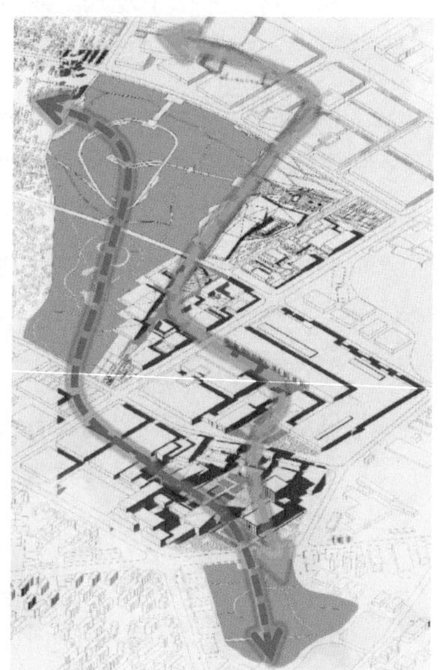

图 5-28　呼应两汉文化环的双廊复合布局理念

图 5-29　东洞山—驮篮山一带总体设计总平面图

图 5-30　东洞山—驮篮山一带设计方案概念示意

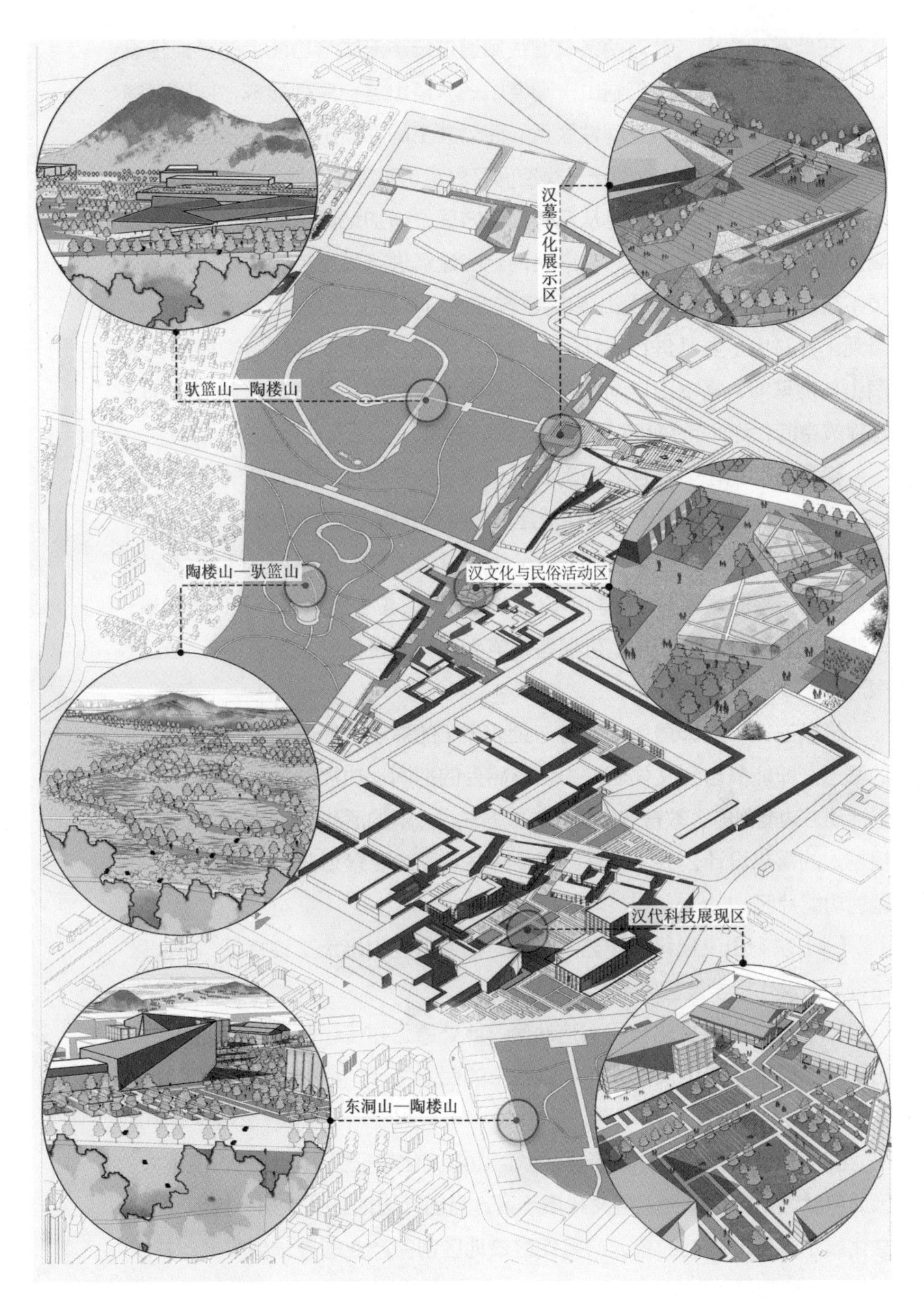

图 5-31　东洞山—驮篮山一带设计方案主要节点

在此基础之上，针对两条关键性廊道进行了流线与功能上的重点性设计。其中，生态廊道由东洞山—陶楼山—驮篮山这一序列形成，同时与蟠桃山形成景观视廊上的空间性联系。而公共空间廊道主要围绕三座山前的核心公共空间展开设计，对于三类空间又界定了对应的主题与功能性设计。

增强历史文化可见性。从道路交通方面，增加地段内的城市道路，提高历史文化的可达性。并对沿道路两侧的建筑进行高度控制，因驮篮山海拔不超过 30 米，所以驮篮山南侧建筑高度均不高于 20 米，避免阻隔山体景观。并对山水要素进行设计，增加景观廊道，增强驮篮山、陶楼山、东洞山与荆马河、蟠桃山之间的联系。并增加博物馆、展览馆、文化研究所等建筑空间，称此类空间为“博物馆式”空间。

满足市民需求多样性。为满足市民需求的多样性，对杂乱的工厂和村庄肌理进行梳理，根据不同功能对建筑的规模尺度、公共空间等进行设计。对现存建筑的价值进行等级划分，分为可拆除建筑、可改造建筑和可保留建筑。可拆除的建筑多为结构不佳且布局散乱、位于重点设计片区的建筑，可改造建筑多为大型工厂，可保留建筑为建筑质量良好、建筑结构完整且未涉及改动的建筑。

根据三类人群即居民、游客与企业员工的需求，提出“舞台式”空间的概念，即能参与到文化活动中切身感受的空间，功能分为艺术创作、民俗活动、功能服务、教育宣传等。并根据三类人群的活动流线进行建筑布局。根据人的需求设计公共活动空间带，并联系周边要素划分为 3 个汉文化主题的功能片区：

（1）东洞山汉代科学技艺展示区。根据东洞山出土文物特征，将此区域设定为汉代科学技艺展示区。

（2）陶楼山汉文化与民俗活动区。此处原为村庄，因驮篮山、陶楼山出土的陶俑中展示了汉代人民丰富多彩的民俗生活，将此地设定为汉文化与民俗活动展示区。

（3）驮篮山汉墓文化展示区。驮篮山汉文化特征突出，研究价值重大，因此将驮篮山南侧作为汉墓文化展示区。当前周边地区是徐州科技创业园，文化展示区及博物馆的植入必将促进该地区创新产业的进一步集聚，并演化成为未来重要的创新孵化区。

考虑产业发展可能性。利用场地东部原有的科技创业园基础，打造孵化器式企业空间，带动文化创意产业发展，为未来的产业发展提供机会空间，从而实现历史文化的可持续发展。

五、东洞山重点片区地段设计

为了进一步深化空间设计与功能布局，按照山水关系、公共空间等要素，归纳出 3 个依山而存的重点片区，自南向北分别为东洞山片区、陶楼山片区与驮篮山片区。下面介绍东洞山重点片区的设计布局。

1. 突出城乡功能过渡前锋区的界面角色

东洞山是“驮篮山—东洞山片区”城乡功能过渡前锋区，具有典型的多元要素文化特征：

（1）人群多元，无论是从行业还是从年龄层面来说，差异性的产业结构与功能结构都带来了多元的人群；

（2）界面杂糅，无论是自然界面还是人工界面，由于产权与功能布局等问题，都存在断裂与杂糅的现象；

（3）机会空间丰富，伴随城市交通的发展与空间的整治，许多失落的场地实际上蕴含丰富的机会空间，对于机会空间的识别是文化复兴的根本性物质前提。

伴随城市功能向村庄和工业区的介入，东洞山片区获得了更多的可能性。与此同时，这也使场地周边的文化有了交集。

场地周边主要存在四类文化形态：一是教育、居住与商业等功能区形成的现代城市文化；二是以东洞山汉墓为载体的两汉文化；三是由徐工、卡特彼勒等机械企业带来的当代工业文化；四是以蟠桃山为载体的佛教文化。四类文化在出现和开始发展的时间上虽有先后顺序，但无高下之分。文化的交织和界面的交融为地段的发展提出了更多的可能性（图 5-32）。

针对该地段特征提出两类策略，并在两类策略的基础之上进行空间的深化设计。一是基于“城—乡”、“居住—就业”界面混合过渡策略，二是基于文化多样性的多元文化融合策略。

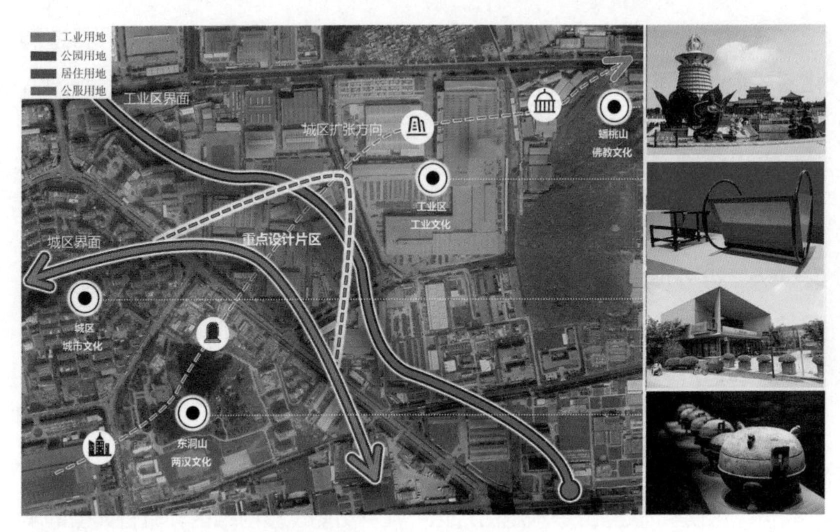

图 5-32　东洞山片区核心特征分析

2. 突出汉代技术和当前工业智造转型需求的主题

借助徐工和卡特彼勒两个关键的资本和技术密集型龙头企业发力，将之与有鲜明汉代技术特征的文化遗产相融合，形成关键的技术展现平台。

东洞山片区设计定位为技术主题片区：其中驮篮山汉墓与东洞山汉墓共同体现了汉代高超的建造技术；驮篮山的出土文物蕴含着高超的陶俑制造技术，东洞山的出土文物蕴含着高超的铜器铸造技术；这一片区的工业底蕴展现了徐州现代先进的机械制造技术。东洞山汉墓的出土文物具有重要的金属工艺技术特征。在出土铜器中，有鼎、钟、勺、柄灯、行灯、盘、釜、博山炉、镜、刷、铺首等。还有两件鎏金博山炉，由炉盖、炉身和底盘三部分组成的博山炉，除炉盖外，其余地方都做了细致的鎏金处理，非常精美。

在此基础之上，进一步通过城市设计汇集多元人群、回应山水关系、整合文化脉络、共创未来文化。同时需要指出的是，不同的人群有不同的文化需求与价值。对于学生而言，主要是文化学习；对于游客而言，主要是文化参观；对于居民而言，主要是文化展示；对于员工而言，主要是文化创造。

从东洞山汉墓中所蕴含的“技术”主题统领多元文化的核心策略，进一步从建筑层面、场地层面与建筑内部等多个方面，以空间设计的手段深化总体的策略设计（图 5-33~ 图 5-36）。

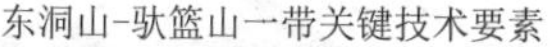

东洞山关键技术要素：明光宫铜器

器物名称	铭文内容	铭文数量	铭文位置	打磨情况
铜鼎	“明光宫”“□□家”	2	上腹两侧	“□□家”，留有痕迹
铜鼎	“明光宫”“□□家”	2	上腹两侧	“□-□家”有打磨痕迹
铜鼎	“明光宫”“□-□家”	2	上腹两侧	一侧刻铭磨灭殆尽
铜鼎	“明光宫”“□□□”	2	上腹两侧	未打磨
铜勺	“明光宫”	1	柄部	未打磨
铜勺	“明光宫”	1	柄部	未打磨
铜灯	“赵姬家”	1	柄部背面	未打磨
铜钟	“明光宫赵姬钟”	1	圈足底部外侧	未打磨
铜钟	“明光宫”“明”	2	圈足底部外侧	未打磨
铜盘	“赵姬沐盘”	1	腹部一侧	未打磨

铜器铸造

建造+陶俑+铜器

博物馆+舞台+孵化器策略混合使用

图 5-33　地段文化遗产展现了汉代的科技水平
注：□ 表示文字不清。

5-34　技术主题引领多元文化策略分析

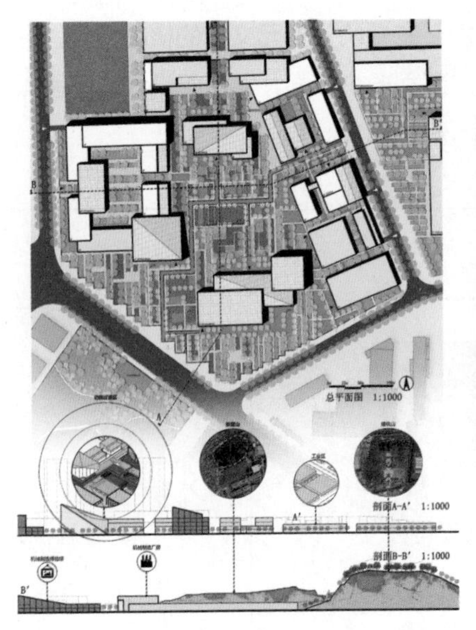

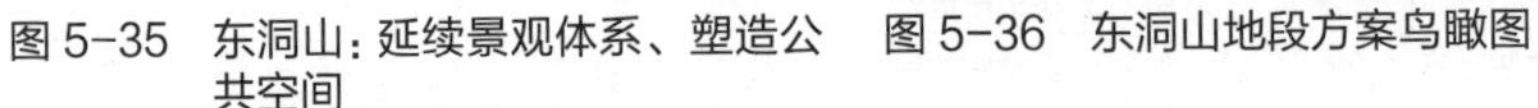

图 5-35 东洞山：延续景观体系、塑造公共空间

图 5-36 东洞山地段方案鸟瞰图

3.“功能—主题—人群流向”导向的设计表达

对于功能，主要按照前文提及的博物馆式、舞台式与孵化器式功能进行布局，其中，博物馆式功能为核心空间，舞台式功能作为辅助，而孵化器式功能则相对独立。对于主题布局而言，按照前文四类技术主题进行建筑空间和室外空间的配套布局，旨在形成室外室内功能的多元统一。对于人群流线，依据核心的公共空间走廊为主干，同时针对差异化的人群设计发散式的流线。

核心公共空间是这一片区的塑造重点。围绕公共空间，周边的建筑按照功能的重要性与特点，进行了差异化的建筑体量、建筑风格的布置。

文化的价值不仅表现为文化本体，还表现为文化与文化之间、文化与其他要素之间的关系。在东洞山片区设计中，提取了技术主题用以统领汉代与现代、城区与工业、人文与自然的文化要素，这一综合性要素提取对于空间设计具有较好的指导意义。

基于技术主题的统筹设计与博物馆式、舞台式与孵化器式三大类策略设计，进一步对建筑内部的功能与空间进行了设计，主要区位了交通空间、展览空间、活动空间与办公空间等虚实关系，并对室外室内的空间过渡进行交代（图 5-37~ 图 5-40）。

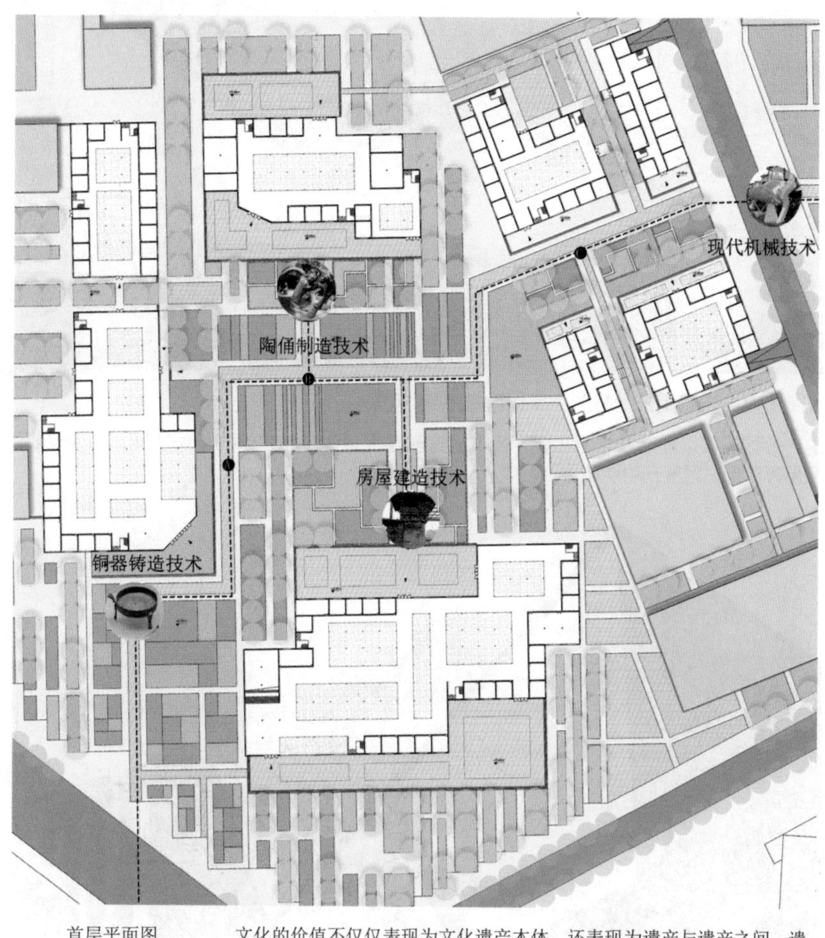

首层平面图

0m 25m 50m 100m

文化的价值不仅仅表现为文化遗产本体，还表现为遗产与遗产之间、遗产与其他要素之间的关系。在东洞山汉墓片区的设计中，为此提取出该文化遗产的技术主题特色，来统筹历史与当代乃至未来、文化遗产与工业创新转型、文化遗产与自然地理生境要素。基于技术主题统筹设计与博物馆式、舞台式与孵化器式三大策略，进一步对建筑内部的功能与空间进行设计，关注了交通空间、展览空间、活动空间与办公空间等虚实关系，并对室外室内的空间过渡进行梳理。

图 5-37　首层平面图及主要文化遗产活化节点

图 5-38　博物馆式片区：房屋建造技术博览馆

这一片区主要以建造技术为主题，面向游客和居民设计了博物馆的相关功能，围绕汉墓、房屋等建造主题展开功能布局。

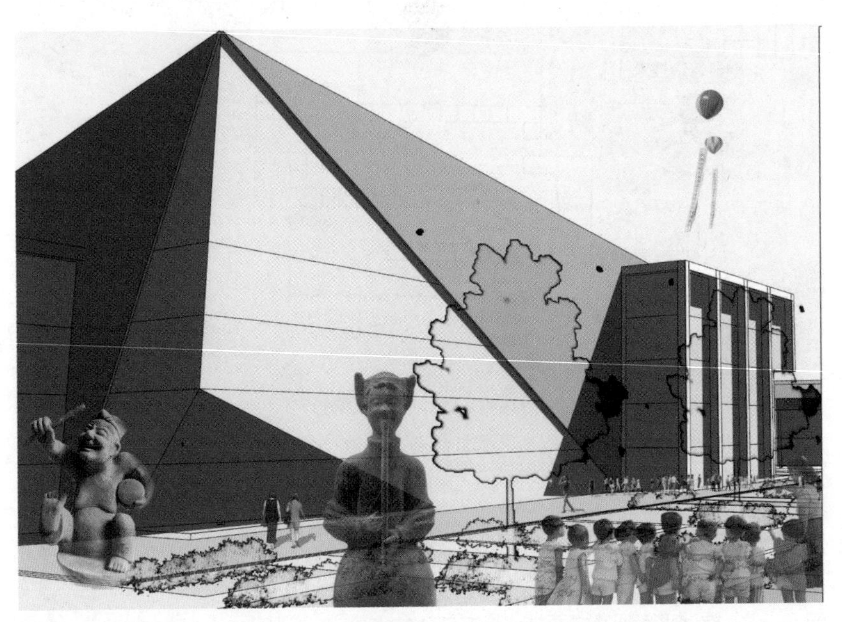

图 5-39　舞台式片区：陶艺技术体验馆

这一片区主要以陶俑制造技术为主题，面向学生、游客等设置了陶艺教室、陶艺展览与陶艺表演等功能区，引人入胜。

图 5-40　孵化器式片区：文化创意街区

这一片区主要以铜器铸造为主题，面向创新创意人群设置了以文创园区、文化街道为主的孵化器式功能，注重街区氛围塑造。

作为城乡过渡的关键点，着重对南北过渡与东西过渡进行了考量与设计。自南向北这一空间序列，在高度上，首先考虑到与东洞山的缓冲，尽可能维护原有山形与山麓的过渡绿化。同时，作为中间地带，将建筑高度设计为 20~25 米，实现从中高层建筑向工业区的低层厂房的过渡。在功能上，为了实现从南部的居住、商业功能向北部的工业生产功能的转换，将场地设计为既有公共活动与文化展示的功能，又兼具产业孵化的功能。自西向东这一空间序列，同样在高度上实现了由中高层建筑向低层厂房的过渡，同时也尽可能地控制建筑高度，避免建筑天际线对于陶楼山、驮篮山与蟠桃山的轮廓线遮挡，维护原有的山水格局。在功能上，主要考虑功能区的差异性所带来的人群差异性。例如在西部靠近学校的片区布置学生活动中心，在功能混合区布置展览广场和文创街区，在东部机械制造厂房布置相对应主题的展览馆等（图 5-41）。

为进一步实现城乡界面的过渡与融合，又对建筑拆建、高度与风格进行了深入的考虑与设计。对于建筑拆建，主要保持了与建筑界面的工厂肌

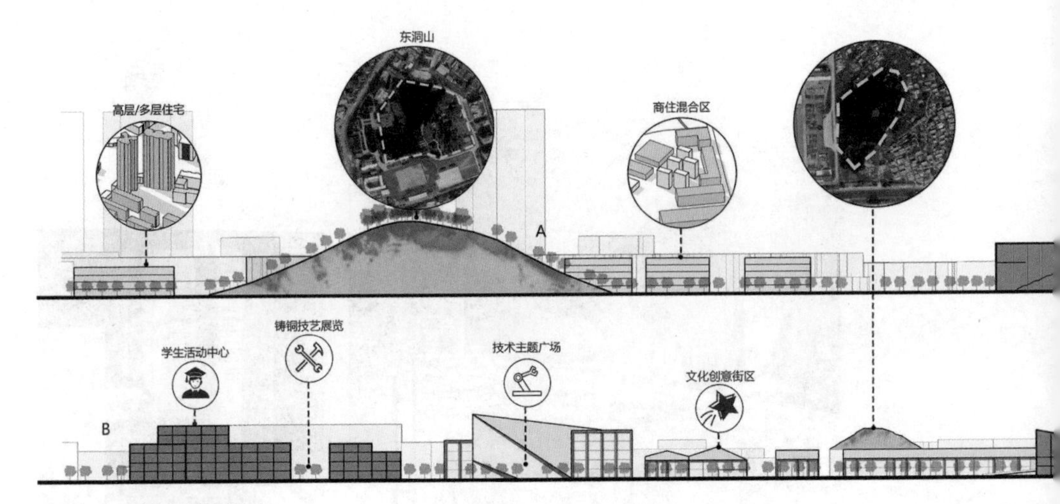

图 5-41　城乡共融策略

理的过渡，边缘建筑以保留为主，过渡建筑以更新为主，而核心公共空间的建筑则以新建为主。对于建筑高度，一方面强调自西南向东北方向逐次降低；另一方面强调对于中心公共空间的围合与塑造。对于建筑风格，同样也考虑到由工业风格向中心部分节点建筑的古典风格的过渡，具体表现为坡屋顶、玻璃幕墙、柱廊等要素的使用（图 5-42~ 图 5-47）。

此外，由于东洞山片区位于总体城市设计的生态走廊与公共空间走廊的交会处，所以在公共空间的塑造中，也强化了对于绿地景观的设计。这一核心公共空间的设计不同于传统的“广场”概念，绿地景观要素在其中也有着举足轻重的分量。

4. 场地设计与建筑设计

场地设计的主要手法包括：条状绿地围合核心空间；围绕核心建筑增加室外空间；构建主要步行体系链接；铺地分割核心空间；突出核心空间的关键位置（下沉广场组）；增加广场主题设计。建筑内部的功能与空间设计方面，则主要区分了交通空间、展览空间、活动空间与办公空间等虚实关系，并对室外室内的空间过渡进行交代（图 5-48）。

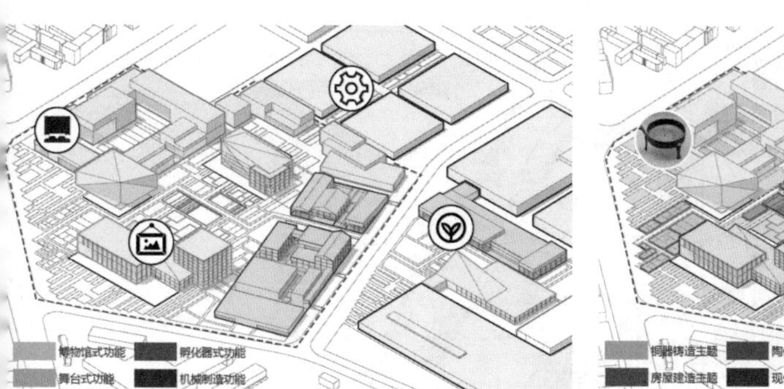

图 5-42　功能设计：文化展示引领、公共活动串联

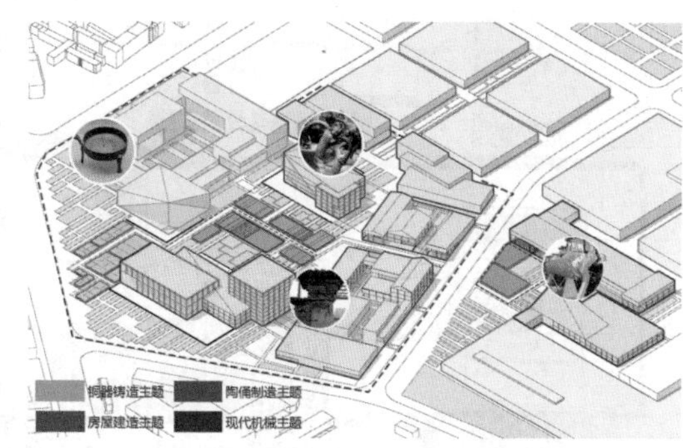

图 5-43　主题布局：技术主题统领、古今文化共生

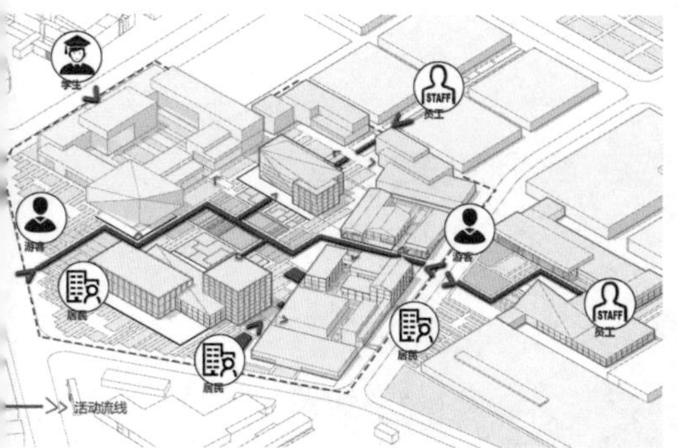

图 5-44　人群流线：服务多元人群、共享活力文化

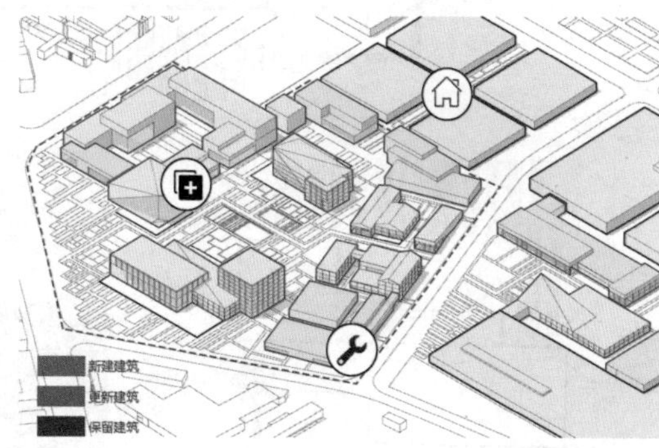

图 5-45　建筑拆建：保留工厂肌理、重塑中心空间

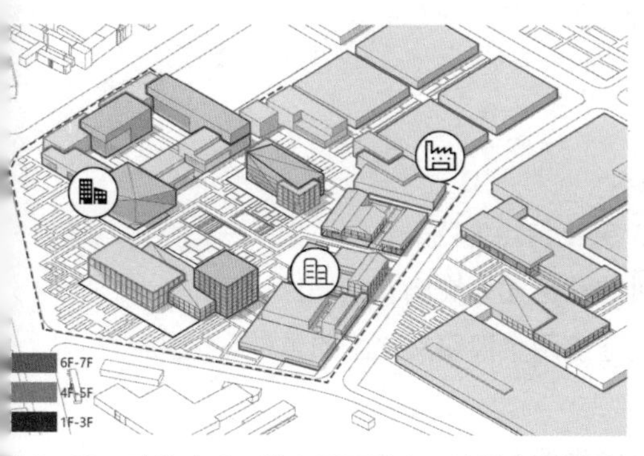

图 5-46　建筑高度：城乡界面融合、建筑高度过渡

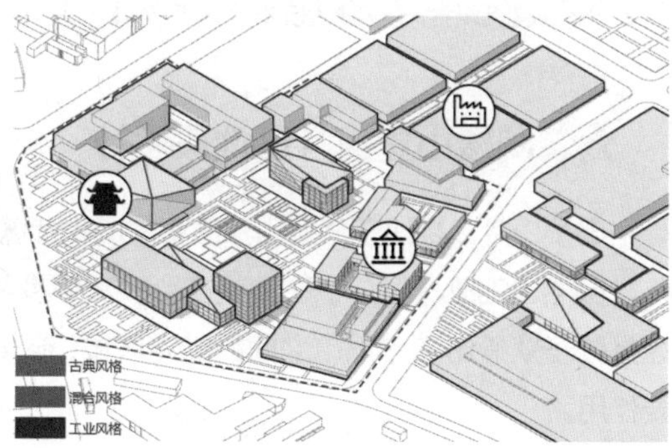

图 5-47　建筑风格：工业风格为基础、多元风格混合

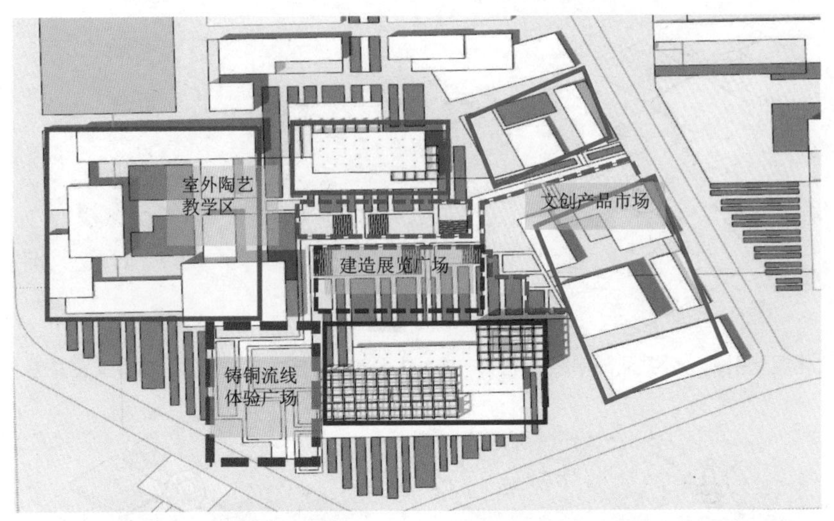

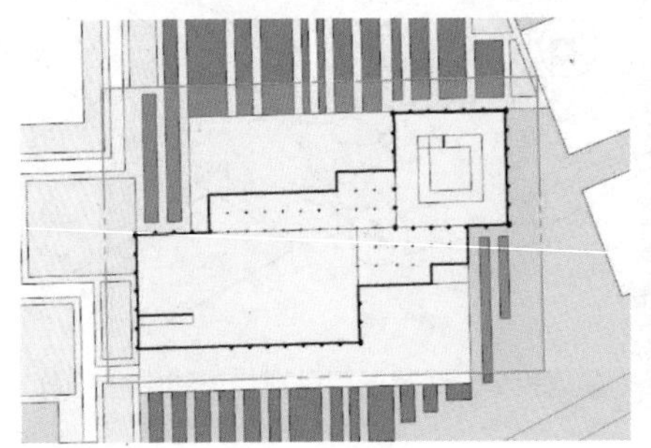

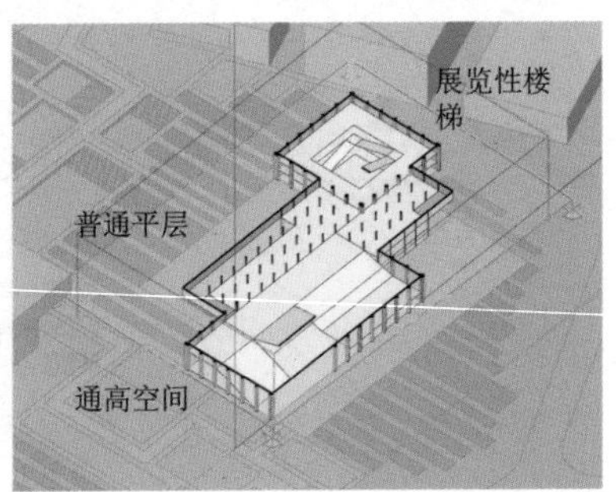

图 5-48　建筑设计——建造技术、陶艺鞥展示

六、陶楼山重点片区地段设计

陶楼山片区相比于驮篮山片区和东洞山片区，突出特点为四类要素（文化、自然、工业、村庄）在此处交会，其中乡村的特色尤为突出。这一片区是位于驮篮山和东洞山之间的过渡区域，起到连接两个汉墓文化区的重要作用。

陶楼山上发现的四座竖穴墓葬中，最大的墓葬为西汉中期名为刘顾的君侯之墓。在 20 世纪 80 年代的发掘中出土了一系列精致的陶器，陶楼山也因此得名。

陶楼山被城中村和工业厂房包围，周边路网密度不足，与周边环境联系甚少。周边功能单一，缺少公共服务点和开敞空间。山体本身的景观游憩价值没有得到有效利用（图 5-49、图 5-50）。

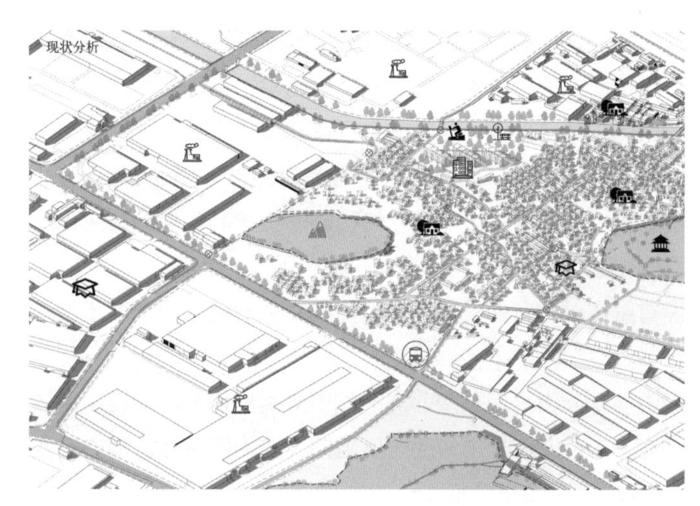

图 5-49　陶楼山片区现状

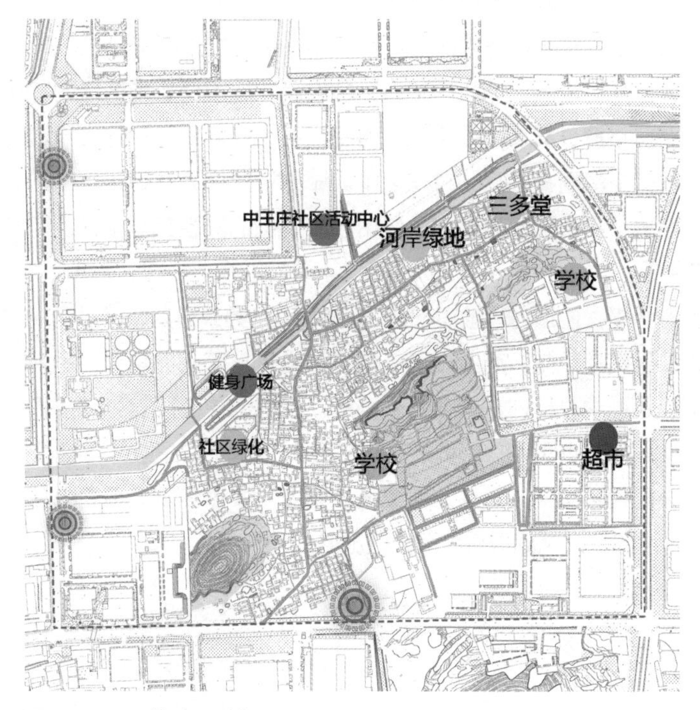

图 5-50　现状路网分析

1. 陶楼山片区问题

1）陶楼山——不可见、不可达

陶楼山海拔约 48.84 米，地面相对高度仅 20 米，属于较为平缓低矮的山丘。陶楼山被工厂和村庄围困在地段西侧。工厂的建立对陶楼山山体进行了较大的干预和破坏。西侧的工厂在建设停车场时，将陶楼山的山体切断，侵占了山体空间，此举是人类行为对自然环境的严重干预和侵害。除了西侧以外，陶楼山的东侧、北侧和南侧均被高密度的村庄包围。陶楼山虽然距离驮篮山南侧路较近，但由于临街面过小而容易被忽略。总体而言，陶楼山没有发挥出应有的景观游憩价值和文化价值，目前属于被孤立、被隔离的状态。

陶楼山与驮篮山之间被南北向的城市支路所隔断，陶楼山周边缺乏有效的车行道，人行道也常常为民居所阻挡，成为断头路。陶楼山西侧被工厂的围墙拦截，可达性非常低。

2）城中村的生活面临不小的困境

交通条件。现状村庄中的主路宽约 10 米，村庄中的支路宽不足 5 米，机动车大多难以进入。地段内部通达性较差，在不同功能区之间和功能区内部都存在路宽过窄、断头路、路网密度不足等问题。驮篮山周边通达度最低，被完全围困在工厂和村庄之中。城中村片区面临被工厂和河流围困的尴尬境地。密集的民居也将驮篮山和东洞山的联系完全阻断。两座山只能隔空对望。

服务水平。通过对本地段 POI 数据抓取归类分析后，了解到城中村片区目前缺乏医疗设施、商业设施、体育设施等社区服务功能，另外开敞空间不足也是城中村目前普遍存在的问题。居民的生活质量亟待提高。在村庄片区中，开敞空间只在荆马河沿岸存在三处。医疗卫生服务功能尚未置入，教育设施规模较小，缺乏综合性菜场和商业、娱乐设施。目前村庄片区的公共服务水平远未达到城镇居民公共服务的千人指标。

2. 问题导向及文化遗产活化导向的城市设计策略

1）让陶楼山可见可感

以“显山露水”和“可感”为导向的陶楼山片区设计，集中在对陶楼山本体的“解放”和其与驮篮山的联系。扩大了自然肌理的面积，在两山之间设计了供游客、居民和工厂员工、学生等主体游憩的绿地公园。改变了陶楼山被围困的局面，从被动的受压情况转变为绿地公园的核心主体。公园的设立使陶楼山能够被人们看见并深入其中感知，成为山水元素主导的城市更新方案。

2）文化触媒让村庄生活质量提升

城中村公共服务设施严重不足，居民的日常生活需求得不到满足。在马斯洛需求中只能满足居民生理需求，甚至由于过高密度的民居建筑，居民安全需求也无法满足。在拆除一部分村庄作为绿地公园的基础上，在驮篮山路临街的位置增设居民生活服务区，置入体育、商业、医疗、活动、娱乐等功能性建筑，为村民和企业员工、周边学校学生提供丰富的公共服务。绿地公园的建设和公共服务的引入会大大提升本地段的吸引力，成为经济技术开发区新的文化活力增长点。

保持层高不变（减少对驮篮山的影响）的基础上，增加容量，集中安置居民，形成功能分区。延续肌理的同时（以绿化空间的肌理代替村落的肌理），整合差距悬殊的体量。

3. 城市设计：文化—乡村—生态—工业共生

针对四类要素在此处交会的独特性，在陶楼山东南侧设立汉文化研究院。主体建筑分为三组，研究方向（由西向东）分别为文化与自然、文化与工业、文化与村庄。以汉文化为抓手，将其余的三类要素串联起来。陶楼山作为承上启下的关键节点，上承驮篮山汉墓文化主题片区，下启东洞山孵化器片区及技术文化主题片区。陶楼山汉文化研究院旨在探究汉文化背景下的工业城市发展策略和文化遗产与居民区的互利模式。汉文化研究院置入展览、办公、会议、研讨等功能，依托三组汉代陵墓和优美的自然环境（图 5-51~ 图 5-54）。

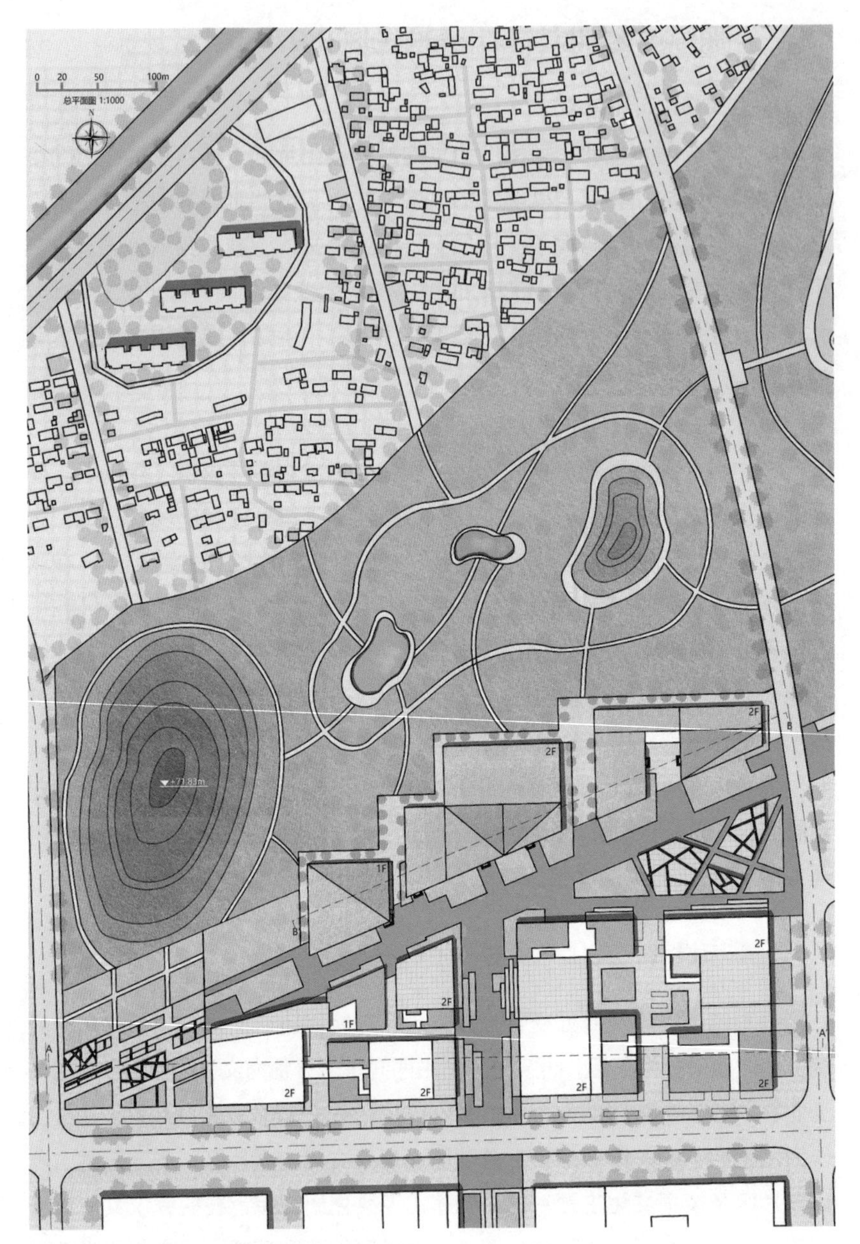

图 5-51　陶楼山片区总体设计平面图

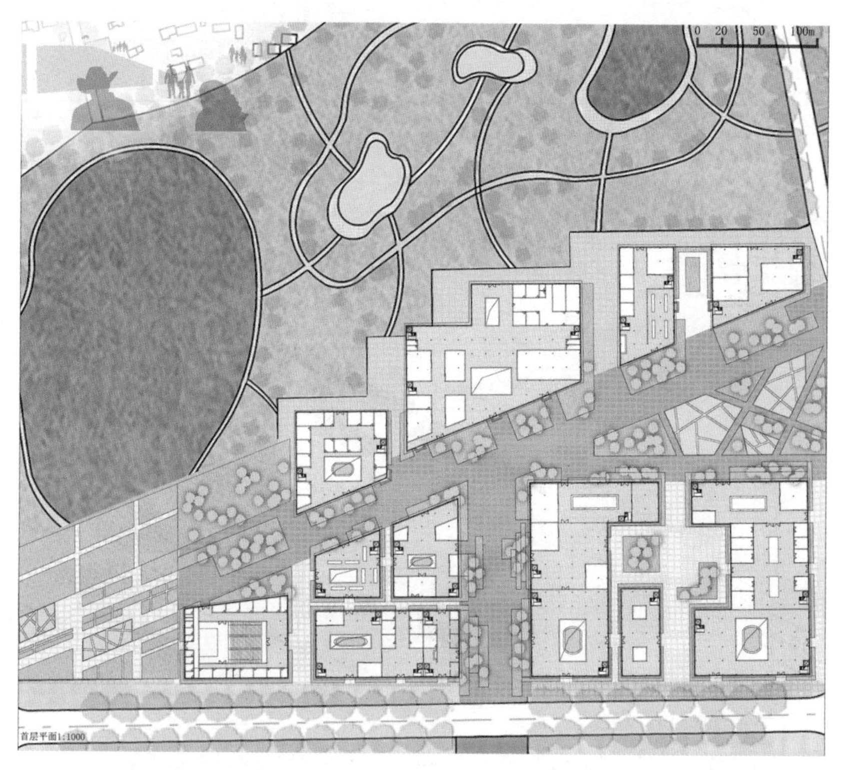

图 5-52　地段建筑群体首层平面

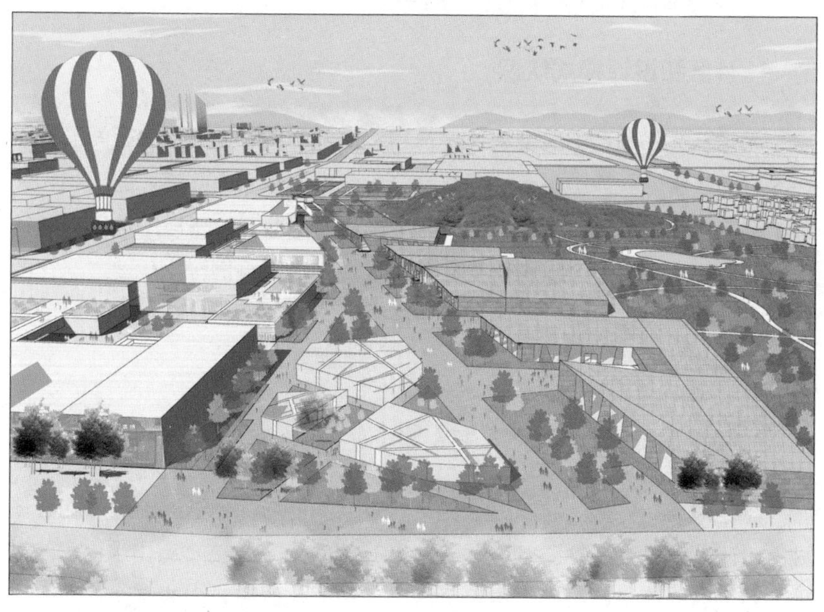

图 5-53　地段设计鸟瞰图（1）

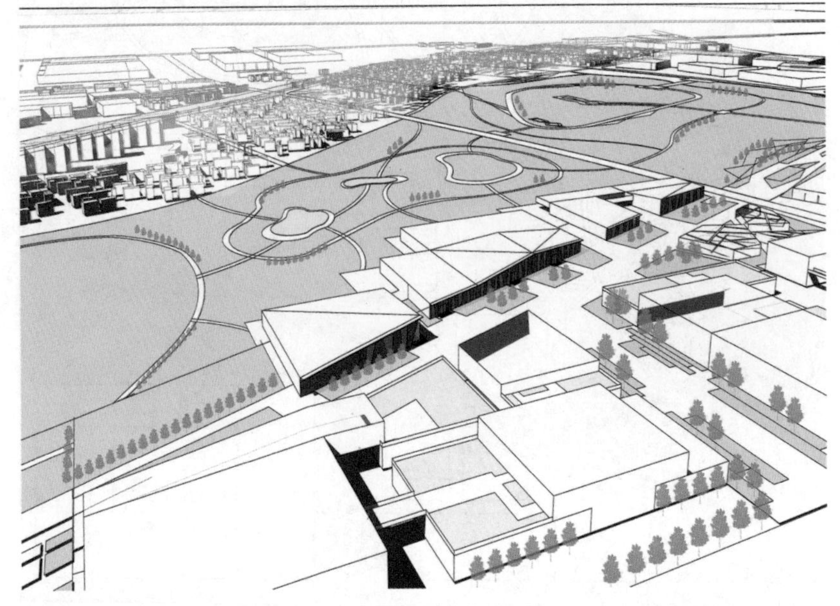

图 5-54　地段设计鸟瞰图（2）

七、驮篮山重点片区地段设计

1. 片区和设计模式认识

无论从文化遗产的典型性还是从自然山体的主导性、机会空间的充分性等方面来看，驮篮山重点片区都是“东洞山—驮篮山廊道”的枢纽和关键（图 5-55、图 5-56）。因此，不同于东洞山地区、陶楼山地区，驮篮山地区被确定为通过“标志性文化建筑工程”模式来进行文化遗产活化的方式。即区域突出“可见”式博物馆空间与“可感”式舞台式空间为主的设计。

2. 片区设计

根据可见、可感、可创造历史文化发展策略对徐州驮篮山片区的总体城市设计进行表达（图 5-57~ 图 5-59）。首先在不改变现有山水格局的基础上对道路交通进行梳理，增强承载了历史文化的三座山的可达性，形成

2005年
2005年以前，地段为一片村庄

2007年
汉墓遗址南侧，沿河逐渐出现工厂

2015年
原村庄农地成为数十家企业的工厂

2019年
直到现在，汉墓遗址仍被村庄与工厂包围

图 5-55　驮篮山一带的建成区环境变化

角形场地的独特视觉

厂房与蟠桃山

5-56　驮篮山片区工业园区建筑布局与周边自然和文化遗产的关系

厂房与驮篮山

三角形的工厂绿地

图 5-56 （续图）

一条自然生态和人文景观带；并寻找机会空间，探寻人群的需求，根据文化特征给场地置入新功能，如展览、演艺、艺术家工作室、教育、办公等，打造文化共享氛围，形成一条公共空间活动带，并考虑地段未来发展可能，留出机会空间，达到历史文化可持续发展的目的。

片区南侧为演艺、展示、商业服务等功能区域，北侧为博物馆式建筑。并打造公共空间，展现历史文化。打造两条重要空间序列，第一条为从西南侧入口进入，沿东侧广场进入驮篮山景区；第二条为从南侧建筑向北经过下沉广场进入博物馆建筑。

3. 场地与建筑设计

1）场地设计

通过地面广场的高差处理来暗示入口空间（图 5-60），并在驮篮山景区主入口前广场打造 400 米长的空间序列来营造肃穆之氛围。在场地绿化方面，通过折线形的地面绿化处理手法寻求统一，并通过大面积的绿地将景区前广场与东侧企业孵化区分隔，使从主要城市道路经过的市民能感受到驮篮山景区的大气与包容性，与汉文化的主要特征相呼应。

2）建筑设计

北侧博物馆因靠近驮篮山，将其高度控制在 10 米。在建筑形式上与山形呼应，依山势缓慢起伏，并沿博物馆北侧设置看台空间，与驮篮山形成

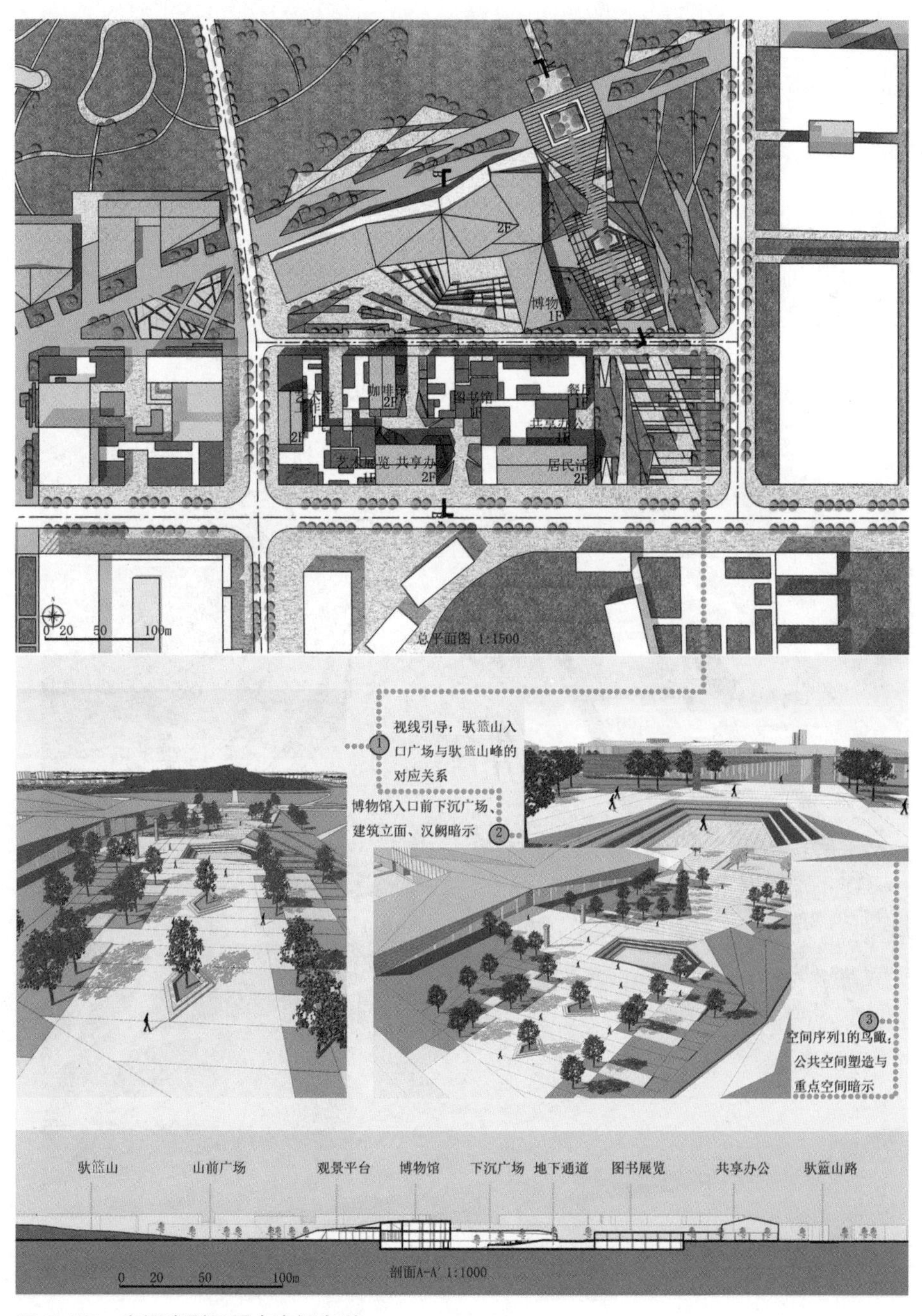

图 5-57 空间序列及重点空间鸟瞰

图 5-58　方案鸟瞰图

图 5-59 蟠桃山上俯视鸟瞰图

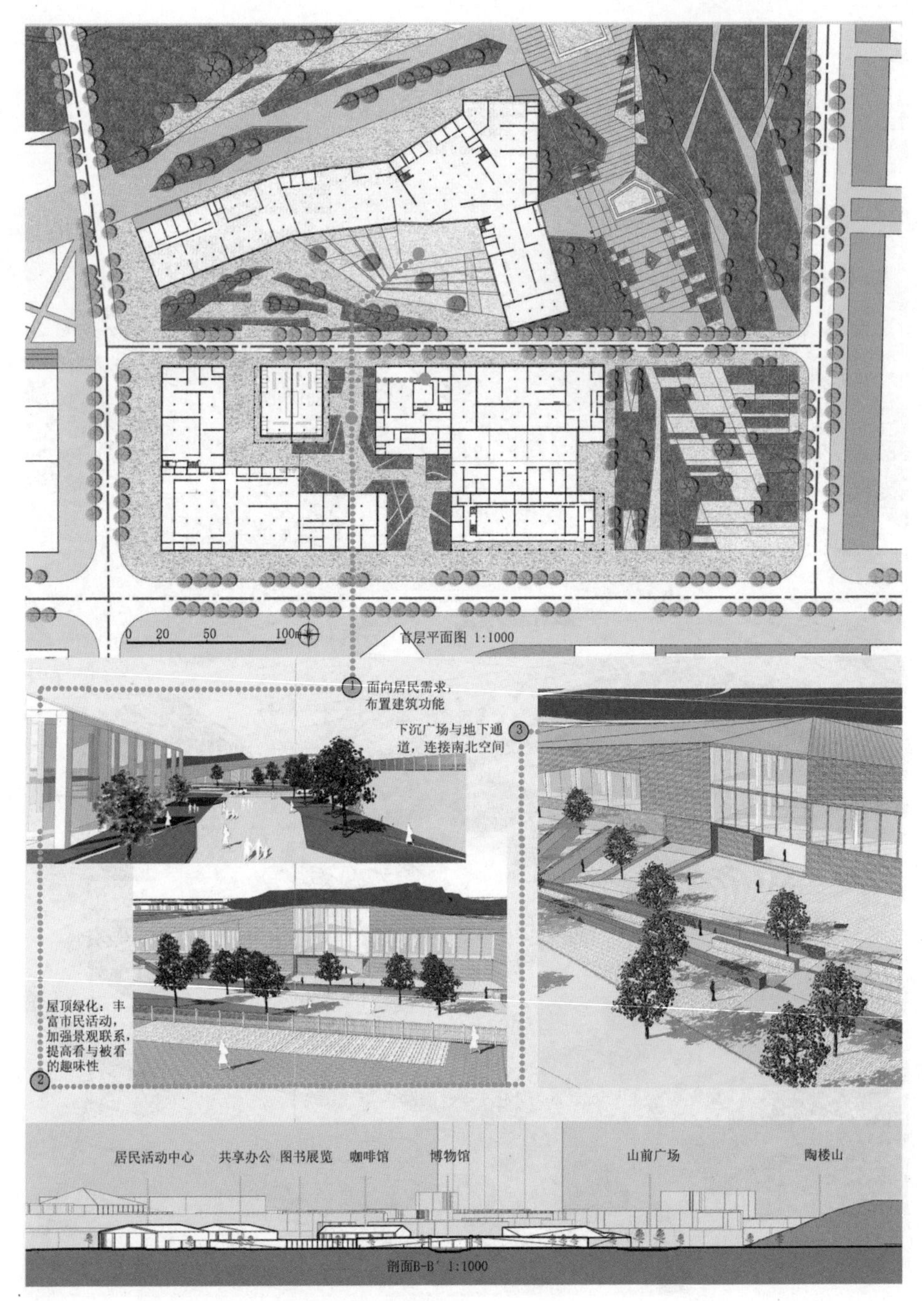

图 5-60　驮篮山重点片区设计区域首层平面图

对景。根据驮篮山文化特色展示需求，将博物馆分为历史展示区、文物陈列区、沉浸体验区、特殊技艺区（图 5-61）。

南侧的建筑主要功能区域为艺术展览、演艺活动、图书馆、商务办公等“舞台式”历史文化感知空间，根据原有的工厂结构，主要以 8 米 ×8 米的柱网结构进行布局。建筑材料采用灰黑色砖石与玻璃，以低调含蓄的态度来展现驮篮山文化，并给南侧建筑设置屋顶绿化（图 5-62），完善设计区域第五立面，与周边的山水要素形成呼应，增强统一性的同时也能增添“看得见山”的视角，提高看与被看的乐趣。

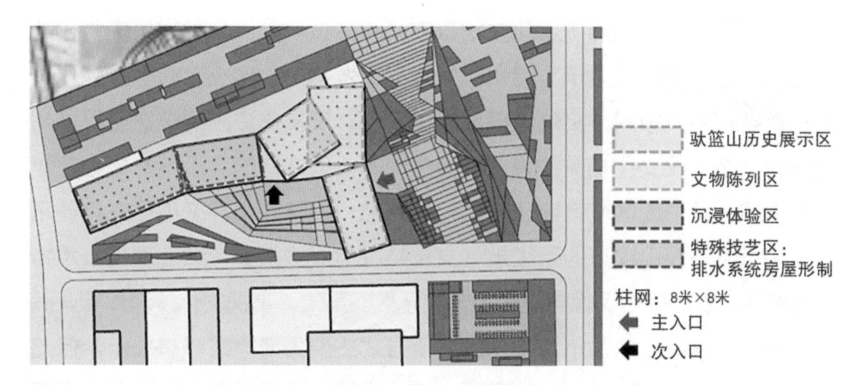

图 5-61　驮篮山汉墓博物馆功能分区

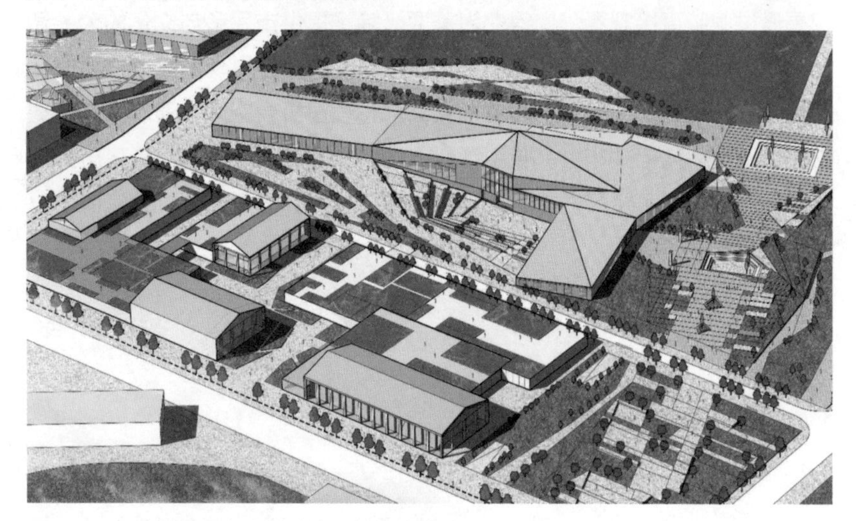

图 5-62　驮篮山重点片区设计区域透视表现

徐州以工业带动经济发展的模式正在经历转型，城市高质量发展需要考虑到历史文化的优质发展。徐州市汉文化深厚，在我国城市中具有很强的文化竞争力，但是历史文化发展现状却不佳。对此，提出了基于“可见、可感、可创造”的创新性文化发展策略，可见是对文化物质载体等的直接展示；可感是根据人群需求将文化引入活动，增强感受性；可创造是从未来产业发展视角对文化的创新、再创造。将对文化的单一展示与保存转变为文化感知、文化创造，这既能满足不同人群对文化的不同需求，也能将文化的静态载体如文物等，转变为“人”这个动态载体，提高文化发展的可持续性。

针对徐州市发展历史文化提出以下几点建议：第一，确定历史文化地域特色，进行差异性展示。徐州作为汉文化发祥地，出土了众多汉文化研究的重要资料，徐州汉文化也极具地域特色。汉文化资源的丰富使得徐州现在有众多与汉文化相关的景区、博物馆等。但本文的展示不能只为重复性的内容，每个地区应有自己差异化的特色，如驮篮山片区历史文化展示策略中，将东洞山汉墓的手工技艺文化特征与周边工业企业的现代技术特征相结合，从而确定汉代与现代技艺展示区。第二，重视文化浸润体验，满足多方位需求。目前徐州对文化的展示方式主要为博物馆静态展示，但随着目前人民生活、科学技术的发展，文化浸润，即切身参与文化活动而不仅是通过眼睛直接观看，变得尤为重要。除了提供市民参与文化的公共活动空间，徐州还可以利用相关科技（如增强现实、虚拟现实等）提高文化浸润程度。第三，考虑未来产业发展需求，预留机会空间。通过弘扬历史文化、发展文化相关产业，吸引创新人才、企业的入驻，从而提高历史文化的活力与发展可持续性。因此，在规划设计中，需要预留机会空间，以应对未来的发展需求。

第6章　内城区“云龙山—故黄河”汉文化廊带结构性活化设计

元朝词人萨都剌的《木兰花慢·彭城怀古》所作:“古徐州形胜，消磨尽，几英雄。想铁甲重瞳，乌骓汗血，玉帐连空。楚歌八千兵散，料梦魂，应不到江东。空有黄河如带，乱山回合云龙。汉家陵阙起秋风，禾黍满关中。更戏马台荒，画眉人远，燕子楼空。人生百年如寄，且开怀，一饮尽千钟。回首荒城斜日，倚栏目送飞鸿。”这首词大气磅礴、内涵深厚，高度概括了徐州古城的形胜，许多名胜古迹、历史典故也都一一囊括在其中，如云龙山、戏马台、燕子楼等。

而让人遗憾的是，近年来，以经济发展为优先原则的城市建设模式让中国很多地方缺少城市设计层面的考虑，丧失城市自身特色，造成“千城一面”的状况出现。《国家新型城镇化规划（2014—2020年）》中明确指出，现阶段城乡建设缺乏特色问题给中国城镇化健康发展带来了严重的挑战。出现城市丧失自己的特色问题是很多因素综合导致，目前学术界及专业领域归纳主要因素包括:忽略城市地域文脉的特色，地质地貌、水系自然等城市中最特色的生态要素都被城市规划和城市设计粗放地格式化处理；缺少对物质空间和精神文化的激活，片面追求城市设计过程中的技术性和功能性，丧失对本土文化和历史的认知及认同（J.雅各布斯，2005）。2015年中央城市工作会议中指出，城市设计过程中需要进一步加强对绿色空间、公共空间和城市风貌的重视，追求实现“望得见山，看得见水”的目标，同时要思考促进经济发展的契机下，如何做好延续城市的历史文脉，落实保护城市历史文化遗产，展示城市历史风貌的工作。强调城市与城市山水的秩序是中国历史过去朴素城市设计的核心（王树声，2009），而强调历史与城市文脉的传承则是把握城市塑造特色的关键（李娜等，2008）。

徐州市中心高楼拔地而起，建设强度大幅度上升，在发展过程中，其历史文化脉络和氛围被现代高大密集的建筑所破坏，南云龙山、北故黄河、中间土丘起伏并河川相连的山水格局也被阻断、隐藏（图6-1）。在当下“看得见山、望得见水、记得住乡愁”的国家高质量发展理念下，如何彰显和传承以楚汉文化为代表的徐州文化、如何重塑山水城格局打造徐州城市名片、推动内城复兴等至关重要。

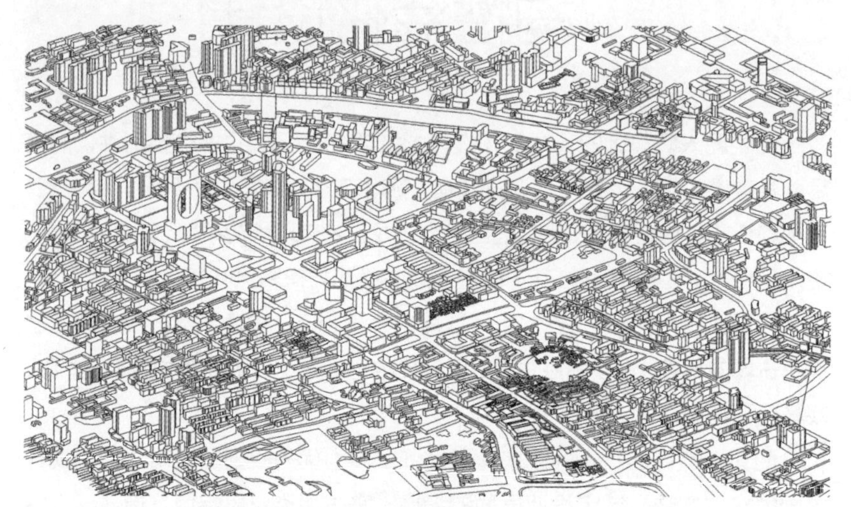
图6-1 云龙山—故黄河之间的设计地段鸟瞰

为此，我们选择徐州内城彭城路片区作为设计对象。该地段北起故黄河，南抵云龙山（和平路），西为中山路，东连解放路，南北向中间是彭城路（图6-2、图6-3）。以淮海东路和建国东路为界分为北—中—南三个地块。北、中地块主要是高密度开发的商业及办公区，同时包括回龙窝历史文化街区，南地块主要由户部山历史街区构成（图6-4）。

几千年的历史演变和城市发展都集中在这一个地段上，未来徐州文化驱动发展的重要地区也是这个地段。设计中心思想希望一方面展现徐州深厚的楚汉文化，弥补徐州汉文化体系中“都城部分”的相对薄弱环节；另一方面通过彰显文化遗产尤其是两汉文化遗产让徐州内城活起来、复兴起来，提升其空间品质与价值。同时，这是一条非常重要的山水廊道。

实际上，城市设计的思想处于不断的变化当中。凯文·林奇认为城市设计工作的重点在于改善公众对场所的认知；戈登·库伦在《城镇景观编》中强调城市视觉序列的塑造，把握城市空间的叙事性；西德利斯则认为当代

图 6-2　自云龙山北眺彭城路片区现状

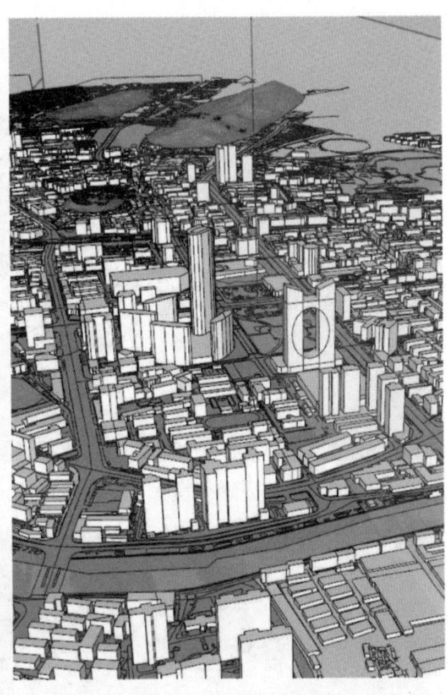

图 6-3　自故黄河南眺彭城路片区现状

南部地区的云龙山：牌坊

云龙湖—云龙山是汉文化重要承载和展示空间

堆积起来的土山汉墓

云龙山和土山汉墓之间的徐州市博物馆

图 6-4　廊道主要节点文化和自然特色

徐州市博物馆东临乾隆行宫

中部沟通南山北河自然廊道的明清古城墙

回龙窝历史街区

苏东坡黄楼

“五省通衢”牌坊

故黄河及其文化遗产开始成为城市发展的重要“舒适性”要素

图 6-4 （续图）

城市设计应把重塑城市自然生态连续性，修补物质线索导致的城市空间隔离与对立作为设计重点（Matthew Carmona，2005）。

一、彭城路地段概述：一条山水和文化交相偶合的精华带

1. 廊道文化设计的重要意义

位于徐州中心城区的彭城路区域，实为历史上徐州的一条绵延不断、一直贯通下来的中轴线，聚集了徐州自起源至今几千年的历史痕迹，包括汉代采石场遗址、汉墓、地下城遗址、文庙、黄楼等不同朝代和不同类型的历史遗存，其中国家级文物保护单位有两处，省市级文物保护单位若干处，同时该廊道也是徐州国家历史名城的核心内容。位于中心城区的彭城路区域，不同于徐州市区周边的汉墓群，其涵盖了汉代生活与文化的更多方面，从世俗的重要楚汉宫殿地下遗址埋藏区、地面的唐宋黄楼等风貌区、明清的徐州城格局和市井烟火，到“精神和宗教信仰”层面的山水“崇拜”、事死如生的“陵墓”设置等，无所不包。因此，该廊道在徐州汉文化体系中具有不可替代的地位，同时彭城路区域也是徐州中心城的重要山水精华区，南山北水中城特征显著；此外，该廊道也是现代徐州城市的一条重要轴线，北部是高楼林立的 CBD 区、南部是环境优雅的文化和休憩区。

徐州璀璨的汉文化资源奠定了徐州城市历史文化基调，成为城市设计的重要线索。徐州历史文化与山水格局一方面相互依存，徐州独特的山水格局造就了徐州丰富的历史资源；另一方面又相得益彰、互为补充，形成独特的城市特色。对《文选》京都赋的剖析中，陈复兴（1989）提出徐州所蕴含的“宇宙”格局，“宇”是由于独特的地理环境与汉风格宫阙建筑之间和谐共生，形成自然与人工的互相呼应，“宙”反映出徐州历史的深厚感，以时间为轴所蕴含的宝贵历史资源。

2. 山水生态廊道

徐州城处于汴泗相交、群山环绕的优越的地理位置之上。彭城路的这一中轴线也集中反映了徐州彭城的山水格局。从彭城路南段海拔 142 米的云龙山，到云龙山前的东汉彭城王汉墓所在的土山小山丘，再到戏马台所

在的户部山。户部山以北的建国路旁是徐州的奎河，奎河以北约 1.4 千米便是故黄河。这两条河都曾经是徐州古城的边界。三山两水、南山北水构成了彭城的山水格局。

1）三山罗立、冈峦涌动

在评价徐州的山时，除了九里山外，宋代词人苏轼评价其中最好看的山是云龙山。尺度更为宜人，形态更为亲近。云龙山山分九节，蜿蜒近十里，形似神龙，昂首东北，曳尾西南，山间林木葱郁，有云气蒸腾，又被称作徐州的龙脉。云龙山山上文化古迹丰富，包括北魏时期的石佛、唐宋时期的摩崖石刻、宋代放鹤亭和饮鹤泉以及明清时期的碑廊会馆等。苏轼任徐州太守时，曾在此处留下许多佳作名篇。

土山位于徐州市区云龙山北部的平坦山脊上，南接徐州市博物馆。土山以北便是户部山，由于它位于徐州古城之南又称南山。公元前 206 年，西楚霸王项羽定都彭城，曾在山顶建戏马台，后成为徐州的第一胜迹。户部山久负盛名，黄金宝地，徐州古代水患频繁，宋代以来，黄河夺泗入淮，流经徐州，往往泛滥，淹没州城，给百姓带来了巨大灾难，但户部山因地势较高而免遭覆顶之灾。户部山因靠近城池，有钱有势的官宦之家和富贾豪门纷至沓来，成为富户们争相趋居之地，久之，在户部山居住便成了富贵和身份地位的象征，所以有“穷北关，富南关，有钱人住户部山”之说。户部山古建筑是全国重点文物保护单位，包括项王的戏马台、官绅富户的大院、城市中产阶层的四合院以及普通百姓的大杂院。其中，李蟠状元府、崔焘翰林府、郑家大院、余家大院、翟家大院和号称“徐州第一楼”的李家大楼，权谨牌坊最为有名且相对保存完整。此外，尚有保存完好的明清房屋 400 余间，民国房屋 700 余间，较为完整的院落 20 余处。这些院落古房负载着徐州城几千年的风雨沧桑，是明、清、民国时代徐州政治、经济、文化的缩影，更重要的是它们是古城徐州最后的遗存。户部山成为徐州科举文化、帝王文化、商业文化、军事文化、建筑文化、地方文化、民俗文化的汇集地。

2）两河贯通，水道纵横

徐州市水系复杂，历史属淮泗水系，原先泗水在徐州汇入汴水，然后东流从淮河入海。后来黄河决堤导致泗水夺淮入海，改变了徐州水系格局的分布，诞生形成徐州市域内微山湖、骆马湖两湖，同时对徐州运河河道及航运产生重要影响。黄河决堤也使得徐州城区多次被洪水淹没，地面和地势逐渐抬高，然而重要的地理位置使其成为必争之地，经过多个朝代原地复建，形成今天地下城址交织的空间态势。黄河北归后，原经徐州的黄河不再排泄上游洪水，成为故黄河，也完全打乱了沂沭泗河下游原有的水系格局，形成今天故黄河、京杭大运河两河贯通徐州，多条水道纵横分布的空间格局。

综上所述，独特的两河贯通、群山环抱的山水格局是徐州中心城最为根本、最为独特的地貌特征，是开展城市设计时需要时刻把握住的重要自然因素。如何使城市空间与特定的山水格局形成联系，是城市设计中需要直接面对的问题。

3. 汉文化廊道：北宫殿、南陵苑；北地下、南地上

由于地段内含括历朝历代古徐州城池所在地，并且彭城路是徐州市历史上重要的中轴线，地段内部地上地下分布着极为丰富的历史资源，且多朝代、多类型、多纵深，其中汉代遗存的历史价值尤其高。深入挖掘和活化徐州的两汉文化遗产，徐州两汉文化的心脏——楚汉宫殿必不可缺。徐州曾有的道署、镇署、县署都化为尘埃、荡然无存了，所幸尚有府署——西楚故宫原址存在。因而有许多学者建议保护此处遗址文化区，使之成为徐州名城的标志性建筑。这对彰显徐州历史文化名城魅力，体现“楚汉文化”的丰厚内涵，提升徐州区域城市的知名度，有着重大的意义。

地面分布有故黄河遗址、徐州黄楼公园、徐州文庙、回龙窝历史文化街区、戏马台、户部山古建筑群及云龙山上诸多历史文化古迹等历史节点。

地下发现从西汉时期至明代时期的旧城遗存，遗存主要集中分布在地段的北部苏宁广场地下和户部山街区。其中在苏宁广场地下发现西汉时期东城墙及东城门遗址，金地商都地下发现汉代地下城遗址和夯土高台，同时金鹰广场地下、彰城北路地下也发现了许多明代的遗址。南部主要是土山东汉彭城王墓以及户部山地下部分手工业等遗址。

1）北部地下蕴含着丰富珍贵的两汉宫殿城池文化遗产

北部由于地势低，是东西南北水流通道，河流对于徐州的发展可谓“双

刃剑”。一方面，河流为城市发展提供了必备的水源地，同时也为城市的物资和人流集聚疏散提供了重要交通廊道。于是，历朝历代，徐州都成为中原地区的重要军事和政治经济中心，同时该地段一直是徐州地区的“CBD”区域，楚汉宫殿[①]、唐宋州府、明清府城等；另一方面，河流改道和洪水等造成的灾害经常给徐州城市带来灭顶之灾，每次灭顶之灾会将繁华的市中心埋藏于地表之下。洪水退却后，历朝历代还是选择在原址重建，上一代的城址就此连同淤泥被埋于新城的地下。除去元明时期有短暂的迁移，自夏商时期一直到清代，徐州城的位置基本保持不变。徐州也因此形成了独特的城下城、街下街的现象。

应当从生命之源的“水”与人类活动中心的“聚落”相互关系中，尤其需要突出包括故黄河在内的水系的主导作用。故黄河所反映的徐州城市历史变迁，既是串联徐州剖面文化线索的重要基因，也是挖掘、提炼徐州城市特色的构成要素，而且还是反映徐州城市兴衰、解读城市精神、认识城市形态和城市景观的关键性要素。

考古发现表明，徐州丰富的地下文化层，除去耕土与淤泥外，大致可分为 15 层，自上到下分别是 5 层的明代淤积层、5 层的唐宋时期堆积、3 层的唐之前至汉代之后的地层堆积，以及第 14 层东汉堆积层和第 15 层的西汉堆积层。其中最深的西汉层，距地表 11.5~12.4 米。在这些文化层出土了包括瓷器、石器、瓦当、钱币及灰陶残片等各类文物，并发现了水井、街道遗址、城墙遗址、灰坑（古时的垃圾堆）、大型高台建筑的夯土台等多处不可移动遗址（图 6–5、表 6–1）。

---

① 《江南通志 · 卷三十三》记载:“西楚故宫，在（徐州）府治内，宋时犹存，俗呼为霸王殿。”20 世纪 50 年代，徐州市北大院兴建办公楼时，发现地下有大量古建筑的残垣断壁、柱础、石案等，经考证就是西楚故宫、苏轼的逍遥堂及历代衙门所在地。近年来，在金地商都工地，厚厚的黄河淤积层下，也发现从明清到宋元、唐代、南北朝及两汉时期的文化堆积，层次分明，遗物丰富。明代的青花瓷、宋代的水井、唐代的黑釉瓷盆、南北朝的粮仓、汉代的鹅卵石小路和冶炼作坊……尽现眼前。特别是多处汉代大型宫殿的夯土台基和板瓦、筒瓦、瓦当等建筑材料，显示这里曾存在大型建筑群。根据史籍，此处恰好位于古城中轴线北端，正是西楚故宫旧址。

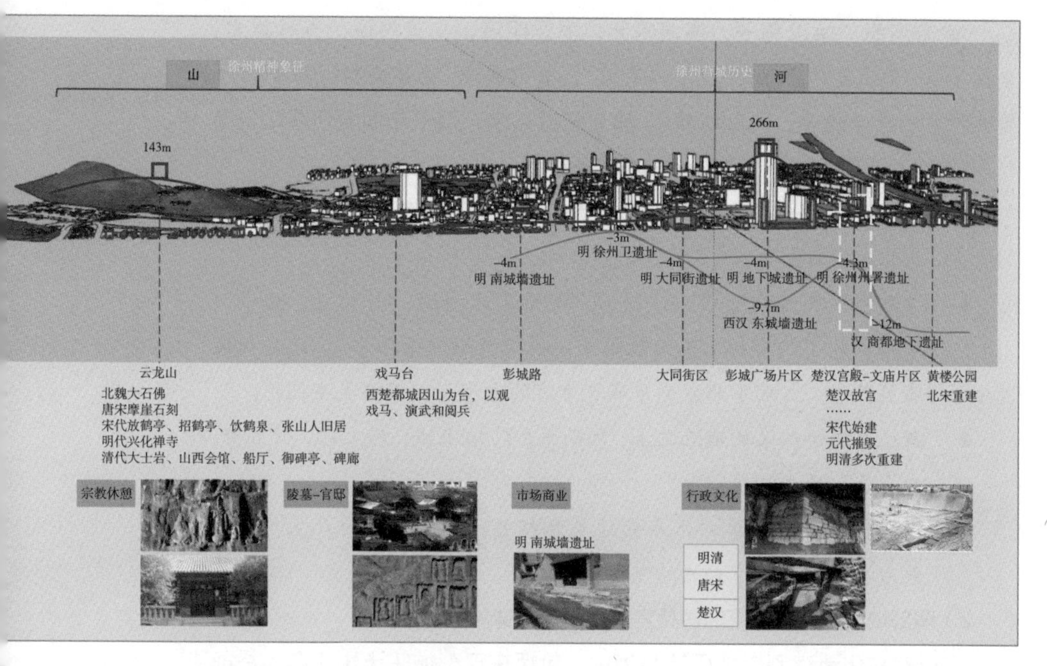

图 6-5　云龙山—故黄河廊道的地下文物埋藏和地面建成环境

表 6-1　已经探明的地下遗存整理

编号	名称	地址	年代	数量	距地表
1	东城墙遗址	苏宁广场地下遗址西侧	西汉	长度 190 米	9.7 米
2	东城门遗址	苏宁广场地下遗址	西汉	总长度 24 米	
3	明代鼓楼基址	苏宁广场地下遗址	明代		
4	金地商都地下城遗址	中山北路金地商都	汉—明	面积 18 750 平方米	12 米
5	大型汉代夯土台基	金地商都二期	汉代	面积 4000 平方米	
6	国际商厦地下城遗址	金鹰国际购物中心	汉、明	面积 15 000 平方米	
7	彭城广场地下城遗址	彭城广场南端地下商场	明	面积 2000 平方米	4 米
8	徐州州署遗址	彭城路北端一号大院	明	面积 2000 平方米	4.3 米
9	南城墙遗址	彭城路中段至解放南路间奎河沿线	明		4 米
10	大同街遗址		明	面积 2000 平方米	4 米
11	戏马台遗址	户部山顶部	汉—清	面积 2000 平方米	
12	戏马台瓷窑址		北朝至五代	面积 180 000 平方米	5.7~7.1 米
13	徐州卫遗址		明	面积 2000 平方米	3 米
14	华佗庙遗址	中山南路第八中学	明	面积 200 平方米	3.5 米

“徐方河患，始汉瓠子，横溃宋元，祸及明清，三覆州城，百姓飘零，屡废屡兴，辈出英雄，朝暾东升，心系民生，黄河安澜，克绍禹功，俟河之清，古城何幸，抚今追昔，立柱以铭”。有史记载以来，两千年间黄河决口泛滥1500多次，改道26次，其中132次波及徐州。

- 每次河堤决口，徐州城池几乎都要破损，经修葺或重建后的城市面积在不断扩大。
- 汴泗在徐州境内交汇，徐州城“缭青山以为城，引长河以为带”，从而形成了特有的山水形胜格局。因“其城三面阻水”，故徐州城墙呈弧形，打破了北方城市城郭常有的方形形制而略呈半圆形。
- 新城重建于原来的城池之上，因而形成“城上城，府上府，街上街，井上井”的奇观。
- 徐州城市兴衰与境内水系变迁息息相关，而故黄河的产生与变迁成为演绎徐州城市兴衰的重要原因所在。

2）南部地区地面有丰富的陵苑官邸体系及山林休憩文化遗产

南部的文化遗存则以地面遗存为主，包括东汉彭城王土山汉墓、户部山上的项羽古戏马台和户部山古建筑群、汉代采石场遗址以及云龙山上的禅寺、摩崖石刻等。彭城路北部区域的遗存更多地反映了过去彭城城内的历史与文化，而南部的文化遗存则主要展现了历史上彭城城外的景象和古人营建中与自然山水的互动。

云龙山不是很高，海拔只有140多米，而山中的文物古迹却贯穿、延续了2000多年，是实实在在的文物渊薮。按照秦岭之于汉长安城的重要生态和文化意义（苑囿等），云龙山之于楚汉时期的徐州也肯定是具有重要的“精神”和“象征意义”，实际上传说也的确盛行：云龙山因刘邦曾藏于此山而得名。董其昌《彭城云龙山重修放鹤亭记》中说：“按史记称秦始皇东于厌王气，汉祖心自疑，避匿山中，吕后尝得之，曰季所居有云成五彩云，而赤帝子斩白帝子，盖龙德也，彭城之有云龙山，其得名当以此。”土山东汉楚王墓也的确印证了南部地区是徐州的一个重要的“陵苑”功能体系。

土山东汉彭城王墓（图6-6）：云龙山北麓土山一号墓中最大的亮点是发现了银缕玉衣，为我国最早发现的完整的银镂玉衣。二号墓与一号墓相同，

土山汉墓墓室结构外观

土山汉墓外观

部的考古现场

6-6　土山汉墓及内外要素

为黄肠石形制。据推测土山二号墓为东汉时期某一位彭城王，一号墓为其王后墓。三号墓位于土山西北，2002年徐州博物馆发掘，墓葬在山岩上凿出深坑，再用巨石和特制的大砖砌成。（资料来源：徐州博物馆网站）

戏马台遗址和户部山古建筑群（图6-7）（楚汉—清·全国文物保护单位）位于户部山上。户部山在明以前曰南山。戏马台为西楚霸王项羽定都彭城后检阅士兵操练的地方。东晋建有台头寺，明代改为三义庙，明代兵备右参政莫与齐续建“戏马台”碑亭，亭为六边形，重檐琉璃瓦顶，亭内有明万历十一年（1583年）立“戏马台”石碑，莫与齐手书。1987年市政府对戏马台进行重新规划建设，新增景点30余处。景区内布局严谨，以风云阁为界，南半部为陈列区，以庭院式展厅为主调；北半部为园林浏览区。

图6-7　户部山古建筑群

汉代采石场遗址（图 6-8）（东汉·第六批全国重点文物保护单位）位于徐州市中山南路和和平路交界处，南临云龙山，东临徐州博物馆和市级文物保护单位乾隆行宫。遗址南北长 200 米、东西 150 米，面积约 30 000 平方米。清理的采石遗迹主要分布在南部 15 000 平方米内。遗址区采石坑现存规划保护面积东西长 70 多米，南北宽 60 多米，面积 4300 多平方米，分布密集，采石量多。

汉代采石场的采石痕迹

采石场的绿化景观

采石场文物的玻璃罩防护

图 6-8　徐州汉代采石场遗址

二、彭城路廊道山水和文化困境

在学术界关于山水格局及历史要素在城市设计中的讨论和实践中，大多同意二者都是赋予城市独特性、形成城市特点过程中很重要的考量因素。城市的山水格局植入城市设计中的目标是使人能够直接感知所在城市的外在特征，强调城市文脉的显性因素，实现人工环境与自然环境协调结合的构想（吴云鹏，2007）。在对西安历代城市营建与终南山关系的研究中，王树声（2009）提出城市设计应注重城市与山水秩序的关系营建，强调从更大的范围和角度去认知城市建设与山水格局的关系，应对城市中高密度开发对城市文化脉络的破坏问题。在对无锡进行城市设计过程中，王建国团队（2011）提出把握城市特色风貌的重点应聚焦于城市发展历史及山水环境方面的提炼和归纳中，指出山水人文要素对于塑造城市风貌的重要作用。但在实际的城市设计过程中，受到现代主义思潮的冲击，城市设计逐渐与空间特定的历史背景断开联系，变成一种模式化的处理方式（童明，2017）。同时，近年来出现对“标志性”的追求导致城市设计缺少对人尺度感受的考虑，背后反映的是规划师、建筑师在进行城市设计时缺乏深入研究当地环境资源，未能把握当地的独特性，片面地追求形态上的美学原则（卢济威，于奕，2008）。

1. 山水格局凸显，但山水不可见

地段整体从南向北地势逐渐降低，南山北水自然格局明显。然而在山水之间实体空间的联系上，高密度高强度的开发、街道被停车和违规建筑堵塞、围墙等阻隔的设置，造成山水格局在地图上凸显，而实际的生活中却不可见的情况。具体来说，在故黄河片区，公园和街道之间被围墙阻隔，故黄河和城市之间缺少对话和联系，同时，城区内存在金地商都、苏宁大厦、金鹰国际购物等多处层高 200 米以上的商业大楼，一定程度上阻隔了山水之间显性视廊联系；在户部山地区，建筑层高虽然受到管控，但街道狭窄，建筑密度较高，城区中的公共空间大量被停车挤占，阻碍了云龙山—土山—户部山之间的联系，同时闭塞的布局也使整个片区未能与城市产生对话，最终导致“山水不可见”的情况（图 6–9）。

云龙—北黄河走廊的天际线

6–9　地段的天际线和空间品质

楚汉皇宫地下文物埋藏区的周边高楼林立

南部户部山历史街区周边

彭城路高楼大厦和空间品质

徐州博物馆附近的公共空间

图 6-9 （续图）

2. 历史资源丰富，但历史不易感知

地段内在乾隆行宫旧址上建有徐州博物馆，收纳诸多徐州发掘的汉画像石及汉墓中发现的汉器具等珍贵历史遗产，成为一览整个徐州历史底蕴的重要窗口。但彭城路整个文化遗产更需要系统整合、显示，需要与山水生态融合一起，更好地与城市魅力营造和市民幸福宜居的需求结合一起。

总之，虽然地段资源丰富，但历史不易感知（图 6-10）。其内部问题包括活化利用的环节比较单一。徐州目前的历史文化开发利用模式，多为相对枯燥的博物馆陈列，缺少参与互动性高的形式。丰富的文化仍然处于被禁锢在博物馆中的状态，而没有发挥出其应有的社会效应。并且存在大量的两汉时期文化遗产尚深埋地下，未得到开发活化，这些文化遗产更是徐州两汉文化体系中不可替代的内容。

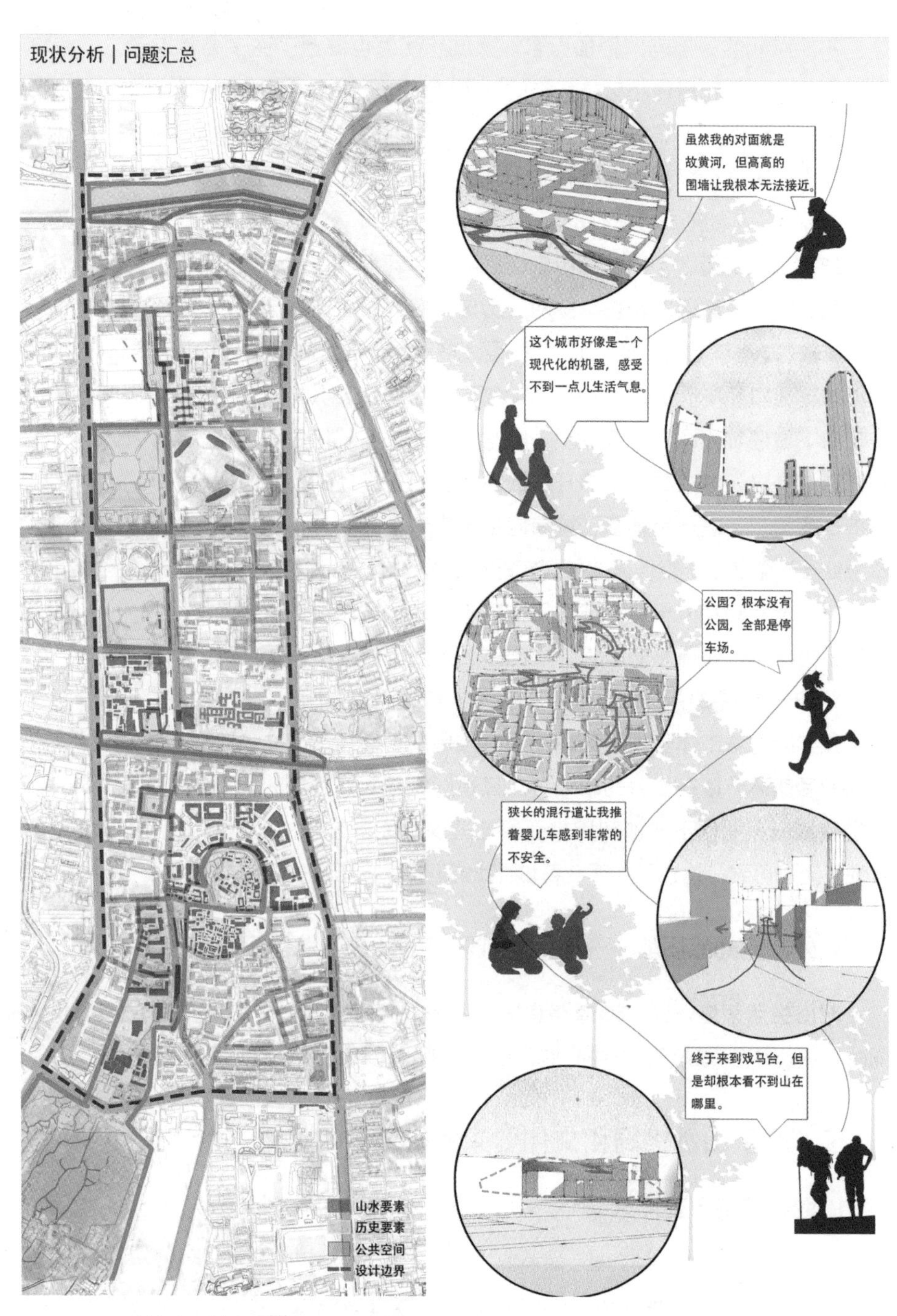

图 6-10　彭城路现状要素梳理及问题表达

不易感知的外部问题更加显著。彭城路两侧也集合了许多高耸入云、高密度的商业体和居住小区等，空间品质低、建筑过密、开敞空间缺乏等问题突出。地面历史节点之间被高密度、高层高的建筑阻隔了联系，所有历史节点处于一个相对孤立的状态，缺少和城市的对话，也无法展现完整的历史风貌，不能形成连续性的历史线路。

户部山历史街区和回龙窝历史街区与周边环境肌理反差强烈，周围建筑层高、建筑质量情况较差，使两处历史街区处在城市的洼地，无法与城市形成联系。地下遗址方面，由于地面层大多已经建成层高极高的商业建筑，遗址的管理和开发十分被动，旧城内也无法继续完成对地下城的考古工作，整个地下城遗址停留在“有发现”的阶段，无法与现代生活相关联。地下停滞无法推进，地上高强度的开发还造成了原先设计的公共空间节点被停车挤占的情况，进一步堵塞了城市内部历史节点的联系，整个城市的历史资源处在一个非常丰富但无法被感知的尴尬局面。

基于地段现状分析，总结地段的基本特点，城市设计所聚焦的问题为如何看见山水、如何感知历史、如何接触生活。作为徐州历史以及现在非常重要的一条城市中轴线，尽管有较为丰富的历史、山水、文化的积淀，但是在实际的城市体验中很难感受到。这是由于徐州市在文物管理与开发利用的后期环节存在显著的缺陷，尤其是彭城路北部区域的地下遗址，发现之后依旧深埋地下未加利用，而且这些遗址大多被新的建筑物所覆盖，在地表无迹可寻。这也造成了在彭城路北部区域缺乏历史气息的现状。

3. 外部空间品质差——与中心城区核心片区的地位不匹配

城市生活角度，该廊道道路狭窄、人车混行、缺乏良好的步行体验，同时开敞公共空间缺乏，与中心城区核心区的地位和资源利用极不匹配。

三、基于山水格局和文化要素的廊道总体设计

1. 地段定位与整体策略

1）地段设计定位

基于地段的特色与区位，徐州彭城路区域应当承担三个层次的功能（图 6-11）。

首先，面向徐州市域的“区域文化名片”功能定位。彭城路区域作为重要的历史文化中轴线和汉文化体系中的古彭城核心，应当通过文化魅力打造带动徐州作为历史文化城市地位的提升。

其次，面向中心城区的“文化体验中心”功能定位。提供包括遗址参观、博物展览、文化教育、文化创意等丰富多样的文化体验，作为文化带动城市发展的示范区域。

最后，彭城路区域面向的“活力宜居内城”功能定位。为在此内居住或者工作的人群，提供基本的公共服务以及包括绿地、广场等在内的外部公共空间，营造活力宜居的内城片区。

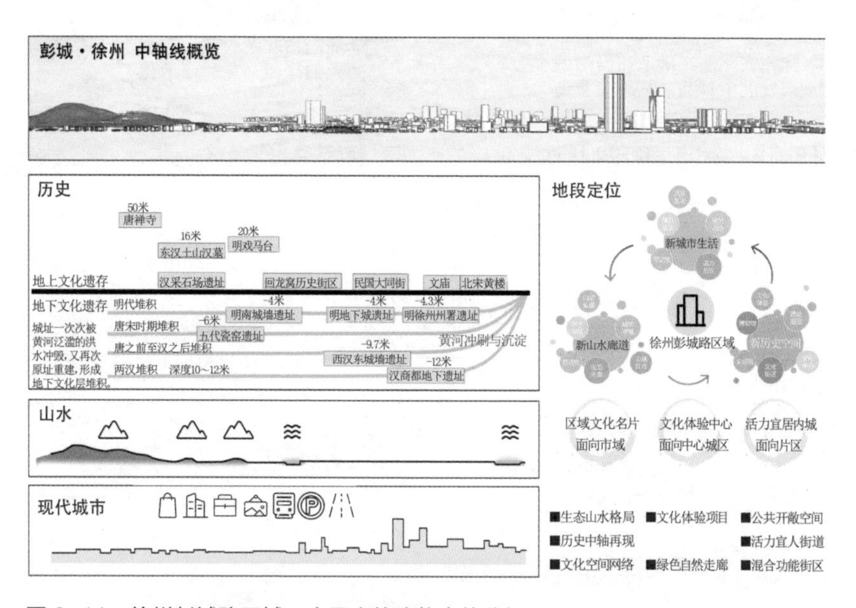

图 6-11　徐州彭城路区域三个层次的功能定位分析

2）目标和整体策略：看得见山、望得见水，享受得到美好城市生活

针对彭城路地区承担的三个功能定位和集历史、山水、现代城市为一体的特色，提出通过新历史空间、新山水廊道来实现新城市生活、提升环境品质。

3）让文化遗产活起来的策略

彭城路地区在历史文化方面主要面临两个问题：一个是不见历史的内部问题，主要体现在文化展示方式单一、文化资源挖掘不足、文化活化利用欠缺等方面。另一个是，既有的发展形成了高密度的城市建成环境，遮挡了看向历史的景观视廊，削弱了城市的历史氛围（图 6-12、图 6-13）。

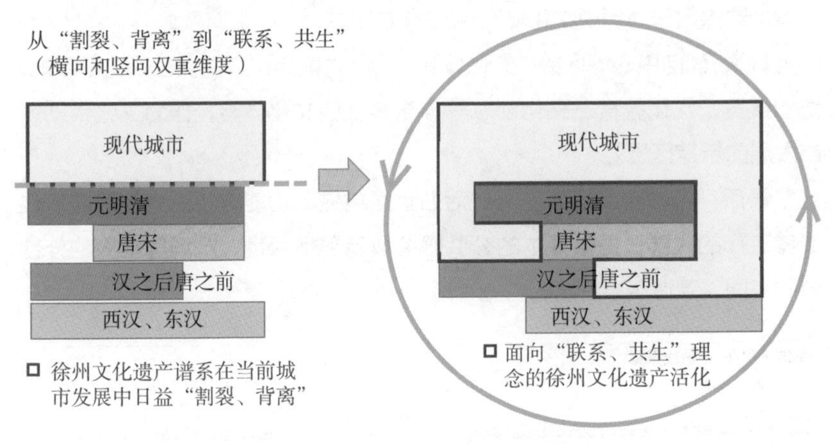

图 6-12　徐州不同历史时期文化遗产的割裂及“联系共生”策略

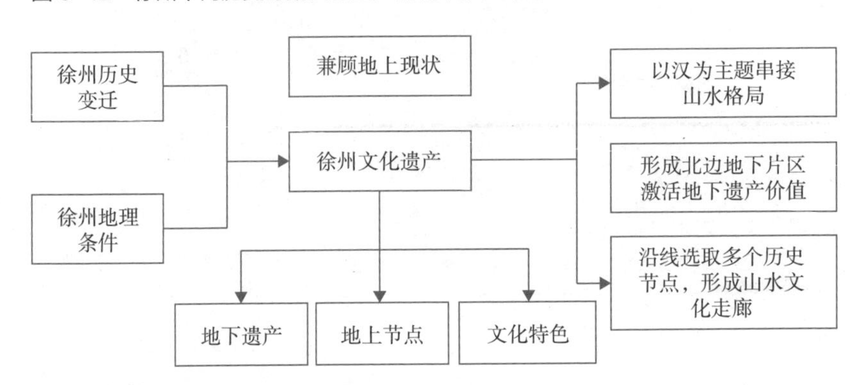

图 6-13　彭城路地区文化遗产活化策略

（1）策略一：楚汉文化复兴

针对历史文化利用本身的问题，提出通过三个阶段实现的楚汉文化复兴。首先，将有条件的历史文化节点利用起来，例如：此前一直消极闲置的彭城路北部地下遗址。同时有意识地植入参与程度更高的文化活动，比如：汉文化剧目、汉服体验、汉代礼仪学习等。其次，在拓展各个节点文化空间的基础上，将不同的历史节点联系起来，形成文化网络体系，改变当前文化节点分散且各自为战的局面，使整个彭城路区域作为整体发挥文化的价值。随着彭城路区域文化空间的逐渐发展，将逐步形成彭城路特有的都市文化区的文化品牌，由此吸引其他文化要素在周边聚集，进而通过与企业、高校等其他社会主体合作、互动，增加楚汉文化的影响力，也丰富楚汉文化的当代内涵。

（2）策略二：建成环境营造

对于城市外部建成环境削弱历史感的问题，采取对视廊两侧的建筑物进行梳理与更新，重新打通看向历史的视线。同时，通过划定历史街区，在重点文化节点周围恢复历史肌理，创造展现文化的良好外部环境。也通过这些历史街区，以点带面地提升彭城路区域整体的空间品质（图 6-14）。

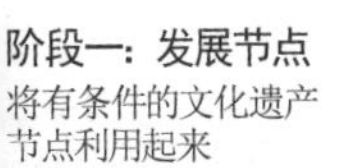

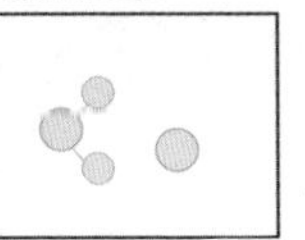

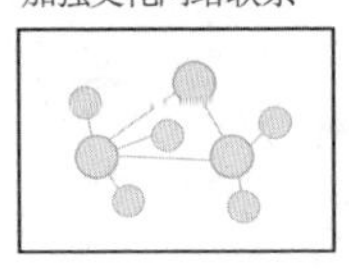

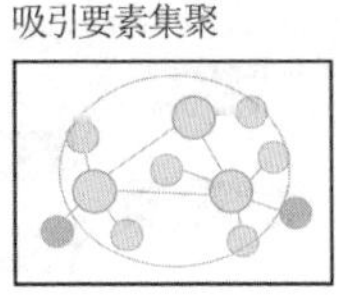

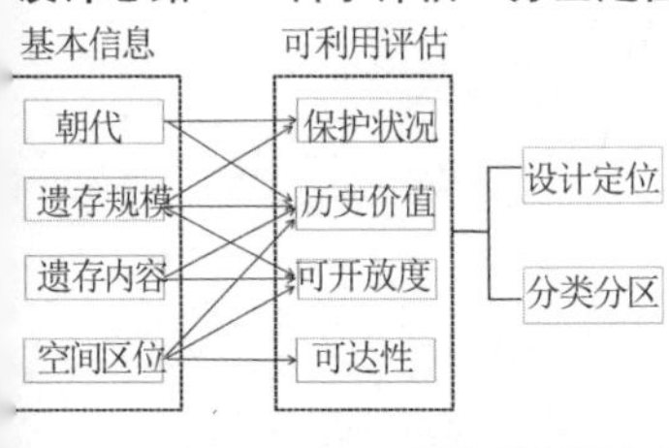

名称	苏宁广场地下遗址	彭城广场地下遗址	西楚故宫遗址	文庙	黄楼公园	戏马台遗址	土山汉墓遗址
地址	苏宁广场地下西侧	彭城广场南端地下商场	中山北路金地商都、金鹰购物中心、彭城壹号大院地下	原彭城路第二中学校园内	鼓楼区故黄河南岸	户部山顶部	云龙山北麓
年代	西汉—明	明代	汉—明代	清	明清	汉—清	汉
遗存规模/平方米	2000	2000	32500	500	7000	2000	1500
纵向位置	-9.7 米	-4 米	-12 米	地面	地面	地面	地面
保护状况	○	○	○	●	○	●	●
历更价值	○	○	●	○	○	○	○
可达性.	○	●	○	○	○	○	○
现状利用	○	○	○	○	●	●	○
设计分区	结合地下实际情况，设立小型展览馆，展示遗迹；同时打通自地铁站至其他遗址的地下通道		建立地下西楚汉宫博物馆，打造地面文庙历史街区，塑造彭城路北段的文化精品区		打造兼有历史气息的城市公园，作为彭城路轴	重点重塑南部地区各个历史节点间的联系，并打造连续的步行体验	

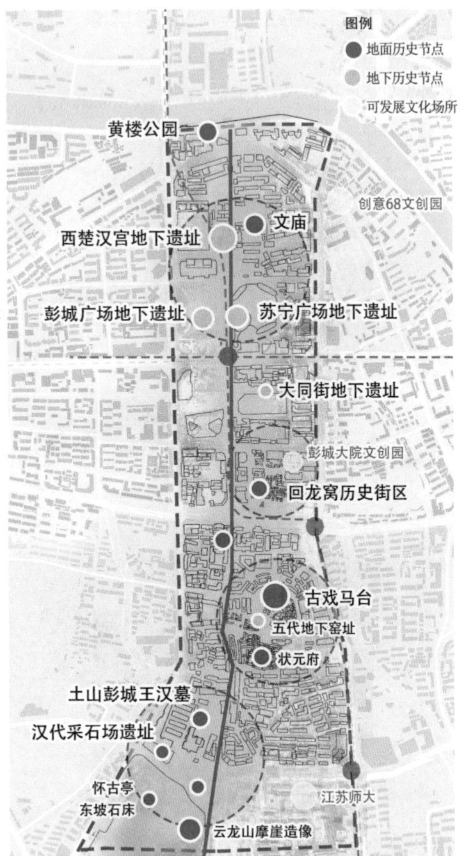

图 6-14　廊道设计的策略分析

2. 机会空间和“文化舒适性—可达性”机会条件

1）识别和优化机会存量空间，形成完整山水景观序列

物理空间的疏导对徐州强化山水格局、构建山水景观序列的连续性和叙事性十分重要。具体城市设计当中，针对地段北、中、南地块的叙事功能有着不同的功能定义，基于彭城路在整个地段的中轴位置和历史上重要地位，山水景观序列依托彭城路为骨架展开地段山水格局的序列设计（图 6-15）。

北部地块靠近故黄河，基于现状高容量、大体量的商业建筑分布情况，寻找机会用地进行空间疏通，以实现从故黄河到城市的过渡。设计中将黄楼公园与黄河南路之间的围墙拆除，改善临河绿地条件，同时在河道周边

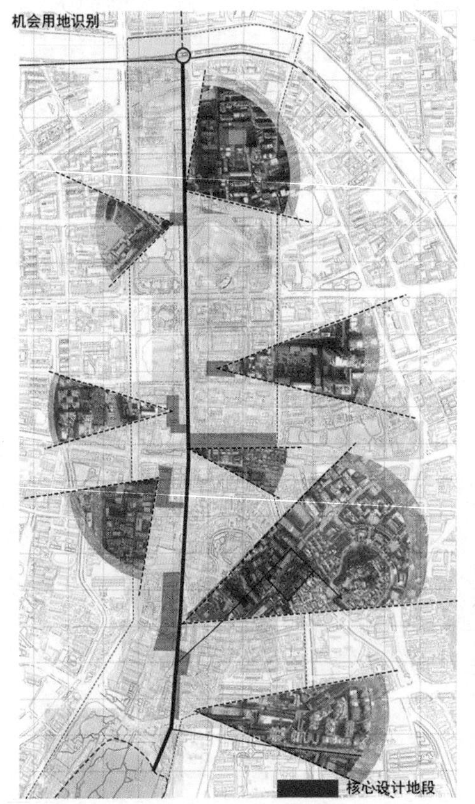

机会用地特征

山水格局
云龙山
故黄河
历史要素
汉文化
精神文化
营城文化
生活文化
徐州博物馆
土山汉墓
戏马台
户部山
回龙窝
彭城广场
文庙
黄楼公园
看得见山水
新徐州
感得到历史
享得了生活

机会用地问题判断

节点	彭城一号片区	彭城广场片区	天成国贸片区	电信大厦片区	回龙窝片区	户部山入口片区	戏马台片区	徐州博物馆片区
建筑质量差	○	○	○	●	●	○	○	○
公共空间质量低	●	●	○	●	○	●	○	●
街道侵占严重	○	○	●	●	●	●	●	●
与周边肌理不和谐	○	○	○	○	●	●	○	●
现状功能初级	○	○	○	○	○	●	○	●
绿化率低	●	○	●	●	○	●	○	○

图 6-15　机会用地识别及特征

设置亲水平台，增加城市居民与自然水景之间的互动，使故黄河可见、可及、可触，打造整个山水景观序列第一个节点。通过用地识别，选取彭城壹号进行疏通，疏通后的地块植入广场及绿地，大幅度疏解街区过于堵塞的现状，同时完成从南向北的视线引导和视野清理，将水的感知继续传递。

中部地块继续依托彭城路作为设计骨架，完成南北两个地块的衔接。基于卫星地图，捕捉到现状大量公共空间被停车挤占，考虑整合地块西北角商业建筑地下空间，设计地下停车场满足周边停车需求，重新设计提升地块公共空间质量。

南部地块重新规划地块内部道路，强化以彭城路为骨架的轴线作用。设计中主要考虑加强云龙山、土山及户部山之间的空间联系，以视廊和视野为主要考虑因素，植入绿地和广场完成从云龙山到城市的过渡。从云龙山到土山之间的设计中，植入公园绿地以更替现状中的古玩市场，强化云龙山、徐州博物馆、土山三个节点之间的连续性和整个地块的公共性。拆除部分土山到户部山之间的私搭乱建，重新依据古城肌理形成新的建筑布局，使整体延续云龙山山势呈南北纵向布局。并植入公共空间保证视野的开阔性，与北部地块的绿地广场相呼应，形成别致有序的景观序列，在重要节点处，组成徐州山水馆体验区，完成对整个城市山水格局的记录和刻画。

结合徐州总体山水格局，建立地段空间充满连续性的过渡，使整体呈现出从水到城再到山的格局，突出自然与城市联系的和谐共生。在视线的引导上，通过重新对建筑高度的规划，凸显自然山体和水景特征，同时形成南北向通透的视廊，完成有层次感、有秩序感的立体城市形象（图 6-16）。

2）挖掘整合文化遗产，形成历史文化体验走廊

地下历史资源方面，采取保护与开发相结合的原则，借助现状金鹰广场、彭城广场地下商业层以及彭城广场地铁站的投入使用作为契机，开展对北部地块的地下遗址空间设计，完成从现代化的地铁站、地下商超到地下历史功能区的过渡。在地下历史功能区设计上，主要考虑植入博物馆功能，从视觉、听觉、触觉打造多维度历史体验。同时基于不同时期历史分布于不同深度的地下层中，不同地下层博物馆展示内容和主题有所不同，引导人们在特定的地下层中感受徐州不同时期的历史，进一步加强对城市历史

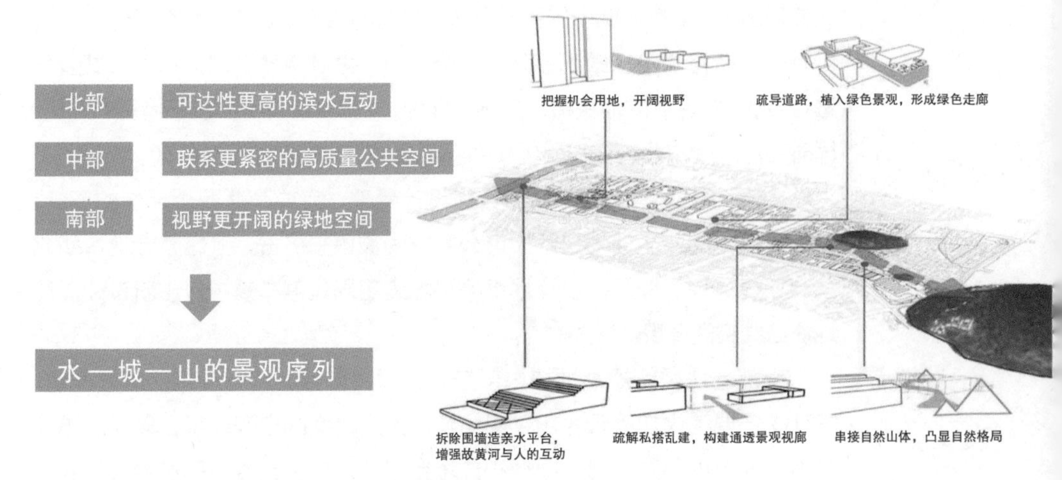

图 6-16　疏导存量空间，可见可达山水景观

文脉体验的连续性、完整性。同时地下空间的设计中还考虑到现状缺少停车空间的问题，植入一定的停车区域，满足周边的停车需求。

在地上历史资源方面，着重围绕回龙窝、戏马台历史街区及周边进行设计，设计主要强调使历史街区与周边形成有机的联系，让历史显露的同时，又能够和周围环境相融。在回龙窝历史街区及周边的设计中，串接地段内部的闲置空间，并植入绿化和广场，整合形成绿色公共走廊，即使回龙窝与周边形成联系，同时也成为串联南北地块的重要功能载体。在戏马台历史街区及周边的设计中，结合户部山地铁站的修建，疏通从回龙窝到地铁站再到戏马台的通道，加强了历史体验路线的连续性。设计中强调延续古城到城市肌理的过渡，表现城市历史文化发展的延续。大量公共空间和绿地在历史街区的植入也将成为市民休闲娱乐的场所，让城市的历史变得可感触、可体验，将生活与历史联结，让历史与城市对话（图 6-17）。

3）交通可达性和环境舒适性提升土地潜力，提升生活质量

随着徐州地铁线路的建成，彭城路区域内共有彭城广场、户部山、师大云龙校区三个地铁站点，其中彭城广场为一号线和二号线的换乘站，未来将有大量的人流。该地区的可达性也将随着地铁的开通而大幅度提高，为历史文化的传播与展示提供了更好的外部环境（图 6-18）。

依托山水序列和历史连廊，织补公共空间，将自然历史与生活相融。

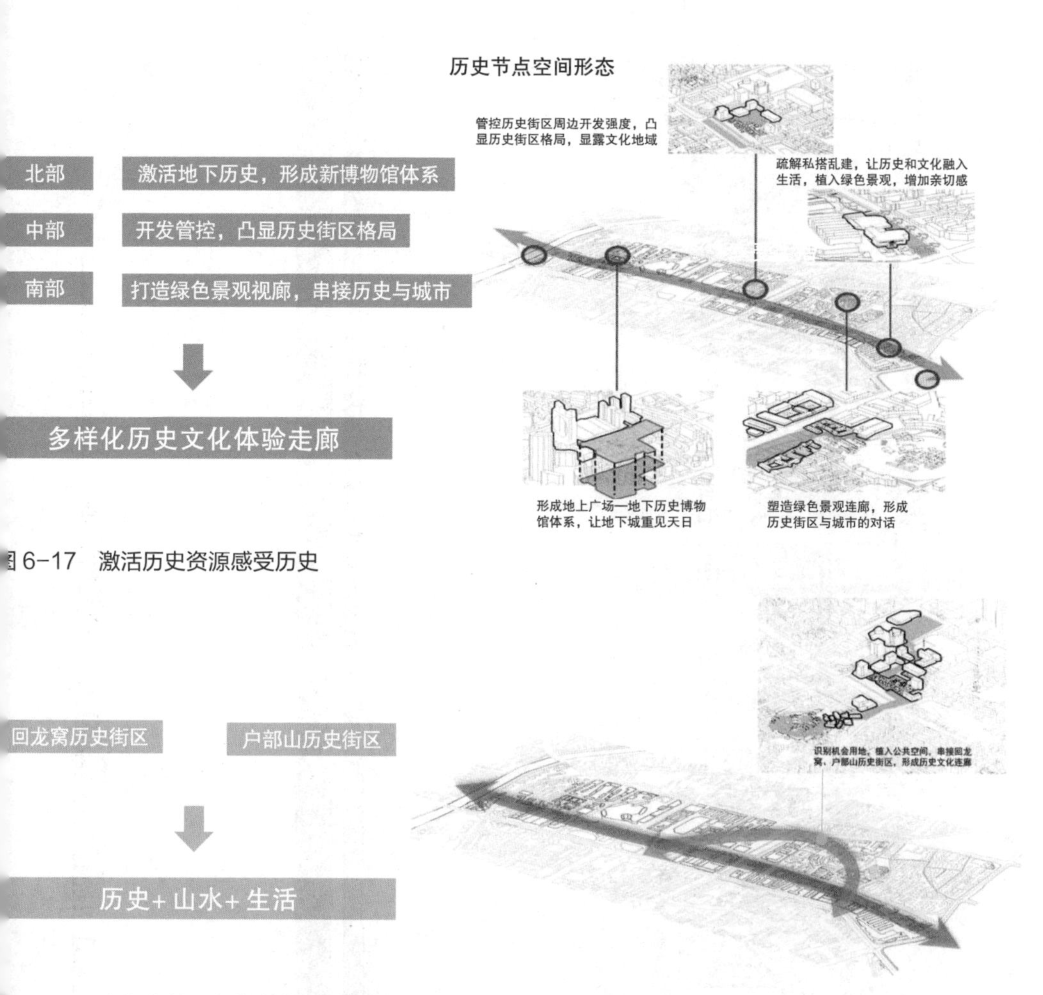

图 6-17　激活历史资源感受历史

图 6-18　文化廊道和生态廊道的塑造及其空间织补促进美好生活

植入公共空间将回龙窝历史街区和户部山历史街区串联，打造历史 + 山水 + 生活样式下的新徐州（图 6-19）。

3. 总体设计：山水和文化遗产双螺旋偶合廊道

1）整体城市设计

规划设计强调自云龙山到故黄河的彭城路轴线，加强轴线上原有的历史节点，并在南部和北部植入多个新的历史节点，增加了彭城路整体的文化气质。与此同时，将南部三山之间的绿色生态空间廊道，继续向北延伸，

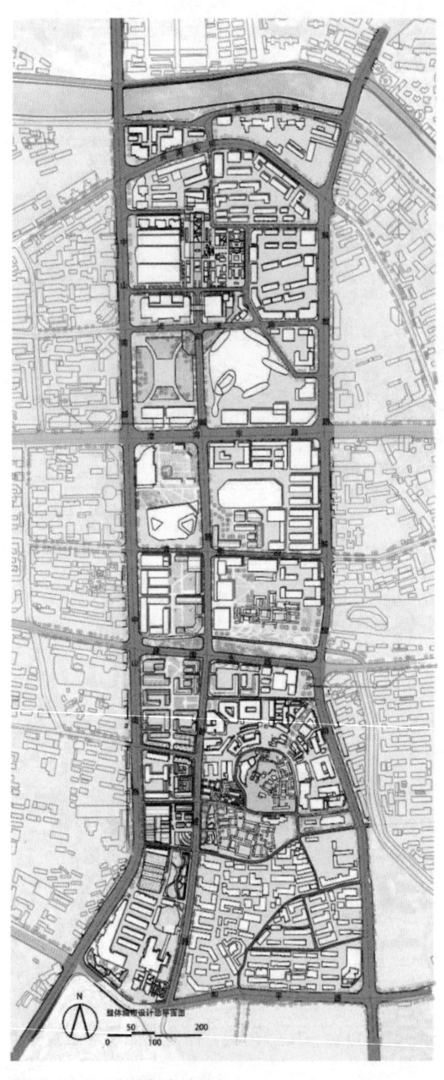

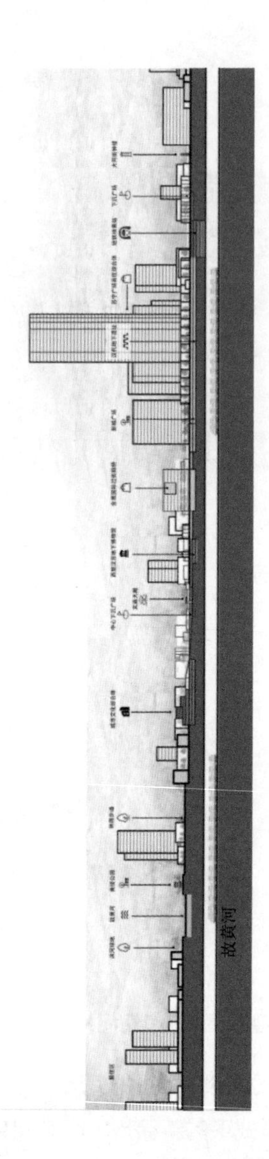

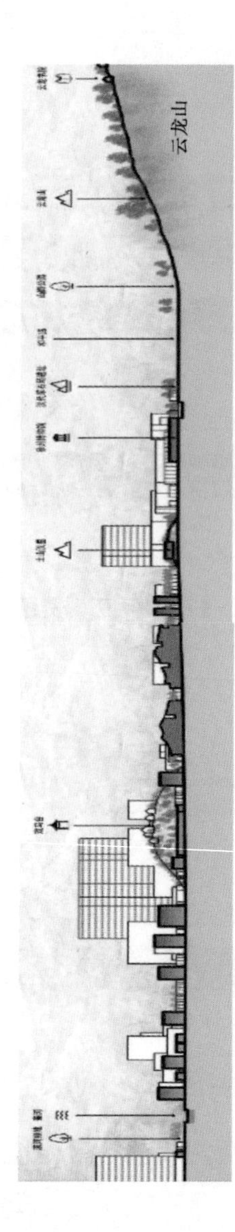

图 6-19 彭城路序列

经过快哉亭公园、回龙窝等街区，最终以故黄河作为收束。设计还对轴线两侧的建筑与道路进行了梳理、对质量较差的区域进行更新，以提升片区的空间品质。在未来结合徐州两河贯通、群山环抱的地理特色，继续以山确定连廊走向，以城串联节点，以水汇聚长廊，打造徐州山水连廊体系（图 6-20）。

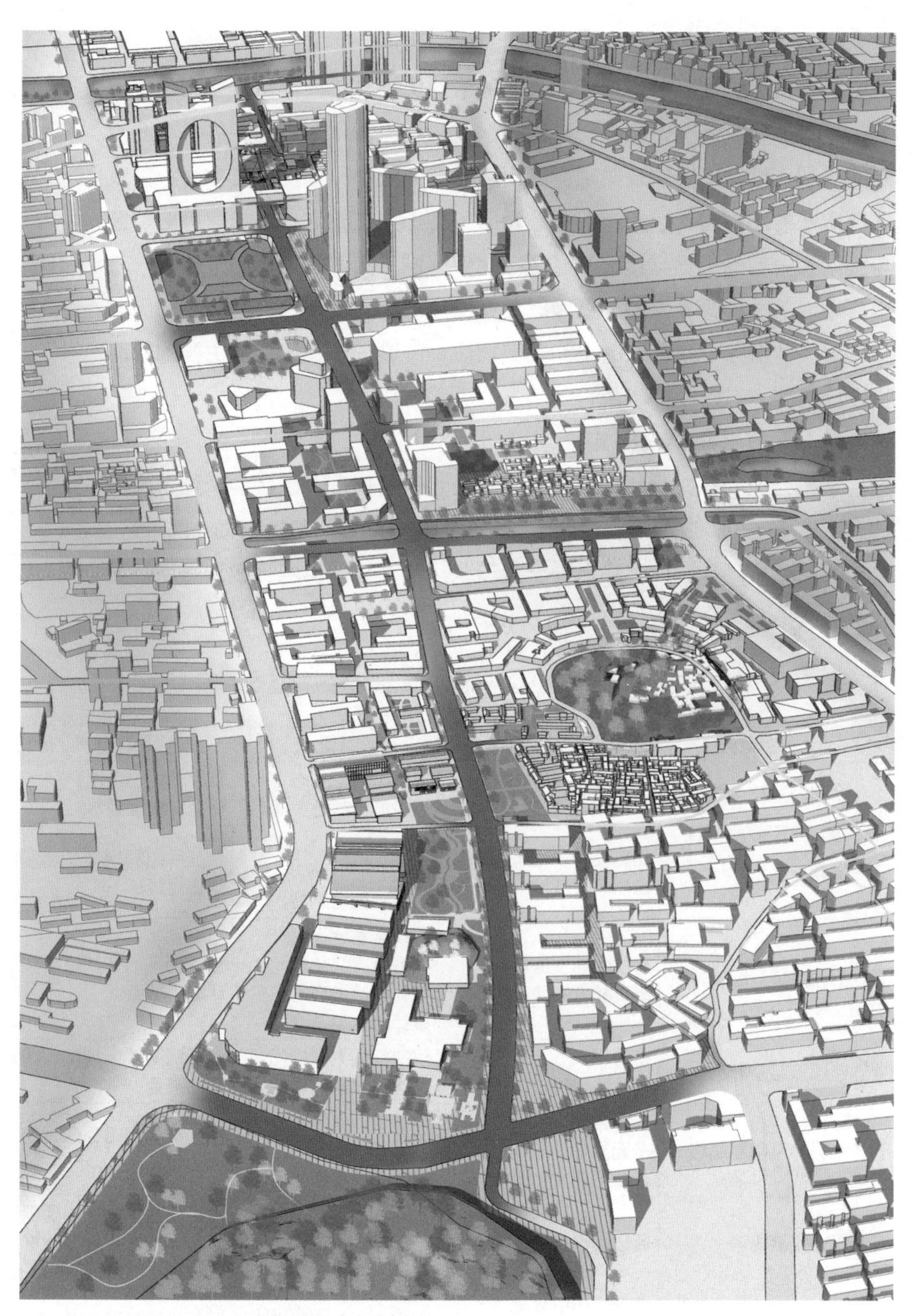

图 6-20　彭城路片区城市设计鸟瞰效果图

2）基于山水—文化遗产视角的南北两大设计分区

在对彭城路区域内的包括地上、地下的历史文化遗存资料整理的基础上，从保护状况、历史价值、可开放程度、可达性几个方面评估各个遗存点的可利用性，南部的云龙山、徐州博物馆周围为一个历史文化区；古戏马台所在的户部山、状元府民居等为另一个历史文化区，回龙窝历史街区与奎河为中部的历史文化区，最后在北部区域，由彭城广场地下遗址、苏宁广场地下遗址等多个地下遗址以及文庙等地面历史节点构成较大的历史文化区。结合各个遗存点的空间聚集程度，可进一步确定几个主要的分区和设计定位。

3）主要节点功能与设计定位

从机会空间和文化稀缺性、城市时空阶段等角度，综合判断整个廊道的典型节点定位，进而形成设计思考。其中主要的节点包括黄楼公园片区、文庙—彭城广场片区、戏马台—土山汉墓片区，地段特色、设计重点乃至地段的文化遗产价值等，如表 6-2、图 6-21 所示。

表 6-2 廊道节点的选择与基本判断

	位置范围	特色	设计重点	历史典故 / 历史价值
1	黄楼公园及南侧廊道	滨水、休闲、纪念空间	展现山水与生态 提供城市绿色空间	重瞳遗址已尘埃， 唯有黄楼临泗水
2	文庙街区	文庙文化，地下存在明徐州州署遗址	修复文庙格局，完成周边居住区改造，整缮历史街区风貌	曾是徐州规模最大、保存最完整的官式古建筑群
3	彭城广场及周边建筑	丰富的地下遗址 高楼林立的地上环境	展现丰富地下遗产 打造垂直文化空间 填补城址展现的空白 设计结合地铁空间	包括西汉地下城遗址、汉商都遗址及明地下城遗址
4	建国东路及周边	奎河 南北两个历史街区	解决空间割裂的问题 重建南北向的联系	包括明南城墙遗址、回龙窝历史街区等的整合
5	戏马台及南部民居	独特山体，军事文化等多元文化，地下有五代磁窑历史文化遗址	建立与云龙山的联系，标志性建筑促进空间品质和文化活化	西楚都城因山为台，用以观戏马、演武和阅兵
6	土山汉墓周边	周边博物馆群	解决空间局促 不见山水的问题	土山汉墓作为徐州两汉文化的重要标志之一，是目前徐州地区唯一一处保存较好且对外开放的东汉诸侯王墓
7	云龙山北麓	丰富的历史文化 和自然资源	山水线路的串接端点	因刘邦曾藏于此山，故得名云龙山

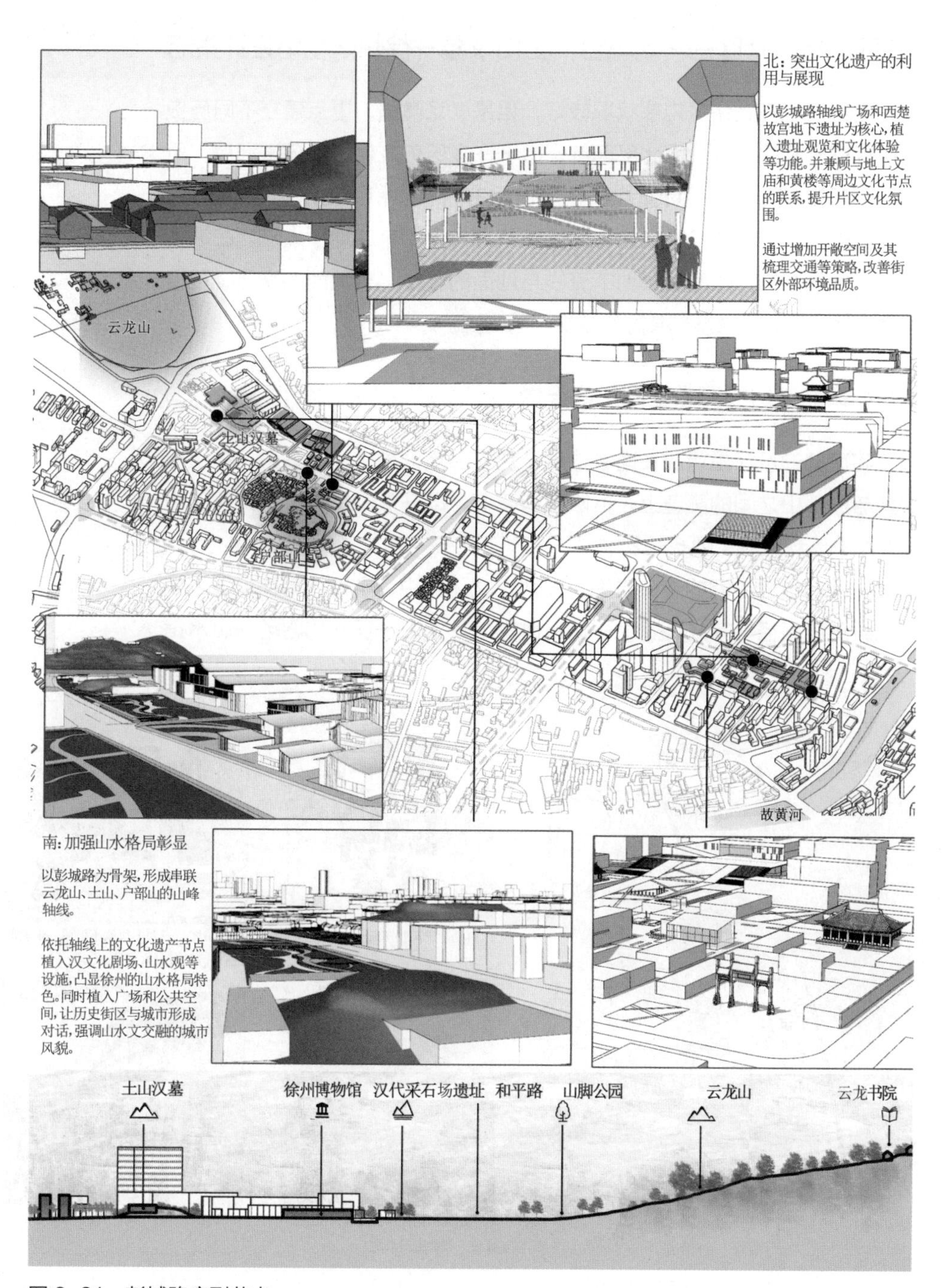

图 6-21　彭城路序列节点

四、重点片区——戏马台—土山汉墓—徐州博物馆设计策略

南部区域各文化区内部状况较好，但是联系微弱，重点建立不同历史节点区域之间的联系。而北部区域，由于许多历史文化资源还未利用，所以北部历史文化区的设计重点放在城市历史的展现和历史氛围的营造上。设计积极利用彭城广场地铁站与周边商务综合体带来的地下人流，在地下设置遗址展览馆，同时兼顾地下流线与地面的转换，将地面的文庙、黄楼和各个地下遗址相联系，共同构成文化精华区。

1. 串联三山的开敞空间扩容连通

将南部的设计重点放在建立这两个历史节点区域之间的联系。在土山汉墓与户部山之间的廊道上，拆除现有建筑，以开放的绿地，打开两座山丘之间的景观联系（图 6-22）。

在外部绿地空间的设计方面，提取汉文化自由、丰富的精神世界，使用曲线形成路径，完成云龙山—徐州博物馆—土山—汉文化剧场—山水馆

历史资源丰富，但街区破败混杂，自然要素不凸显

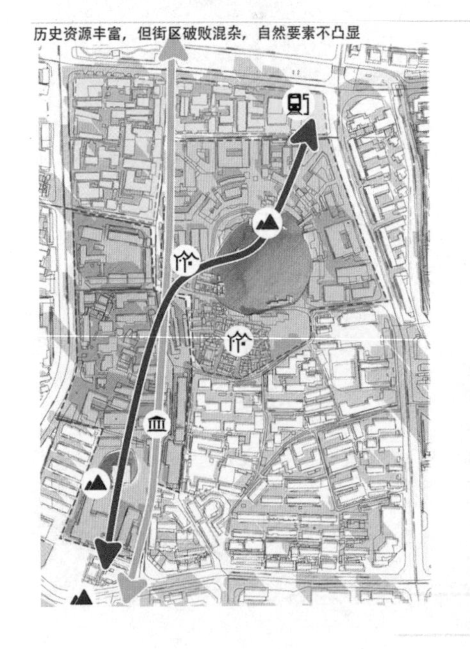

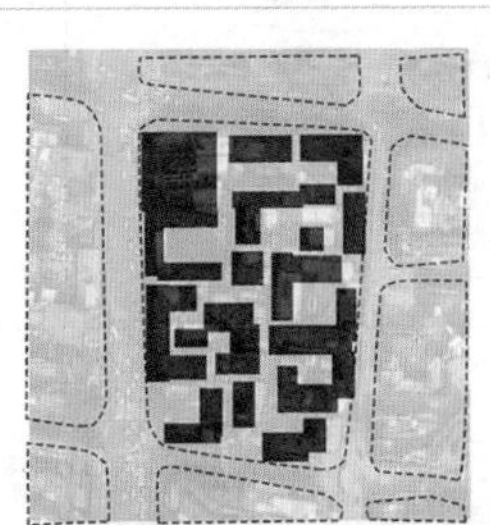

入口处建筑风格不统一，肌理混杂

周边肌理与户部山尺度不协调，未能形成统一的历史风貌

自然山体周边开发强度大，但道路狭窄，公共空间缺失

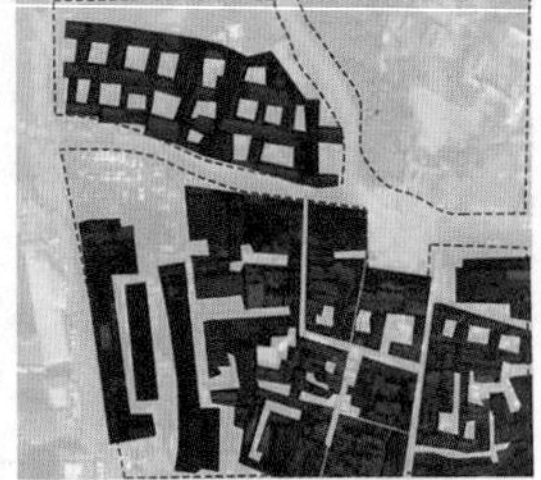

古城格局丧失，私搭乱建现象严重

图 6-22　云龙山北望土山和户部山分析

一古城—戏马台游览流线的引导。在造型上，基于现状中围绕户部山形成圆形格局的延续对绿地进行划分，使绿地位于一个更大的背景当中，完成历史和山水的延伸。在功能上，植入一些可以互动的坡道和装置，使人能够产生多种活动，避免发生现状广场闲置被停车挤占的情况（图 6–23、图 6–24）。

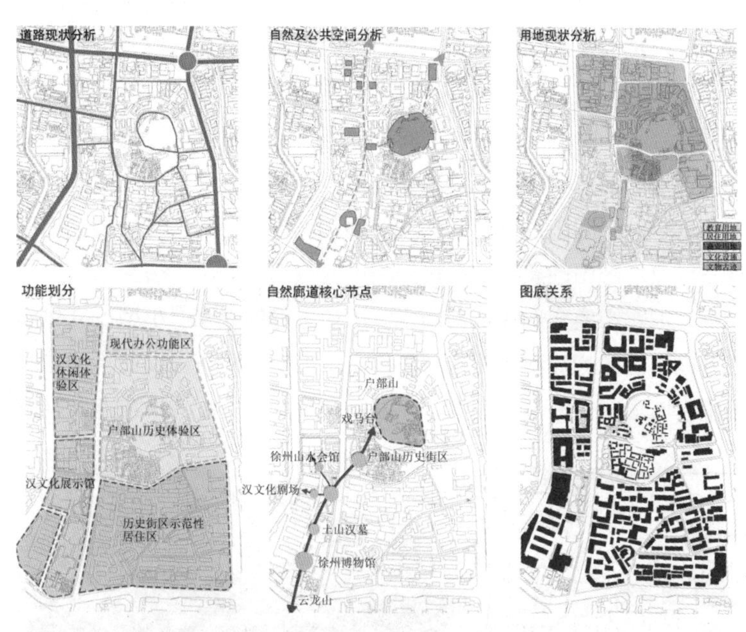

图 6–23　彭城路南部地区现状与空间分析

图 6–24　彭城路南部地区设计策略

2. 南部三山自然体系下的陵苑文化区标志性建筑植入策略

在地块的功能设计方面，设计植入徐州山水馆、汉文化剧场以及小型汉文化展览群对徐州博物馆进行功能和内容方面的补充，形成完整的山水历史文化展示区，集中对徐州特色风貌和历史文化进行呈现，并作为徐州博物馆和户部山上戏马台这两个文化节点之外的补充，有机地将文化序列延续，并实现自然山景之间的联系、历史街区与城市的对话以及现状功能的升级（图 6–25）。

建筑设计层面，山水馆和剧场的概念提取自云龙山山体连绵宛若飘带，地势自南向北逐渐降低的特征，立面大面积使用格栅和玻璃以削弱建筑的体量，使建筑能够与周边古城之间的冲突缓和，市民在室内可以透过格栅望向室外古城及户部山的景色，在室外亦可通过玻璃的倒影看到古城及户部山的轮廓，虚实切换实现建筑与山水、历史之间的联系。小型汉文化展览群主要考虑与古城的对话和照应，在和山水馆使用同一种设计手法的基础上，沿用古城建筑作为基本模数，而建筑层高方面主要考虑东西向高度

图 6–25　文化建筑植入山水馆和剧场

的变化进行设计，赋予从山水馆到汉文化展览群再到古城的连续感和层次感。

同时，对地段内部其他片区的建筑依据南北纵向走向和户部山片区古城尺度模数进行了梳理，并对建筑高度进行了调整，统一了地段内部建筑风貌，凸显历史街区的格局，形成多条游览流线，也使得整个地段完成剖面上的过渡和视觉上的对话，形成一条完整的山水历史体验走廊（图 6–26）。

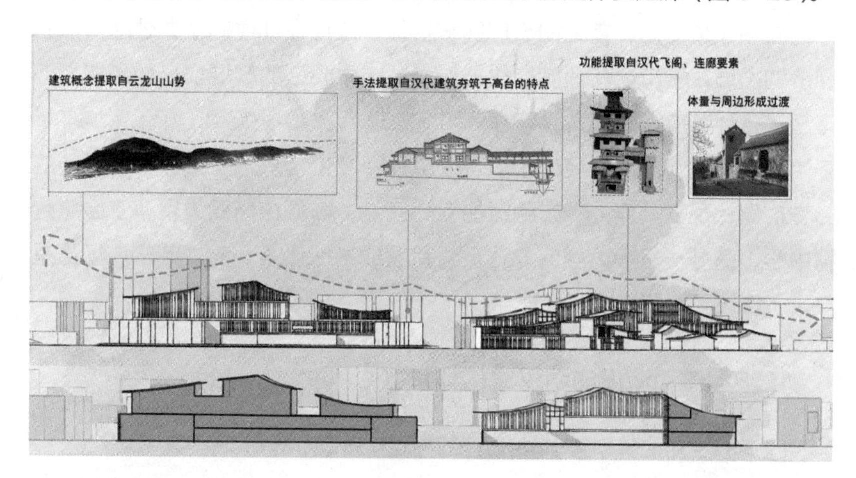

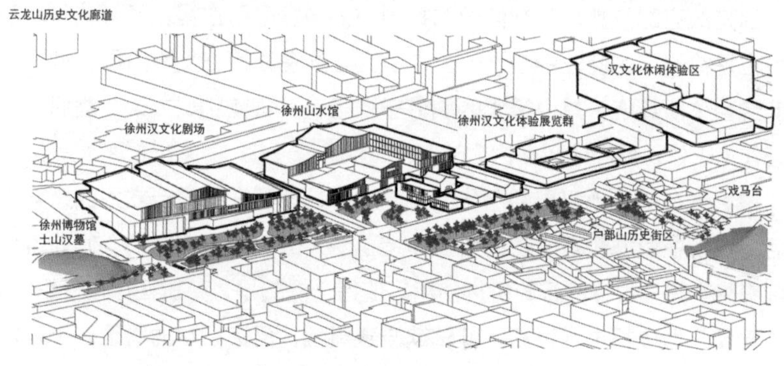

图 6–26　文化建筑与徐州山水和汉文化的关系分析

五、彭城路北段重点片区设计——探索一条地下遗产活起来的路径

彭城路北段重点片区是围绕彭城广场的周边地段，以黄河故道为北边界限，经黄楼、文庙直抵彭城广场。东西向宽约 600 米，南北向共长约

900 米；占地面积约为 52 公顷。彭城广场周边地区处于徐州市的绝对中心区，与徐州北站的直线距离仅有 650 米，距徐州站也仅 1500 米。徐州市目前已经开通的地铁一号线从东西方向贯穿地段，且规划中即将开通的地铁二号线将从南北方向与一号线交会于彭城广场站。此外，地段西侧的中山北路，南侧的淮海东路均为徐州市区的主要交通道路，串联着市区众多的关键性节点。

新中国成立后，曾经的老府衙被拆除，政府在此建起了办公楼。随着经济的发展，城市更新速度加快，作为城市中心区的彭城广场地带慢慢汇集起了各种百货大楼、大厦等办公和商业建筑。20 世纪 80 年代彭城广场开始规划建设，此后又经过了多次改扩建，才慢慢形成了如今我们见到的彭城广场。现在，作为城市绝对的核心区域，彭城广场周边聚集了金鹰购物中心、彭城一号等大型商业建筑，新建成的徐州第一高楼苏宁广场更是宣告了该地区的核心地位。

1. 被埋藏和淹没的两汉文化精华区

1）两汉文化的精华区：曾经辉煌的控制与命令中枢

西楚故宫的位置现在被休闲购物中心彭城壹号所占据。而彭城路北部区域也是徐州市的商业中心之一。中山路与淮海路的交叉路口周围被各色商业综合体所环绕。其中最大的属苏宁广场，其集购物、办公、酒店、高端居住为一体，最高的塔楼达 266 米。

该区域在历史上是历朝历代的行政中心，项羽在彭城自立为西楚霸王之后，在现在彭城壹号所在的位置建造了西楚故宫。唐宋时期，此处皆作为刺史院、州属这样的行政机构使用。值得一提的是，苏轼在徐州任职时，元丰元年，为庆祝洪水退却，苏轼欲修建黄楼，但灾后财力匮乏，于是拆除了项羽修建的霸王厅来兴建黄楼。明初重新筑城时，徐州知州在修复西楚故宫后，在中轴线向前 200 米的位置，修建了上书“西楚故宫”的鼓楼，作为午朝门。作为历朝历代行政中心的西楚故宫，规模逐渐扩大、地位也逐渐提升。徐州府志记载了明清时期徐州城的变化，彭城广场一带作为府衙、道衙的行政机关所在地的存在这一事实却并没有改变。现今文庙仅存的大成殿和大成门两座主要建筑，仍具有较高的文物价值。

2）城摞城：地下文物埋藏丰富

两千年间黄河决口泛滥、改道等水灾，其中 100 多次决口对徐州的波及甚至是灭顶之灾的影响，使徐州成为一个非常典型的“城摞城”地下文化遗产雄厚的城市（图 6-27）。经过近几十年的考古发现，徐州地下的文物埋藏基本明了。但遗憾的是，徐州作为汉文化的发源地和两汉文化的故乡，长期以来，考古工作主要集中在墓葬考古上，楚国都城彭城的考古工作则因受到各种因素的影响没有大的进展，尤其是彭城的文化遗产亟须挖潜和传承活化。

楚汉城墙遗址横断面

楚汉时期城墙遗址中的城门

金地商厦地下出土的西汉陶水管

金地商厦地下出土的西汉铺路砖

图 6-27　彭城路北部“城摞城”片区是徐州西汉文化的重要地下埋藏区
（遗址资料来源：徐州博物馆网站）

明代的鼓楼基址

彭城壹号明代州署遗址全貌

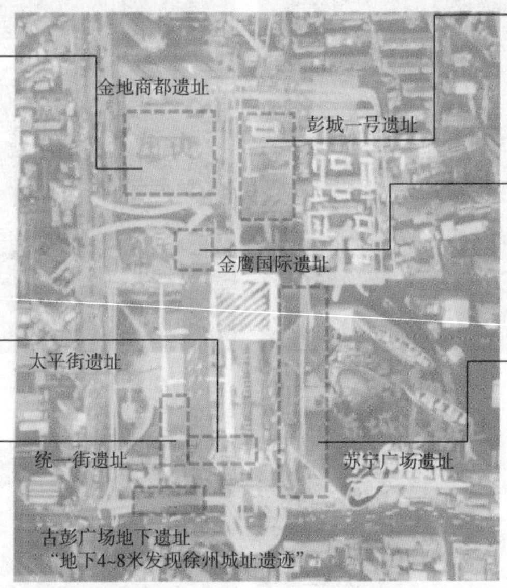

从楚汉到明清阶段的北部地区文化遗产埋藏分析

图 6-27 （续图）

（遗址资料来源：徐州博物馆网站）

2. 对地下文化遗产活起来的认识

徐州，作为历史文化名城，因其大遗址、古墓葬、地下埋藏文物特别丰富，城市的发展与保护之间的矛盾相比其他文化名城更加尖锐。我们认为探寻地下空间开发利用对徐州本身及这类型历史文化名城具有非常重要的意义。文化作为城市的基因，在保护的前提下，其不应该被禁锢在某个具体的场所，它应是可触碰、可感受、植入生活当中的。为此，设计希望探寻画像石所描绘的徐州精神世界，将徐州文化还给徐州。

在面对埋藏区制度作为地下文物遗迹保护策略与城市中心区对土地资源、经济发展需求之间的矛盾，如何以规划师的眼光，提前感知技术的变革，思考未来类似的历史文化保护区的运营模式，运用空间手段，模拟城市空间形态和功能变化是该地段带给我们的第一思考。

国内外其他城市都非常重视地下文物空间的保护和传承。在北京，其应对旧城文物地下空间原则如下：地下空间开发及利用对于历史文物来说，其作用应是解决地上建筑与环境的矛盾问题、更好地保护古都形象；文物地下空间的建设应是出于文物建设和发展的需要。在地下文化遗产埋藏区比较丰富的洛阳和西安，其应对地下文物空间开发策略如下：在地下文物沉积层的一般深度，规划时尽量规避在地下文物集中分布区域的这一深度范围内进行大规模的地下空间开发。关于邻近历史保护建筑地下空间开发和原位地下空间开发的关键技术，Ma（2014）同时指出地下空间的深层开发是未来发展的研究方向（表 6-3）。

表 6-3　国外城市文化遗产地下空间开发利用相关案例一览

时间	国家	设计初衷	设计内容
930 年	俄罗斯	地下交通空间和城市公共活动空间相结合	莫斯科历史中心区的地铁站地下建成了 3 层的地下商场，地面的改造则恢复文化古迹
965 年	德国	修缮古迹，缓和城市压力	慕尼黑卡尔斯广场等，将部分交通设施与商业设施转入地下，缓和地面交通压力。同时，地面步行街与地下各项设施出入口进行连通，形成完整的地下步行空间
970 年	法国	城市历史街区保护再生	巴黎 LES HALLES 地区的广场下建成一个集商业、娱乐、交通等多功能于一体的地下综合体；地面设置了一个绿地广场，将通过市中心的交通线路转移至地下空间，地面为宜人的开放空间
984 年	法国	延续建筑历史文脉	卢浮宫的拿破仑广场地下的展馆方案，其设计特色在于：入口处的金字塔形的玻璃穹顶，入口空间体量较小，建筑整体风貌相协调
993 年	日本	历史遗产的共生共存	江户东京博物馆的地下空间与百年历史建筑“大相扑馆”连通，维持着共生与互动的和谐关系
003 年	澳大利亚	历史保护、活力再生	墨尔本战争纪念堂的周边绿地进行地下空间发展，使其与老纪念堂的地下空间连通

料来源：孙立，邹昕争 . 城市历史遗产地下空间开发利用规划策略研究 [J]. 自然与遗产，2019(7):55.

徐州在地下文物管理与开发利用环节中缺少关怀。徐州市对于地下不可移动文物目前常见的处理方式：前期——在开发建设过程中发现遗址、进行抢救性发掘；中期——留下发掘现场的影像资料、出土相关的文物；后期——对不可移动的遗址大部分采取消极的弃之不管的态度。前期在文物挖掘上，也处于非常被动的姿态。旧城内之前对于地下城的考古资料近乎空白，考古工作无法展开。在各种资料中都很难找到对遗址后期处理的描述，当地政府其实一直在回避这个问题，始终将地下的遗址和地面的城市建设作为两件独立的事情来看待。而在城市中心区这样的地段，情况往往是文物向经济建设让位，因而被置之不理。最后地下遗址的发现，仅仅是为历史考古提供佐证与资料，并没有和实际的城市生活相关联。近些年，徐州在地下文物埋藏区的保护和传承方面也做了一些创新，包括楚王墓群的展示和活化，以及之后朝代的文化遗产保护和展示。徐州明清城墙地下遗址的陈列展示探索了原址利用的方式，建立了城墙博物馆，于古城徐州南门（奎光门）东延的古城墙遗脉之上设计建造。古城墙深埋600余年，考证为明代遗存。城墙博物馆分为地上、地下两层，地上部分采用坡屋顶式古建风格，与周围的回龙窝历史街区相协调。

南越王宫殿遗址文化遗产的展示技术和方法（图6-28）。位于广州旧城中心的南越王宫博物馆，通过博物馆建筑覆盖展示、回填保护加景观重现等方式，将南越王宫的历史和谐地与现代城市相融合。

曲水流觞的考古展示

秦代造船遗址的地面模拟展示

图6-28 南越王宫殿建筑遗址的活化呈现方式

同朝代文化遗址层的“考古柱”立体剖面方式展示

6-28 （续图）

上海元代水闸遗址博物馆（图 6-29）。地面投影蓝色系波纹，模拟水波涟漪，营造与水闸相符的空间氛围。墙上 12 组建闸过程线描投影，形象地描绘了元代先民们建造水闸的景象，灯光、投影等的运用增加体验丰富度、增强沉浸感。

面投影等高科技方式的文化遗产展示

原真性的展示

6-29 上海元代水闸遗址的活化呈现方式

3. 彭城路北段地下遗产活起来策略

1）彰显不同时代的“城摞城”的文化遗产

作为曾经古彭城核心的西楚故宫区域，如今难以找到历史的影子。因此，植入文化功能，结合文庙、黄楼等周边文化节点，将这一片区域打造成集遗产保护、文化体验、旅游休闲、购物消费为一体的城市文化中心。这一区块地处街区的中心，能够有效辐射周边地块，带动并提升整个彭城路北部街区的品质。通过建立地下博物馆体系，对地段内丰富的地下遗存进行活化，将地下遗址体系与文庙、黄楼等地面文化体系相融。同时在地块新建建筑中植入文化衍生功能，实现片区性的文化提升。

2）整合轨道交通等地下空间与地下文物埋藏区

国际上历史悠久的大城市在修建地铁时经常会挖掘出地下遗产，对此，他们往往会对其非常积极地保护，并和交通功能积极结合起来进行活化展示（图 6-30）。如雅典作为历史古都，亦有丰富的文化遗存遍布全城。雅典极其重视文物的保护与利用，将地铁的建设与考古同时推进，并且积极利用地铁站内空间对地下遗址或者出土文物进行展示，形成了雅典独特的城市风貌，也展现了其深厚的历史底蕴。结合地铁流线的站内文物展览空间，更好地实现文化浸润（图 6-31）。Evangelismos 地铁站，有一个对来自挖掘期间发现的古老墓地永久文物展览。这个永久性地下考古展览构成一个小的供乘客上下地铁时路过的博物馆。

	地铁等地下空间	历史遗迹活化	公共性增强
策略	• 一体化/综合体式开发原则	• 分类控制原则 • 文物保护优先原则	• 公共空间织补 • 历史文化活动点缀
具体措施	• 地上地下一体化设计，追求土地利用的集约化建设 • 以地铁线路为骨架，形成徐州地下一体化建设线路 • 对线路及线路周边历史遗迹节点进行识别分级，不同等级采取不同开发措施		

图 6-30　基于轨道交通站点地下空间与地下文物埋藏区活化

图 6-31　徐州轨道交通换乘地下空间需要强化文化遗产的彰显

3）地下文化遗产与地上公共空间相结合的策略

如今彭城路北部区域是徐州市的商业中心之一，除了文化遗产不可见、商业侵蚀着文化空间外，该地块的外部空间品质亦较低。曾经是古彭城核心的西楚故宫区域，现在被各色的商业建筑所围绕，原址上也建成彭城壹号购物中心。而其他遗址也多被深埋地下，不为人所见。此外，街区内存在停车场占用公共空间、街道狭窄、开敞空间缺乏等空间品质低下的问题。归纳起来，从功能与品质两方面来看，该片区商办比例极高、公共服务设施较好，但文化创意薄弱、绿地空间不足、公共空间品质低（图 6-32~图 6-34）。

这一区块地处街区的中心，能够有效辐射周边地块，带动并提升整个彭城路北部街区的品质。地段内存在 3 个超过 60 米的组团，两个为居住，一个为商业综合体；此外，基本上都是小于 30 米的多层建筑。其具有营造历史文化街区的环境基础，需要回应地标建筑与历史遗存的关系。

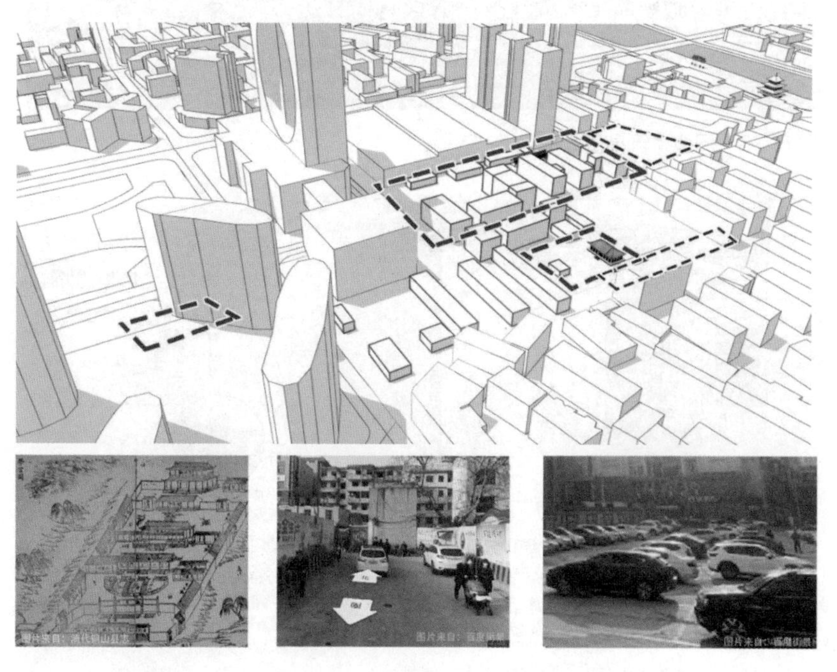

图 6-32　机会用地——西楚故宫及文庙区域

图 6-33　周边建筑高度分析

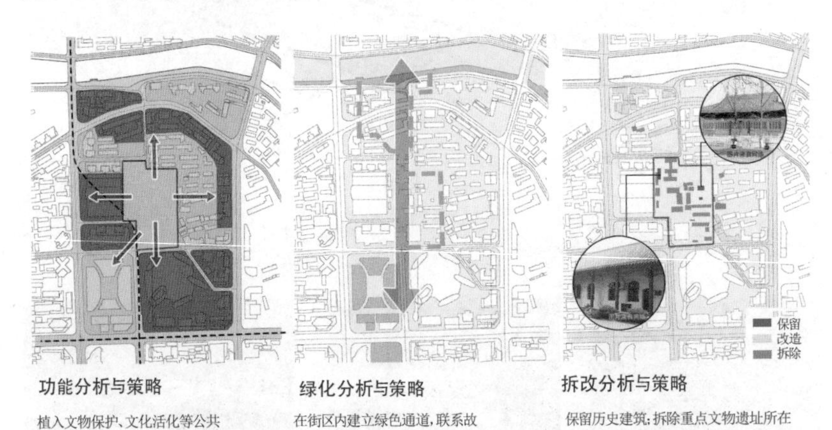

功能分析与策略

植入文物保护、文化活化等公共功能，调节街区用地结构，促进功能多元混合。

绿化分析与策略

在街区内建立绿色通道，联系故黄河畔的黄楼公园与淮海路两侧的绿化空间。

拆改分析与策略

保留历史建筑；拆除重点文物遗址所在的区域质量较差的旧建筑；修整重要公共空间两侧界面。

图 6-34　彭城路北部现状和策略分析

（1）植入公共空间。针对复杂的中心区建成环境与高密度、高容积率的建设现状，提高街区的整体品质十分关键。目前街区内还存在要素复杂、道路狭窄、室外空间欠设计（且多为停车场）的问题。因此，在更新的地块有意识地降低建设强度，腾出一定的开敞空间是十分必要的。这为人流的集散提供场所，也有利于增加街区活力，同时还可以促进街区内的通风，形成更好的城市物理环境。

（2）绿化空间延伸。街区内较为完整的绿化空间，仅有位于东南角的彭城广场与位于最北端黄河边的黄楼公园。两者之间距离 500 多米，实则相互分隔。因此，提出在这两者之间增加绿化空间，形成一个更为连贯的绿地系统，在为街区提供更多绿地的同时，也实现整条彭城路南山北水的山水关系的重塑。

（3）竖向空间联系。以提供地铁站—西楚故宫—文庙—黄楼公园—故黄河的连续步行体验。平面上一条路径、地下地面垂直一条路径，以此串联时间与空间（宇宙）。

4. 彭城路北段规划设计

1）彭城路北段整体规划方案

彭城路北段规划范围自河清路起至夹河东街止。在文庙东侧新辟一条支路与苏宁广场东侧支路相接，并将永康巷延长打通与彭城路相交，以此实现对地段交通的梳理。

规划方案整体包括“一主一副”两条序列。主序列为整条彭城路在北段的延续，由轴线广场配合公共建筑构成。轴线广场的标高，自南到北，逐渐抬高，并以城市文化综合体作为轴线广场的最后收束，象征汉代宫殿高台建筑由夯土台逐步抬升的形式。副序列以宋代的文庙为核心，并在东南区通过建筑组合将文庙的轴线逐渐引向西南，进而与主序列汇合。在主序列与副序列（文庙区）之间的过渡区，植入文化创意、文化体验、文化教育等衍生文化功能，在增加这一区域文化气息的同时，与众多的文化遗产形成良好的共生效应。建筑提取文庙合院式的建筑组织形式，结合现代的建筑语言，实现轴线广场与文庙区域之间的过渡（图 6–35~图 6–37）。

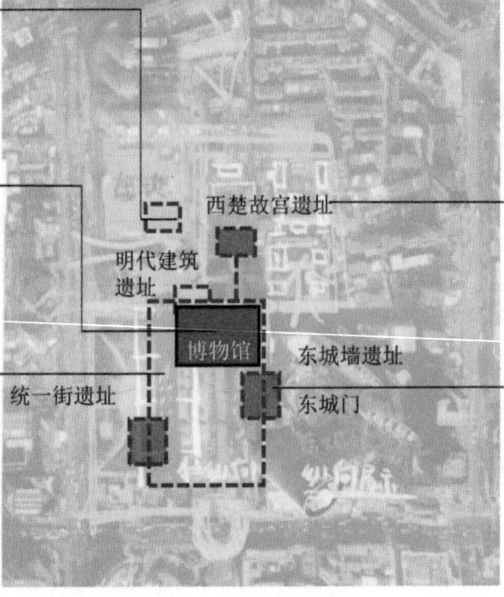

图 6-35　彭城路北部地下遗产活化设计策略

图 6-36　彭城路北部地面空间设计策略分析

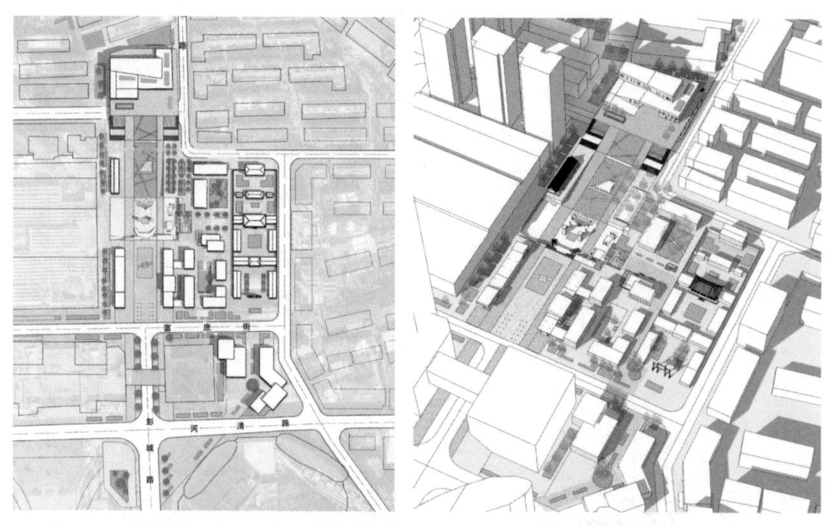

图 6-37　彭城路北部设计平面和鸟瞰分析

延续绿化空间。同时通过设计地段的绿化空间，在街区内形成一个更为连贯的绿地系统，联系起南部的彭城广场和北部的故黄河。街区内较为完整的绿化空间，仅有位于东南角的彭城广场与位于最北端黄河边的黄楼公园，两者相互分隔。通过设计地段的绿化空间，在街区内形成一个更为连贯的绿地系统，供更多绿地的同时，也实现整条彭城路南山北水的山水关系的重塑。

2）彭城路北段地下遗址展示体系设计

针对历史遗产的展示与活化，在现有地面遗产体系的基础之上，增加三处地下遗址展览馆。西南侧是彭城广场地下统一街遗址展览馆，将过去商业街道的遗址与彭城广场地下商业结合，实现历史与现今的交融。在苏宁广场的西侧，在自地铁站起始的地下通道内，结合地下流线，设置西汉城墙与明代鼓楼基址的遗址展览馆，为这样一片商业气氛浓重的街区，增添汉文化的历史气息（图 6-38）。

此外，在彭城壹号的原址修建地下两层的西楚故宫地下博物馆。博物馆地下一层设有多个中型展览厅。其中 3 个常设展，通过展示西楚故宫及周边遗址的出土文物、图像资料等彰显汉代文化以及徐州的历史。其余展厅开设灵活的展览，为市民和游客提供丰富多样的文化体验。在地下一层沿彭城路主轴线序列，通过分区及高度变化在不失序列整体感的情况下，划分尺度宜人内容丰富的空间，逐步抬升的地面标高对汉带高台宫殿建筑的一种象征和再现。

针对文化遗产的展示与活化，在现有地面遗产体系基础上，增加三处地下遗址展览馆。地下两层的西楚故宫博物馆注重展现楚汉雄风，另外两处遗址馆将原址遗产保护、呈现和现有地下城市空间结合，更好地实现了历史与当代的交融。

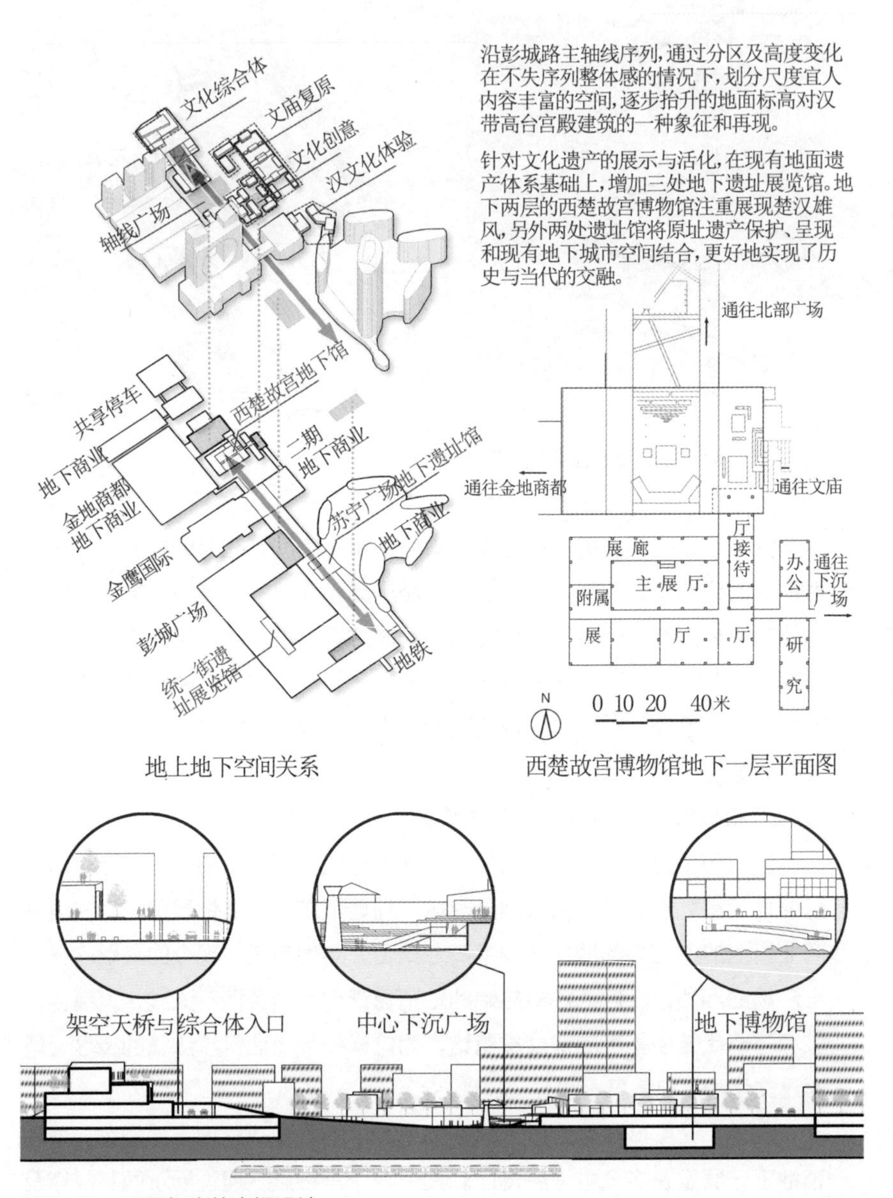

图 6-38　不同标高的空间设计

也同步设置了包括接待门厅、办公室等的辅助空间。地下二层则设计为通高 6 米，面积 2200 平方米的大型遗址厅，以遗址全貌的形式展现西楚故宫以及汉代彭城的辉煌过去。

规划根据各个文化节点的特点，通过多样的方式呈现历史，包括建立地下遗址博物馆、复原文庙格局、运用汉代意象等楚汉宫殿博物馆。

3）彭城路北段外部空间设计

在这样一个高密度的城市中心区建成环境内，现有的室外开敞空间的比例是相对较少的。因此，在规划设计中有意识地提高了外部公共空间的比例。

彭城路轴线广场，通过分区和高度的变化，在不失轴线广场整体感的情况下，将广场分割为尺度宜人、内容丰富的空间。轴线广场的南区，以旱喷泉和静水池组成，象征着古彭城与故黄河边的关系。开阔的广场前区也为举办大型文化活动提供了可能性，同时也使广场末端的文化综合体建筑可以在广场的任意处被看到。

轴线广场的中段为下沉广场。这一下沉广场沟通了地面层与地下层，包括场地西侧的金地商都、南侧的西楚汉宫地下博物馆、东侧的文庙建筑、北侧的绿地空间等多组空间。在这样的下沉广场的中心，设计了一对汉阙，并在阙身雕刻西楚故宫相关的历史。将汉文化融入室外空间的设计，也为场地奠定了汉文化的基调。同时这一对汉阙也起到了框景的作用，吸引人们在此停留。在下沉广场的东侧，利用铺地的变化、柱子的限定等方式，在场地上标注出过去遗址的痕迹。利用景观的方式重现历史，使文化与现代城市有更好的融合。下沉广场的东南角则是西楚故宫地下博物馆的一个入口（图 6-39）。

轴线广场的北段由坡度不同的绿地构成，在绿地中间，曾经是西楚故宫霸王楼的位置，设计了硬质铺地的纪念小广场，并将遗址出土的瓦当、砖块作为景观材料使用。绿地西侧为历史建筑——吴亚鲁故居，也是后代西楚故宫的一部分。另一侧是排列成组的树阵，树阵的体量与历史建筑相似，维持了主轴线上的对称感；同时也对广场东北侧来的人流形成了较为欢迎的空间。轴线广场的最北端，通过绿地与大阶梯的抬升后，到达标高 5 米的平台上。平台之下的车流与轴线方向上的人流互无干扰，保证了主空

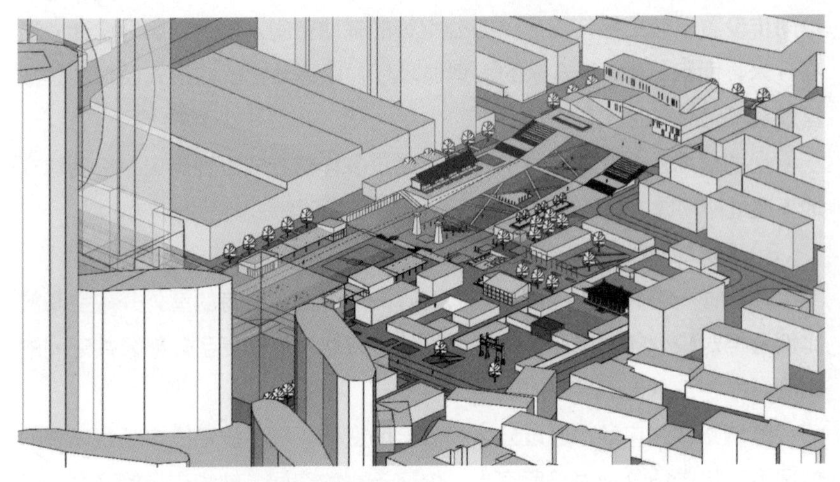

图 6-39　苏宁大厦视点的设计地段鸟瞰模拟

间序列上连续的步行体验。

设计中利用建筑围合外部空间，以形成兼有开敞感与安定感的室外空间。比如设计中位于文庙西侧的几组建筑，在合院式的建筑组团形式的基础上，在建筑之间设计绿地或下沉广场，使建筑与外部空间相得益彰。同时，通过建筑的高度变化或适当的体块穿插，增添空间的趣味性。

4）彭城路北段文化建筑设计

位于地块最北部的建筑采用层层抬高的建筑形式，以回应场地和汉代高台建筑的形式。简洁方正的几何体块和外立面石材的运用也体现了简约古朴、厚重有力的汉代气质。

在建筑南立面处理上，将不同建筑体块之间的高差，用斜坡屋顶联系。并且人们可以通过这些坡道、楼梯，上到建筑的屋面上，作为轴线上的公共空间的延续。屋顶花园的绿化、座椅等休憩设施拓展了建筑的功能，实现了建筑与屋顶室外空间之间的有机互动。同时，在登上最高的屋顶时，可以看到黄河边的黄楼，建筑的屋顶也作为天然的观景平台。

通过功能策划、建筑设计、城市景观设计等策略，在商业中心众多的彭城路北部区域，展现了其特有的城址历史，丰富了楚汉文化的内涵。同时，通过植入广场、绿地等公共空间，改善了原本狭窄、混乱的街区环境，提供了宜人的开敞空间。

通过城市设计的策略，突出了以西楚故宫为代表的重要文化遗产，联系、完善了彭城路区域的地下与地面的文化遗产体系，展现了徐州的深厚文化底蕴，也同时改善了彭城路区域的空间品质，增加了城市魅力。

基于楚汉文化展现与历史保护的城市设计，最终的出发点还是文化和文化遗产本身。目前，徐州对中心城区关于古彭城的研究与考古工作，与周围的汉墓群相比，还十分缺乏。这使彭城路区域的城市设计只能局限于已经发现的个别遗址点，未来随着考古进程的逐渐推进，其余被发现的区域也可以纳入都市文化区的设计考虑中。

在节点设计部分，轴线广场的中心部分为下沉广场，一来沟通自地铁站起始的地下空间与地块内的地面空间，二来也是地下博物馆的入口。在节点的设计上，也考虑到视线的互动，比如从下沉广场看轴线建筑，下沉广场和文庙的关系（图 6-40~ 图 6-42）。

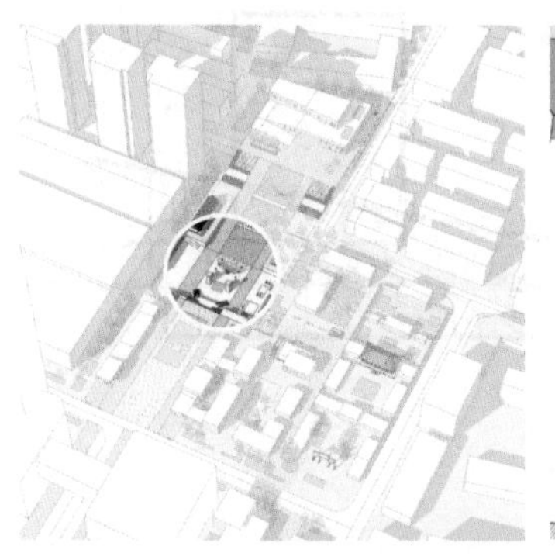

图 6-40　下沉广场看北部博物馆

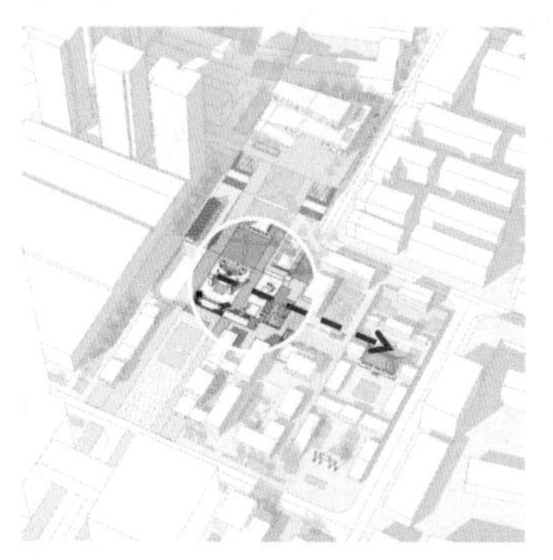

图 6-41　下沉广场看向文庙大殿

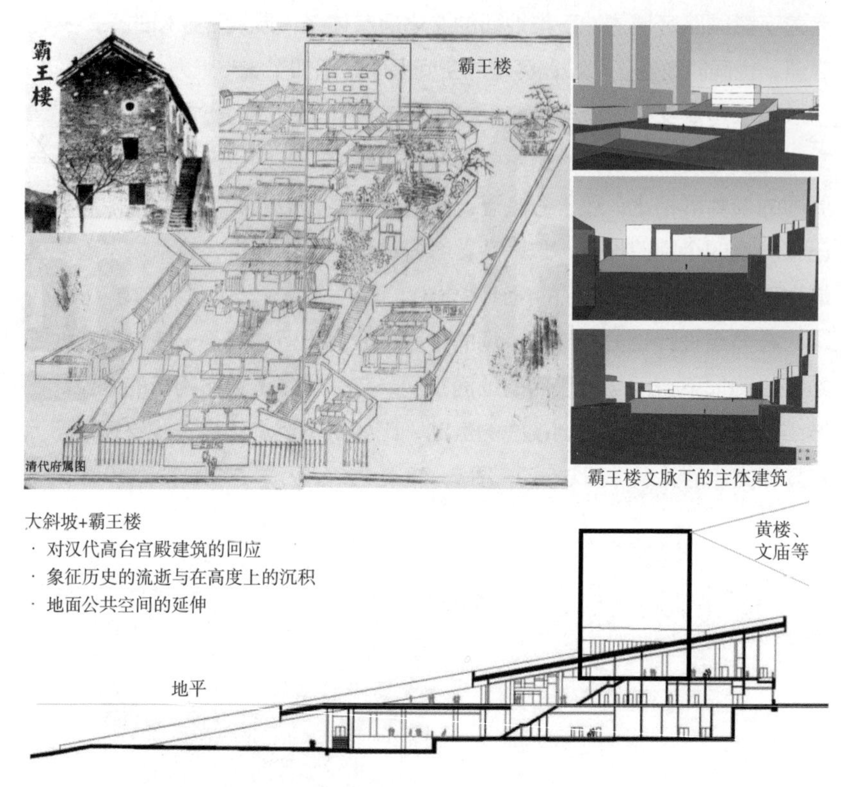

图 6-42 基于霸王楼的主题建筑设计

第 7 章　内城过渡混合区触媒式活化设计：市井文化“高低线”

文化生态是文化遗产活起来的关键要素。文化生态建设非一日之功，需要从长远着眼，遵循文化发展的自身规律，重视文化的区域特征、民族差异、风俗信仰、地方传统等因素，同时不忽视自然生态、人文生态、社会生态的综合构建，建立良好的文化生态运行机制，这对文化遗产的生存发展成长尤为重要。

“楚韵汉风、南秀北雄”，是徐州最为鲜明的地域文化特点。作为两汉文化的发源地，徐州不仅拥有大量的两汉文化遗产，还有诸如诗词、武术、曲艺等传统的非物质文化遗产。事实上，徐州的两汉文化不仅是豪放的英雄帝王将相、独特的陵墓体系和丰厚的地下城池王宫遗址，还有浓厚的人文精神和市井文化，并且一直延续至今。从画像石中不难看出汉代徐州市井生活的内容，举凡贵族生活中车马出行、宾主宴饮、游射田猎、博弈、乐舞百戏、击剑比武等，平民生活中的牛耕、庖厨甚至纺织“哺乳不下机”都有对汉代社会真实的反映。两汉以后，经唐宋到元明清时期，徐州作为运河重镇、交通枢纽，也发挥了重要的作用。这几百年的历史在徐州城上留下了各自的印记。与此同时，“旧时王谢堂前燕，飞入寻常百姓家”，丰富磅礴的两汉文化由城市繁衍到乡野阡陌，由宫廷繁衍到市井邻里，绵延不绝（图 7–1~ 图 7–4）。

其中，徐州内城的市井文化最为集中。尤其是那些未经大规模“绅士化”洗礼的“角落地区”（图 7–5）。

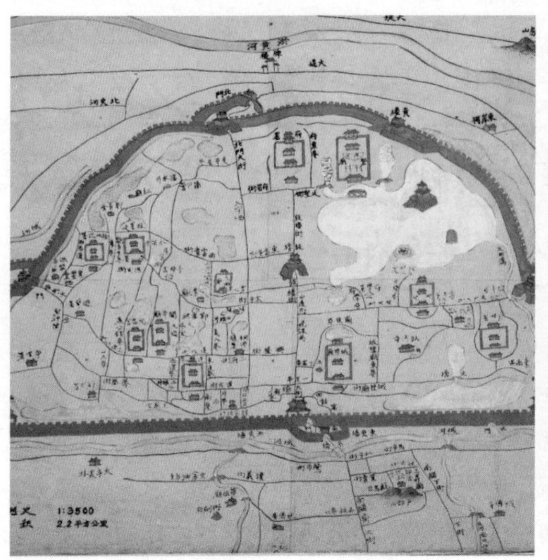

图 7-1　清代徐州府城图

图 7-2　1926 年徐州府城图

图 7-3　1948 年徐州城区图

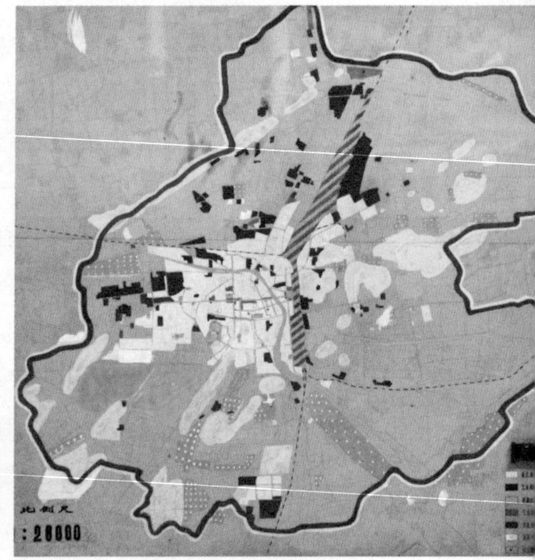

图 7-4　1985 年徐州城区图

（资料来源：徐州市城建档案馆）

图 7-5　徐州古城面临诸多生态—社会和文化问题

一、触媒式设计是内城区复兴的重要方法

随着我国经济和城镇化水平的不断发展，城市的建设逐渐由土地扩张进入了存量更新和质量提升的阶段，不同规模的城市也体现出了不同的特点和需求。总体而言，城市中心区仍体现出密度较高，人口、资本和交通要素集聚的特点，但由于城市中心区起步较早，难以避免地存在物质空间衰败、空间效率低下等问题。

与新区开发不同，城市更新过程中现状条件复杂，历史遗留问题较多，需平衡各方利益，而且需要把握不同城市、不同地段的自身属性，有针对性地解决问题，有特色地进行空间设计。

在我国许多历史文化名城以及一些规模较大的城市，完成了许多具有代表性的城市更新的案例，这些项目的规划和实施为当地发展起到了很好的推动作用，解决了许多迫切的问题，但也存在一些问题。徐州作为淮海经济区的中心城市以及第二批国家历史文化名城，在发展及更新过程中面临着一些独特问题和挑战，需要在城市规划和设计工作中不断解决和完善，以提升徐州辐射区域的中心性和吸引人口与游客的独特性。

二、双重夹击下的徐州古城：商业资本集聚和居住绅士化进程

徐州在民国时期作为重点建设城市，到今天发展成为淮海经济区的中心城市，其城市公共服务职能一直十分重要，其中商业服务业一直是处于快速发展的状态。

2000 年以前，徐州商业以百货大楼、古彭城商厦为代表的传统国营百货占据城市中心彭城广场周围，而且由于历史传统，古城以西人民广场周围形成了规模较大的商业区，由于津浦铁路的修建，古城以东徐州火车站周边也发展了以住宿和零售为核心的商业区。进入 21 世纪，综合超市和商场的出现带来了业态的升级和换代，金地、金鹰百货和一些大型连锁超市的入驻进一步提升了彭城广场地区的商业地位，成为当时徐州乃至淮海地区最繁华的商圈。近年来，随着资本的不断注入，商业综合体和综合购物中心拔地而起，原有的百货和商场逐渐边缘化，取而代之的苏宁广场以其夸张的造型和新颖的定位成为徐州的绝对地标，将徐州的商业发展带到了一个新的层次，也确立了彭城广场商圈的地位。各个地区的市民和游客都到城市中心游览、消费，带动了古城中心的复兴。

与市中心的商业综合体形成鲜明对比的，是周边的一些老旧的百货大楼和历史街区，传统的百货业态由于经营状况不佳，导致了一系列的空间问题和社会问题。以“老东门”“老街坊”为代表的历史商业街区，在建成不久便面临着业态凋敝、人流稀少的问题，这种局面和古城中心的繁华形成了强烈的对比，在古城边缘形成了一条“低谷地带”，空间环境破败，利用效率低下（图 7-6~ 图 7-9）。

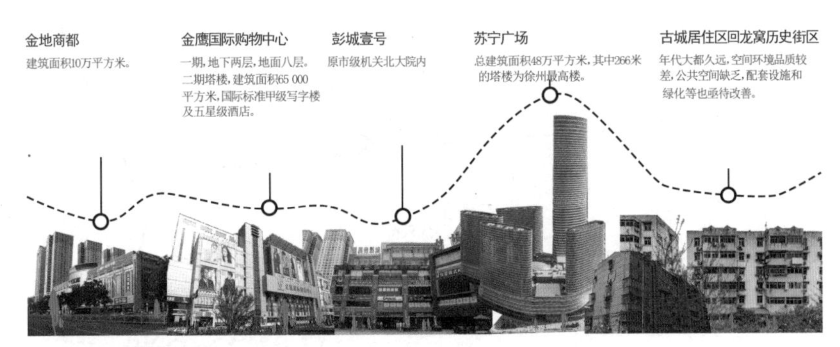

图 7-6　混合区的商业居住现状

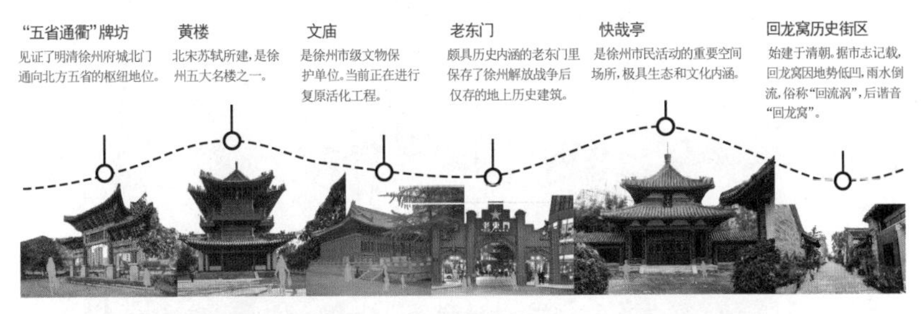

图 7-7　从北到南的一条市民文化遗产富集带

图 7-8　内城区功能要素示意

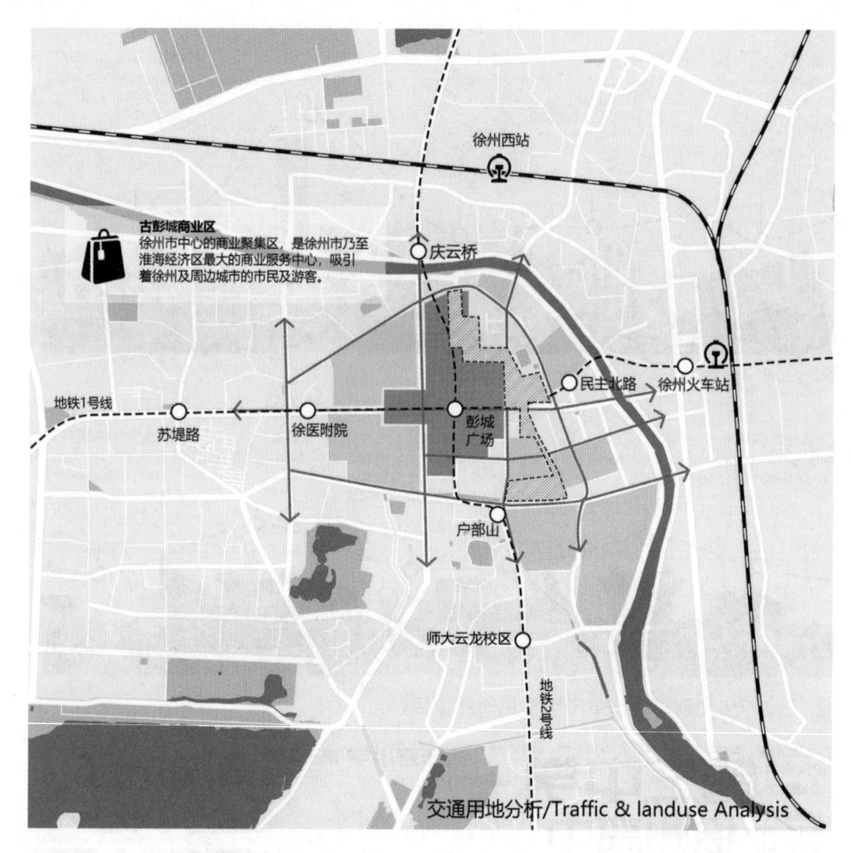

图 7-9　徐州内城区交通用地等条件分析

三、地段选择：混合过渡带的触媒式设计

1. 地段选择

本研究选择从黄楼经文庙、老东门、快哉亭公园到回龙窝历史街区条带作为触媒式设计的地段。这一地段东临故黄河，地段和故黄河之间居住大盘在迅速拔地而起，地段西侧即为云龙山一故黄河的南北走廊，在古城范围内，资本驱动的居住绅士化进程对物质文化和非物质文化，包括市民文化带来了极大的冲击，如图 7-10 所示。

图 7-10　设计地段在古城的区位分析

2. 现状问题：社会、文化与生态的最后一根稻草

商业无序蔓延，公共空间萎缩。资本的注入和对利益的追逐，使商业空间不断扩张，侵占了原有的历史文化空间和居住空间，导致商业和外围的过渡地区空间衰败，密度过高，拥挤不堪。市中心缺少让人放松和停留的公共空间，制约了城市进一步发展，也造成了严重的社会隔离，资产不足的人往往被排斥在这样高度集聚的商业中心之外。

历史遗存衰败，精神文化流失。现存的历史文化遗存没有得到很好的保护和利用，许多遗产无人问津，空间较为消极和破败。还有许多重要的历史及文化遗产已经不以物质的形式存在，相应的文化和传统的记忆也面临着逐渐消失的困境，在城市更新的设计中，唤醒城市记忆是对空间规划的重要挑战。

居住品质破败，教育熏陶缺失。徐州古城沿线是中心商业区和外围居住区的过渡带，周边散布的居住小区年代久远，空间环境品质较差，缺少足够的公共空间和必要的配套设施，建筑和绿化环境也亟待改善，在房地产开发的时代背景下，许多老旧小区改造困难重重，严重制约了当地居民的生活水平提升（图 7-11）。

此外，在历史变迁的过程中，由于黄河多次泛滥等自然原因，在古城内外形成了地势的高差，古城范围的标高为 32~34 米，而古城与黄河故道之间地区的标高为 37~40 米，二者之间所形成的高差也成为本次设计要重点解决的问题之一。

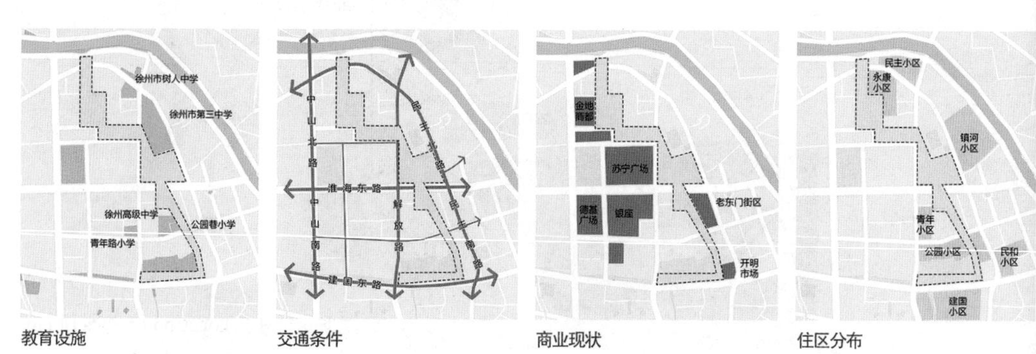

图 7-11　土地利用现状分析

四、基于市井文化的城市文化遗产活化策略

1. 徐州两汉文化中市井文化丰富且源远流长

两汉文化中，除了大气磅礴的王朝宫廷官署文化，如都城、陵墓、关道，市井文化更是斐然。古代人互通有无，最早是以物易物进行交换。《周易》所说的“日中为市”，是一种赶集式的小市，虽然有了货币和买卖，但这类小市是旷地而聚，市罢各散，仍然是一片空地，无建筑遗迹可寻。《管子 · 小匡》说：“处商必就市井。”尹知章注：“立市必四方，若造井之制，故曰市井。”《风俗通》说：“俗言市井者，言至市鬻卖当须于井上洗濯，令鲜洁，然后市。案二十亩为一井，今因井为市。”这是一种乡村草市。除了

在汉赋文献等有突出反映外，徐州等地的汉画像石都深刻生动地刻画了这些市井文化。市井与一些奢侈玩物的市井人物，在一些汉画像石中即有所表现。

当代，市井文化在城市更新中的作用不仅仅是历史遗产遗存的活化利用，更是在许多历史痕迹被破坏甚至完全抹去的条件下，作为城市的精神文化符号和意向融入当代的城市建设过程中。在市井文化的社会表现中，要考虑到其功能的多元性和人群的包容性，市井文化不仅仅代表了走街串巷的商业模式，更在人们的居住、休闲、游憩和文化生活中得以体现。在当代社会，市井文化是解决城市过度集聚、功能单一以及社会隔离的有效手段和创新途径。市井文化不同于高端的上流文化，强调社会各阶层、各职业、各年龄阶段群体的和谐共生，在设计中也是如此（图 7-12）。

2. 徐州古城市井文化不断丧失

徐州的历史十分悠久，从《禹贡》九州之一到尧封彭祖，徐州得名“彭

图 7-12　古城保护的理念和重要因素

城”，秦时期设彭城县，东汉时期始称“徐州”，此后在不同朝代的名称不同，后在清朝升为徐州府，民国时期，徐州曾是国家重点建设的八大城市之一。

徐州古城从古至今一脉相承，坐落于周边丘陵以及黄河故道所在的淮河水系的“十字”山水交汇带，黄河故道从西向东南方向环绕徐州古城的东北部，云龙山、户部山坐落于徐州古城南部，襟山带河，这里是自古以来的兵家必争之地，素有“五省通衢”的美誉。历史上，由于黄河的多次泛滥，徐州古城屡次被河水和泥沙所淹没，而一代又一代徐州人民在原址复建，造成了徐州现存的“地下城”遗迹的奇观。据考古和研究发现，徐州地下文物埋藏区集中于古城中心即彭城广场及周边地区，进一步说明徐州古城地区具有的历史价值和特色。

徐州古城及周边地区现存各级保护单位若干处，本地段研究范围内自北向南分别有徐州“五省通衢”牌坊、黄楼公园、徐州文庙、老东门历史街区、快哉亭公园及城墙和回龙窝历史文化街区等文物保护单位，可谓徐州历史文化遗存最为丰富的地区之一。虽然徐州古城墙基本上已消失殆尽，但纵观徐州古城及周边地区的城市肌理和建筑格局，基本上仍沿用了古城的格局，特别是“老东门”“后井涯”“回龙窝”等地方，仍然保留着徐州人的历史记忆。因此，本项目选取徐州古城东部历史遗存丰富、现状问题突出、更新潜力较大的区域进行更新设计（图 7-13）。

图 7-13　重要的市井文化空间 （摄影：于卓群）

在现状及规划中，许多历史遗存得到了保护，如黄楼公园成为人们休闲游憩的好去处；文庙街区规划成为特色商业街区；快哉亭公园绿化丰富、环境宜人，是中心城区最大的城市公园之一；回龙窝历史文化街区步行环境舒适、建筑风貌古朴，是近年来较为成功的改造项目。

着眼于徐州历史发展和城市定位，古城墙沿线区域应作为具有重要价值的历史文化要素进行整体保护、设计和开发，而现状历史遗存较为分散，在规划和设计中无论是功能上还是空间上都没有形成较好的联系和沟通，处于各自为政的状态，这就导致了整体效率低下、没有很好起到提升城市活力、提升综合价值的作用。

在城市更新中，历史文化要素作为一种非物质遗产，其资源属性和保护重要性越来越为人们所重视，关于这方面的研究较多。苗红培等（2015）曾对古城保护的公共性作出研究，指出当前的古城和其他历史遗产在保护的过程中往往缺少公共性，容易被资本侵蚀。此外，还提出应将历史遗产的保护和发展结合起来，实现公共利益的最大化。王子剑（2014）提出历史文化街区具有历史、人文、艺术、科学等多重价值，强调历史文化街区的保护不仅要注重建筑及城市肌理的保护，更要重视历史文脉和文化传统的传承，创造历史空间环境的社会复兴。杨山（2014）提出城市历史文脉的传承与复兴不仅能够帮助塑造城市品牌和特色，还能够提升城市活力，甚至创造财富，他提出在规划设计中可以采用整体规划的方式，也可以“以点带面”，通过历史节点带动整个片区，也可以“以线串点”，形成有机、连贯的城市空间。

市井文化作为城市历史文化中的重要组成部分，在许多城市都有不同的体现，如成都的宽窄巷子、北京的南锣鼓巷等，王天明（2019）指出市井文化主要是体现百姓生产生活、宗教信仰和审美习俗的文化，其构成基础是市井群体，这一群体不同于上流阶层，却在日常交往过程中形成了相对稳定的社会范式，具有大众性和世俗性的文化特点。鲍懿喜（2012）提出历史文化街区的“场所精神”就是一种市井生活，具体体现在餐饮、文创、客栈和演艺等多种空间形式上。

在当前的研究和建设中，理论层面的论述较多，实践领域的项目往往存在某种程度上的问题，一些历史文化街区保护的过程中资本的注入导致保护受到冲击。在历史文化街区开发的过程中，由于开发模式和开发主体的单一，往往造成“千篇一律”的现象，如各地不断涌现的仿古商业街、仿古建筑等，其业态和空间形态均类似，不仅毫无特色，也脱离了当地的现实条件，导致许多仿古街区经营状况并不理想。

徐州作为历史悠久的文化名城，其社会文化的积淀深厚，历史遗产遗存繁多，尤其是以汉墓体系和彭城遗址为核心的汉文化遗存最为珍贵。徐州利用汉墓遗产开发了多种形式的博物馆、展览馆和遗址公园，越来越成为徐州城市的“金名片”。反观徐州古城地区，同样具有丰富的历史遗存和资源禀赋，但在城市建设过程中“大拆大建”，几乎看不到历史文化的遗存。近年来随着遗产保护意识的增强，在中心区规划了一些历史街区，如“老东门”“老街坊”“回龙窝”等历史文化街区,但仍未实现真正的保护和创新，仿古建筑以及一些商业的注入被证明并不成功。

综上所述，在历史文化遗产冷落破败的今天，徐州中心城区亟须探索一条创新的保护—利用—发展的模式，以解决现实的社会空间问题，提高城市品质和活力。

五、总体设计——徐州市井文化的当代体现

1. 设计概念——市井文化的当代发扬

本次总体设计的范围是黄楼—文庙街区—老东门—快哉亭—回龙窝沿线及周边地区，重点设计地段为大马路片区、老东门片区和快哉亭片区、黄楼片区。

本次设计基于市井文化的视角，在徐州古城边缘，中心商业区与周围居住区的过渡地带打造功能复合、人群交会的市井文化带。市井文化带兼容并蓄，实现历史文化记忆带、市民生活服务带和生态乐活自然带三带交融、相互促进的设计目标（图 7-14）。

第一，故人不再，崇文重教的厚重文化还在。设计结合沿线一系列历史文化遗存和精神意向打造徐州历史文化记忆带，唤醒城市日渐消失的历史记忆，品味徐州千年积淀的传统文化，实现徐州特色的城市空间。

第二，街市不再，走街串巷的烟火气息还在。设计充分把握传统的市

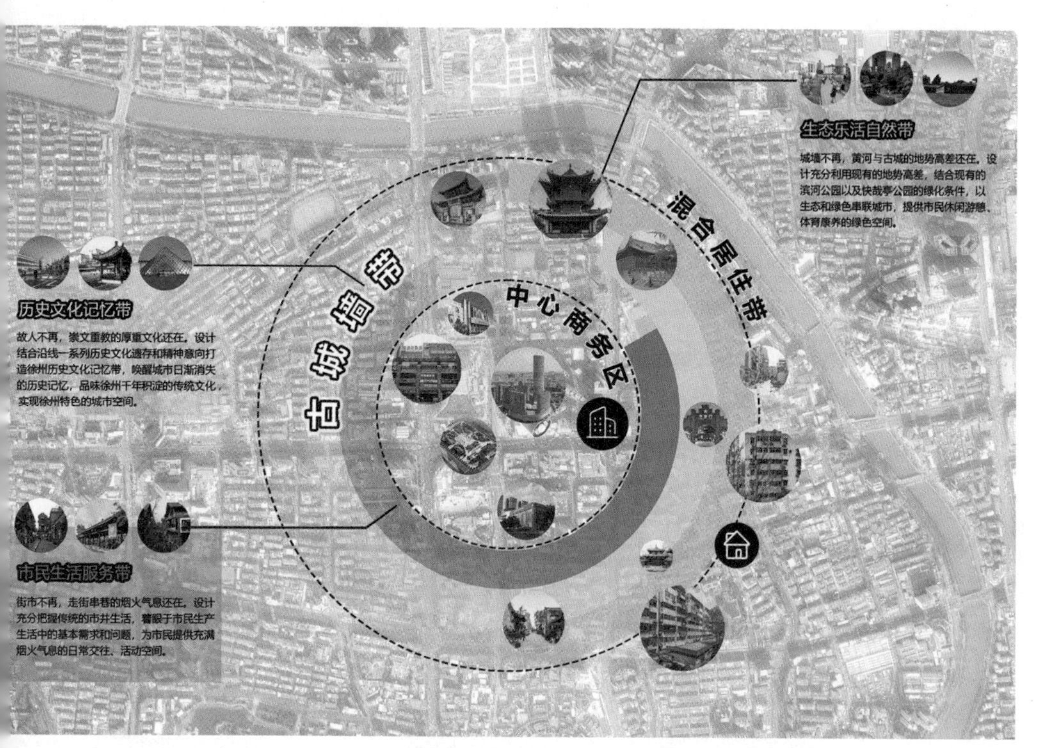

7-14 总体设计概念

井生活，着眼于市民生产生活中的基本需求和问题，为市民提供充满烟火气息的日常交往、活动空间。

第三，城墙不再，黄河与古城的地势高差还在。设计充分利用现有的地势高差，结合现有的滨河公园以及快哉亭公园的绿化条件，以生态和绿色串联城市，提供市民休闲游憩、体育康养的绿色空间。

2. 设计策略与问题解决

针对商业无序蔓延，公共空间萎缩，提出回归步行的城市公共空间，采用尺度宜人、空间连续的步行廊道系统，建立富有特色的商业活动空间，打造具有徐州特色的传统气息浓厚的商业街区；针对历史遗存衰败，精神文化流失，提出历史遗迹的活化利用和精神文化的复兴再造，具体体现在历史街区的综合提升、潜力文物的空间活化和市井生活的复兴重塑；针对居住品质破败，教育熏陶缺失，提出营造水绿交融的居住游憩空间和潜移默化作用的文化教育空间（表 7-1）。

表 7-1　城市设计策略

问题总结	应对策略	空间策略
商业无序蔓延，公共空间萎缩	回归步行的城市公共空间	尺度宜人、空间连续的步行廊道
	富有特色的商业活动空间	氛围浓厚、徐州特色的商业街区
历史遗存衰败，精神文化流失	历史遗迹的活化利用	历史街区的综合提升、潜力文物的空间活化
	精神文化的复兴再造	古代水域的精神意向、市井生活的复兴重塑
居住品质破败，教育熏陶缺失	潜移默化的文化教育作用	文化展示、文化体验、文化创造的教育空间
	水绿交融的居住游憩空间	绿化丰富、环境优美、康体活动的游憩空间

设计空间模式吸收市井生活的精神内涵，分为点（“井台”）空间、线（“市”）空间、面（“井”）空间，在市井空间的研究中，“市”主要指以临街的店铺为基础的街道空间，是人们步行、交易的主要场所；“井”在传统意义上指以自家宅院或居住性质的街道为基础的居住空间，引申为一系列承载不同功能的面状空间；“井台”是围绕水井形成的公共空间，在现代语境中可泛指一系列围合的或标志的节点空间，具体形式可以是树荫、广场、水池等多种形式，是公共交往和停留驻足最为集中的场所，是串接和点缀带状空间的重要因素。

基于历史文化记忆带、市民生活服务带和生态乐活自然带三带，将市井生活分为文化生活、商贸生活、绿色生活三条生活主线，分别突出历史文化体验、商业及社区服务和康体游憩功能。从文化创意、历史展示、图书阅览、学生活动和街头艺术等角度布置历史文化体验功能；从民宿青旅、传统饮食和集贸市场等角度布置商业及社区服务功能；从休闲漫步和体育活动等角度布置康体游憩功能（图 7-15，表 7-2）。

3. 总体空间设计

在上述研究及策略应对的基础上，提出本地段的空间设计。设计重要节点区，自北向南分别是黄楼公园片区、文庙片区、大马路片区、老东门片区、快哉亭片区以及回龙窝片区，整体采用连续而富有变化的步行体系串联不同节点，形成整体性的城市廊道。

在重点设计的大马路片区、老东门片区和快哉亭片区采用“快线 + 慢线”

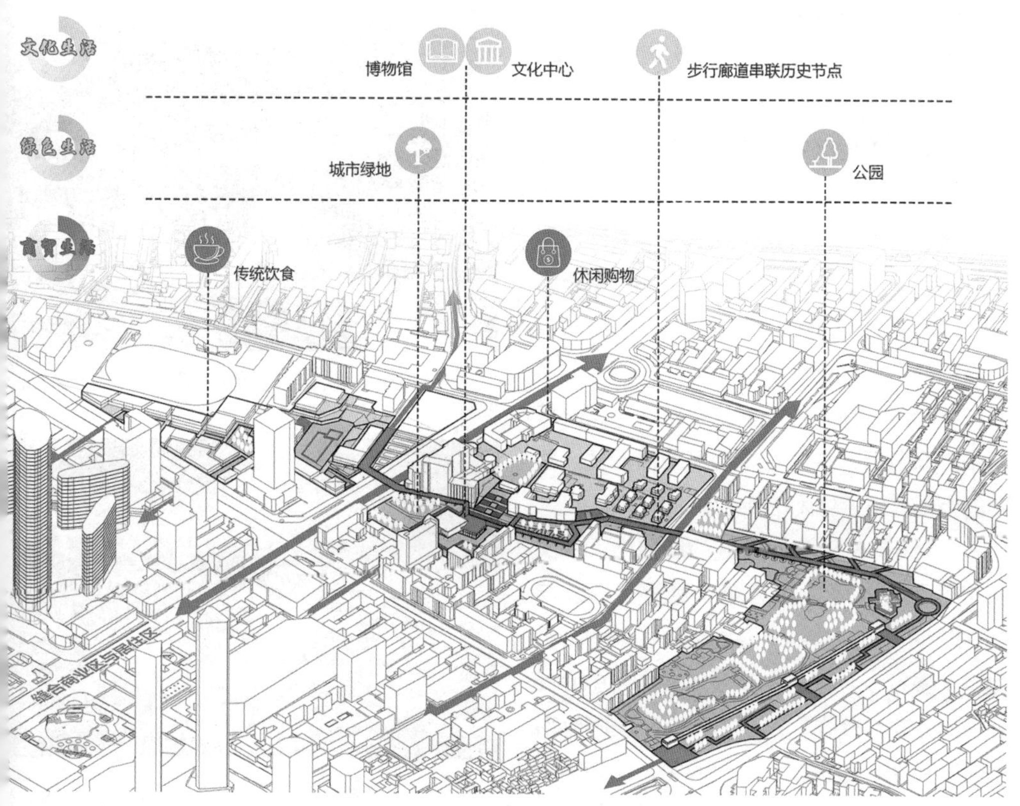

7-15　总体设计策略

表 7-2　3 种空间与功能定位

		“市”空间	“井”空间	“井台”空间
商贸生活	民宿青旅	沿街的胶囊旅馆、青旅	民宿院落	
	传统饮食	沿步行廊道的当地小吃		
	集贸市场	沿街的店铺招牌		
文化生活	文化创意		艺术家工作室、文创工坊	
	历史展示	沿街的历史展廊	博物馆、文化展览馆	围绕历史文物的开放空间
	图书阅览		书店、图书馆	
	学生活动		学生活动、社区中心	
	街头艺术	街头涂鸦、雕塑		开放的舞台、演出
绿色生活	休闲漫步	绿色步道		露天绿地、广场
	体育活动	城市跑道、自行车道	城市活力运动场地	

的设计手法，结合现有高差，将“快线”布置在上层空间上，“慢线”则位于下层空间。“快线”主要供市民进行骑行、跑步等运动，以及为到访该地区的游客提供了纵览全局的视角，步行其上，整个徐州古城墙的走势和文化气息尽收眼底，整个“快线”局部利用地形建造于地面，局部采用支撑体系架于空中，穿行其中充满惊喜和趣味。“快线”采用高架的形式穿越两条城市道路——淮海东路和青年路，使人们能够从快哉亭一路步行至中心商业区，也为在中心商业区消费、购物的市民提供了休闲的新选择。

“慢线”位于高程较低的线路上，从文庙街区引出，可以步行至快哉亭公园。与“快线”不同，“慢线”为周边居民及消费者提供了慢行、游憩的全新模式，作为中心商业区的补充，“慢线”串接了不同的历史节点，融合了商业、博物馆、社区服务、绿地等多种功能，步行其中，可以慢慢感受徐州古城的历史变迁以及融合了传统与现代的市井生活。

世界大城市越来越开始注重空中立体线性公共廊道的设计供给（图 7–16）。

市井文化带的总体空间设计“快线”与“慢线”交相辉映、有机联系，通过历史节点、步行街区、绿地系统完成城市的织补，成为徐州中心城区的新地标（图 7–17~图 7–19）。

首尔火车站前的高线走廊设计：既是交通线路，又是公空间

一条积极的高线廊道

成为火车站地区的一道亮丽的风景线和精细的功能要素

图 7–16　首尔火车站前的高线公共廊道

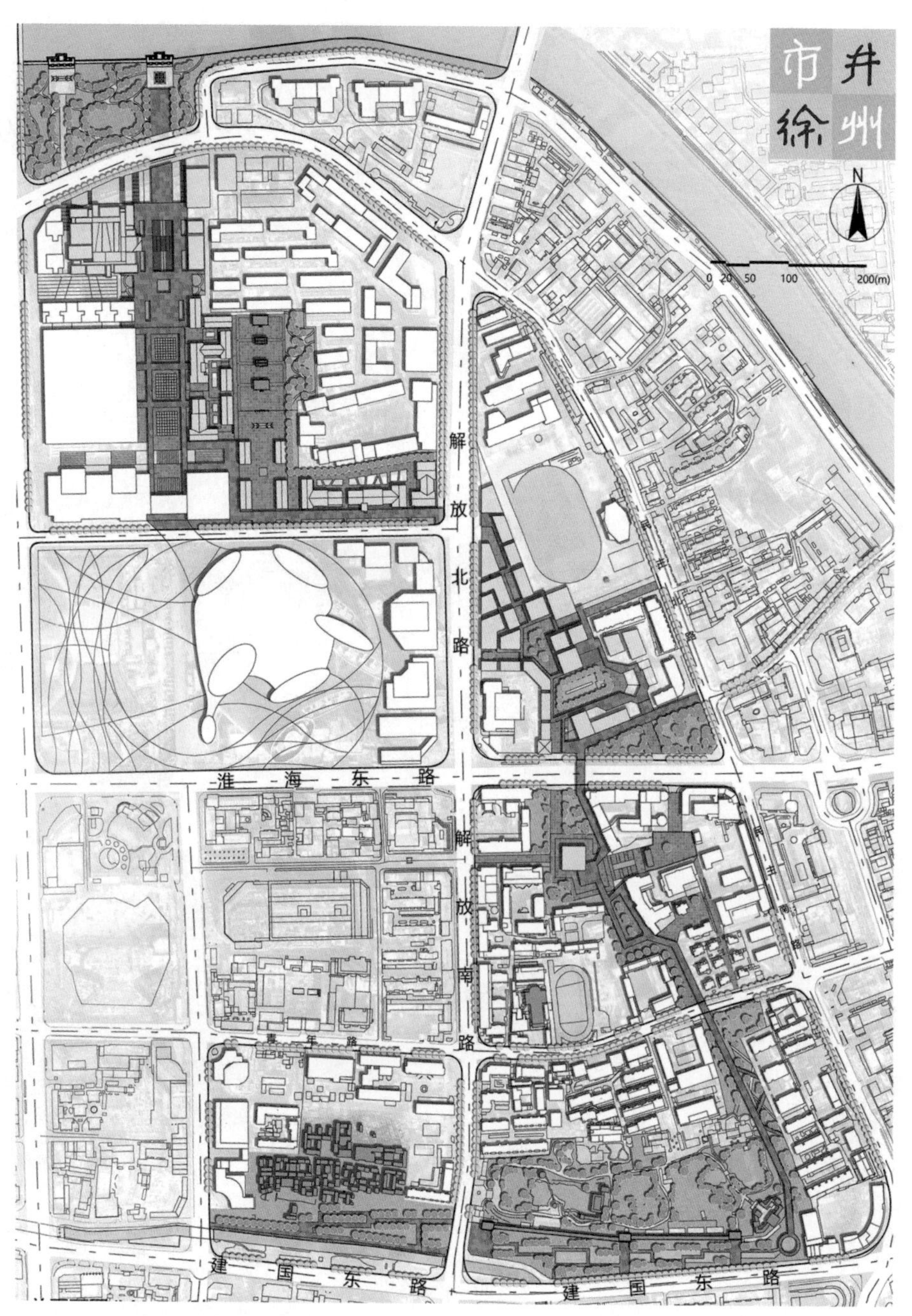

图 7-17 触媒式设计总平面图

图 7-18　城市设计总体效果图

“高低线设计”策略在本地段——徐州回龙窝街区一带得以精彩实践

高低线”廊道与历史街区相呼应

不同视角不同层级的高低线

合了古城门的符号化设计

凸显了古城墙文化遗产

7-19 “高低线”结合河流、古城墙和地形高差以及道路的设计

六、重点地段设计

1. 大马路片区

大马路片区位于苏宁广场正东侧，由解放北路、民主北路和淮海东路所包围，北侧紧邻徐州市第三中学，东临镇河小区，地铁一号线从地段穿过。该地块距离中心商业区最近，同时承接文庙历史街区，南部连接老东门街区，地理位置和交通区位十分重要。

该地段现状条件较差，未能很好地起到沟通东西、承接南北的作用，规划中这片地区将成为中心商业区外围的步行历史街区，“快线”由老东门街区向北延伸至该地段，在该街区以二层廊道的形式向北延续，同时由于地势高差的存在，延伸在地面上的“慢线”自然形成了下沉的效果，整体空间古朴简约，尺度宜人，充满趣味。

该地块主要功能定位于“商业与社区服务”，沿着主要的步行轴线和二层廊道形成开放的沿街店铺和公共活动中心，用以展示和销售徐州本土的特产及小吃，公共活动室主要面向周边居民以及学生，大街小巷，门庭若市，老少儿童，怡然自乐，仿佛徐州历史上走街串巷的烟火气又重现在眼前（图 7-20、图 7-21）。

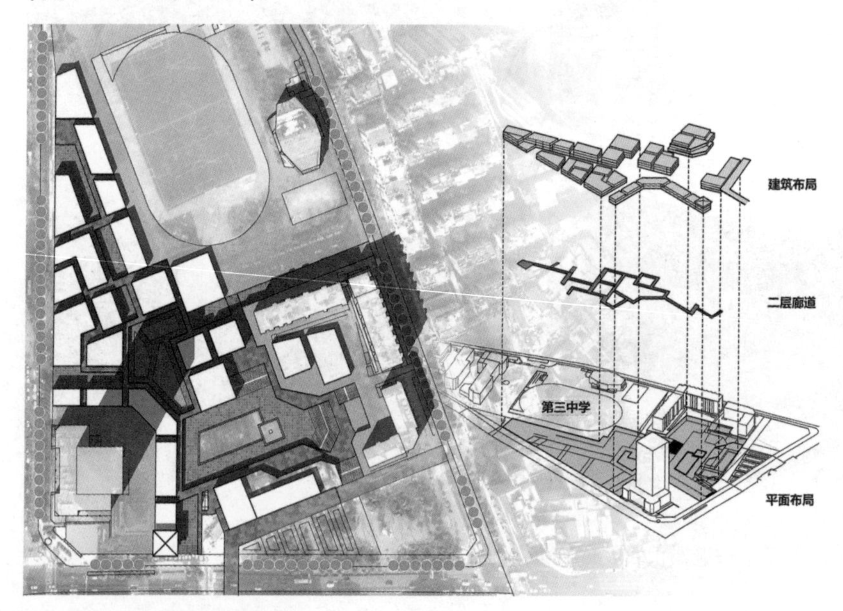

图 7-20　大马路片区城市设计

高线廊道设计

低线廊道设计

珍广场与绿地生态设计

结合地形高差的设计

图 7-21　大马路片区局部效果图

该地块的建筑设计采取组团 + 切割的模式，沿着主要流线形成空间序列，二层及以上的部分切分成小体量的模块，便于经营和使用。二层廊道遍布于建筑间、广场旁，整体风格采用“新古典”的模式，用现代的材料和建造体系以及单坡顶的形式与传统街巷的肌理相融合，不同于传统的仿古也不是一味地标新立异，用这样一种方式回应场地周边的大体量商业建筑并唤醒人们的历史记忆。

场地中心的广场顺势而建，层叠错落的立面环绕广场，形成人流及视线的交会之所，中央的水池和喷泉，四周的台阶均可停留小坐，充分体现了记忆中“井台”边的社会交往的景象，以“润物细无声”的方式唤醒了历史的场所精神。

2. 老东门片区

老东门片区是以老东门历史街区为主的城市片区，北至淮海东路，东至民主南路，南至青年路，西部大概位于今“后井涯”胡同附近。该地段得名于徐州古城的东城门，位置大概在今天的人民舞台附近，现今已经看不到东城门的痕迹，但正对着东城门的大同街，古称“东门大街”，是正对着东城门的主要道路，钟鼓楼就坐落在这条大街上，与老东门地区相互对望。

东门在明洪武年间重建徐州城时，称为“河清门”，取“黄河水清、水患消除”之意；万历年间，重修后改称“明德门”；崇祯年间再次重修后仍称“河清门”，人民舞台位置曾出土崇祯年间的“河清门”石匾；清代沿用。门内为东门大街，现名大同街。

老东门历史街区在几年前被开发为特色商业街区，但由于商业业态同质化过于严重，所以经营状况与苏宁广场为代表的商业综合体相比并不理想。老东门历史街区中保留着大量民国时期的建筑遗存，建筑风貌独具特色，是中心城区不可多得的历史街区，这些建筑应得到进一步的保护、修缮、展示和利用。

老东门历史街区西侧是“后井涯”胡同，古称“后井沿”，后演变而来，据考证，这条巷子是徐州古城脚下的市井街巷，今日的走向和位置与过去几乎没有变化，是古城范围内重要的街道遗存。而现状不佳，交通堵塞，建筑破败，成为被城市遗忘的消极空间。

该地块设计的主要任务是以“老东门”和“后井涯”为代表的历史街区和城市肌理的活化利用、复兴改造，形成徐州古城保护体系中的重要节点。主要功能定位于历史文化的展示与体验，通过东门博物馆和东门文化中心作为触媒，带动起整个片区的整体提升。

该地段在设计中基于后井涯的走向和两侧的高差，结合古代东城门的位置和现存的一段古城墙的遗址，自北向南打造东门博物馆、东门文化中心、城墙口袋公园以及水幕展示墙，并与“快线”和“慢线”交织融合，形成连续、富有层次的空间体系。

东门博物馆与东门文化中心作为地段的标志性建筑，东望钟鼓楼，西面老东门历史街区，并将东门文化中心的屋顶平台与“快线”走廊连接起来，形成市井文化带上的一个重要节点。博物馆与文化中心的设计采用对比的手法，博物馆沉稳厚重，文化中心现代活泼，二者体量穿插，内部连通，历史文化与现代生活在这里交织、碰撞，为城市生活带来全新的体验（图 7-22~ 图 7-24）。

寂静的后井涯之夜

后井涯街在夹缝中

后井涯街道

从后井涯到老东门之间的显著地形高差

老东门的标志

图 7-22　从后井涯街到老东门（摄影：于涛方、于卓群）

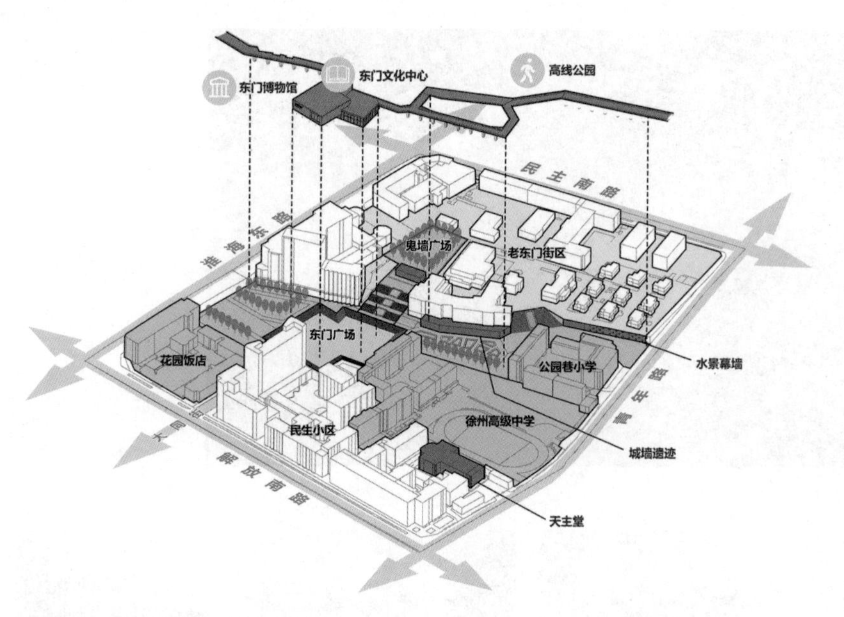

图 7-23　老东门片区城市设计

袖珍广场的设计

标志文化中心与高低线结合设计

结合自然的低线设计

结合公共空间的高线设计

图 7-24　老东门片区局部效果图

3. 快哉亭片区

快哉亭片区位于徐州古城的东南角，被解放路、民主南路和建国东路包围，该片区以现有的快哉亭公园为主体，涉及开明街两侧以及城墙南侧。快哉亭公园南部被城墙分隔，该城墙虽为20世纪复建的，其位置和走势却基本与古城墙一致，以城市更新和发展的视角来看，该城墙也具有保护和利用的价值。城墙南部是徐州花鸟市场旧址，已于若干年前进行拆除，花鸟市场也搬迁至市郊的综合性商贸中心，体现了城市发展过程中由于土地价值的变化和功能利用的需要，对于传统市场的态度。虽然如此，花鸟市场在和周边居民多年的相互作用下，已经形成了特定的文化意象，人们在这里喝茶聊天、散步闲逛，各种新奇物件和花鸟鱼虫，已经成为周边市民的精神寄托和空间记忆。

快哉亭片区面临的主要问题是历史悠久的快哉亭公园由于城墙和居住小区的阻隔，形成较为封闭的空间状态，与城市的连接和人群的可达性较差，周边的居住区也不能很好地利用快哉亭公园的绿地资源。作为历史遗存的城墙被包围在建筑中，无法展示历史古朴的城市界面。

针对上述问题，快哉亭公园的设计主要围绕“开放与连接”展开，首先打通公园与东部开明街的联系，并且在城墙南部规划城墙遗址公园，将城墙展现给城市，最后，通过“快线”廊道打通与东部居住区的联系，人们登上廊道可以一览快哉亭和古城墙的风貌，向北可以到达老东门街区，向东沟通居民区，形成生态绿色共融的人居环境。将奎河的盖板打开，引河水串联城墙公园，形成水绿交融的步行体系（图7-25~图7-27）。

快哉亭外的开明街

图7-25　设计地段的主要空间现状（摄影：于涛方、于卓群）

快哉亭公园内景

品质不断恶化的快哉亭一带

老城墙之外的混乱空间

公共空间被侵占

快哉亭古建筑

快哉亭公园面临升级改造的机遇

图 7-25 （续图）

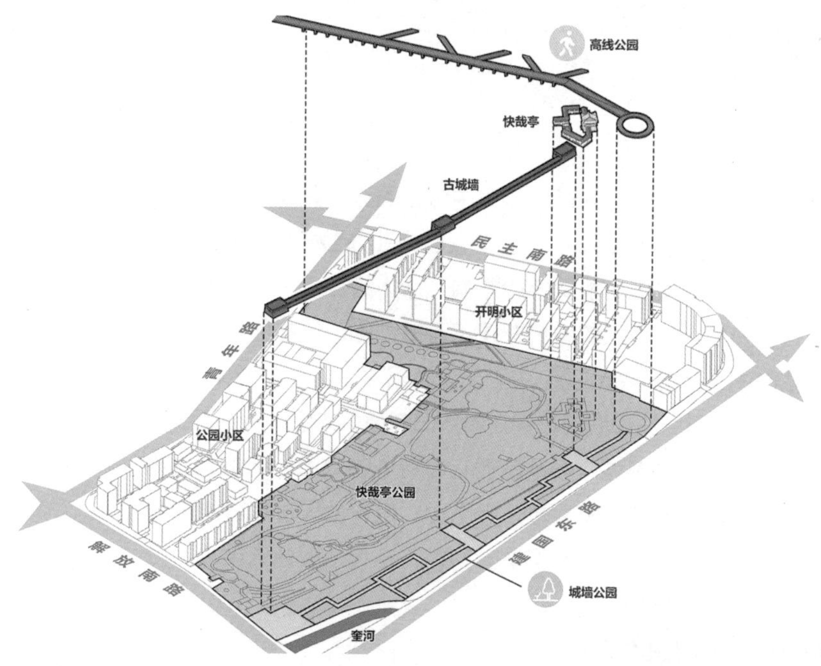

图 7-26　快哉亭片区城市设计

呼应城墙的设计

高线—低线连接的设计

结合水域生态的高低线设计

结合文化遗产的设计

图 7-27　快哉亭片区局部效果图

4. 北部彭城广场片区

长久以来，彭城广场片区作为区域行政中心为周边地段注入了源源不断的发展动力，慢慢聚集了商业、文化、教育等复杂产业，成为徐州市的经济、文化、政治中心。虽然受城市功能调整的影响，徐州的行政职能逐渐转移至新城区，但其作为城市核心区的地位却是不可撼动的。这样的背景意味着该地区具有城市核心区的普遍问题：由于历史背景复杂，发展时间较长，更新换代频繁，彭城广场周边地段明显存在着新旧交替带来的种种问题。

占据城市绝对核心区的彭城广场地段拥有着特殊的政治、经济、文化地位，内部标志性要素也足够丰富，具备吸引力。但该地段也有着城市中心区发展过程中所面临的普遍性的新旧交替问题，在其内部建筑要素、公共空间和道路交通上都有所体现。

1）建筑要素分析及问题总结

彭城广场地段内部功能混乱复杂。作为千年来徐州市的行政中心，目前地段内部仍然保留着部分政府和国家企业的办公机构，包括徐州市国税局办公区、国家电网办公区、徐州勘察设计中心和徐州供电公司，还有鼓楼区税务局和黄楼街道办事处。

改革开放以来商业建筑的进驻几乎全部占据了彭城广场周边的城市核心区。金鹰购物中心和彭城壹号这两座大型商业建筑进驻较早，目前虽仍是徐州市中心城区主要的商业建筑，却已经开始显露出疲劳和老旧之态。彭城广场旁的苏宁广场于 2016 年落成，最高的一个塔楼高达 286 米，全玻璃面的设计尽显现代城市风貌，已然成为徐州市不可忽视的地标性建筑物。此外，地段内部还有许多服务对象与前几座大型商场不同的大、小型商业建筑，包括美食广场、快捷酒店等，这类建筑一般修建年代较久，且品质不高。

地段内部仍留有较大片的居住建筑。其中占地面积最大的为永康小区，1999 年建成，使用年限已超过 20 年，为多层住宅，建筑老化明显且配套设施不足。由于处于城市中心区，与居民日常生活保持相对安静和隔绝的环境需求相矛盾，小区基本被栏杆和围墙包围；因为处于寸土寸金的城市中心也没有保留绿化、休憩空间的余地，除了生活便利之外，居住体验可能并不良好。永康小区北边的府城阁以及滨河的民主小区为 2010 年后建成，均为高层建筑，使用年限较短，建筑现状较好。

地段中心曾经是徐州二中所在地，目前已经拆除。徐州文庙即位于徐州二中内部，未来将会建成文庙步行街区。地段内部夹河东路南曾经的服务社楼现出租给徐州三中，作为其高三学生的教学楼；另外，徐州市树人初级中学也位于此处，是一所优秀的民办中学。位于夹河路北的民主路小学是一所三星级实验小学，也是地段内部重要的教育资源之一。

如何处理地段内部功能混杂的问题，使不同片区发挥其功能和优势，是彭城广场地段也是多数城市中心区改造更新面临的难题之一。另外，地段内部也呈现建筑体量和高度差异悬殊，建筑年代差别大、质量不一等问题。可以看出目前地段内部割裂严重，新旧建筑矛盾逐渐凸显。

2）公共空间分析及问题总结

作为城市中心城区的彭城广场地段，其公共空间的塑造是极为关键的。现阶段我们所看到的地段内部公共空间主要有彭城广场、黄楼公园以及地段中心商业建筑之间的围合空间。其中，彭城广场作为全省最大的城市中心广场，南北长 400 余米，东西宽约 250 米，面积近 10 万平方米，绿地率达到近 70%。但四面均被城市道路包围，可达性并不好；再加上城市广场本身功能性不强，导致了对外吸引力不足的问题，难有人气。

地段北部故黄河滨河空间目前是徐州市故黄河公园的其中一段。作为徐州市委、市政府大力推行的综合治理工程，故黄河公园的游览体验良好，环境宜人。在该地段的滨河空间还包含了另一个小公园黄楼公园。由于历史上这一地区饱受黄河的侵袭，频繁的水患和治理水患的轮回使滨河地区海拔高出了近 3 米。除了高差问题，紧贴公园的黄河南路也影响了公园的可达性，造成了与外部的物理隔绝，导致地段内部形成了相对割裂的局面；黄楼这一文化遗产难以彰显，也难以与地段南边的文庙、彭城广场呼应联系。

地段中心彭城壹号和 1818 美食广场之间目前有一块未进行建设的空间，现在的利用模式是四面建起围墙，围成了停车场。这种模式相对消极，对地块的氛围构建没有起到积极的作用，反而阻断了内部连通性，对市民的步行体验也产生了严重的消极影响。

3）道路交通分析及问题总结

作为城市核心区的彭城广场地段内部道路体系相对完整。其中城市性交通道路有三条，由北到南依次为黄河南路、夹河东街和河清路；此外为满足交通需求地段内部还有几条没有名字的生活性道路。道路占用严重是地段内部道路目前存在的主要问题之一。密集分布的餐饮店吸引着大批的外卖配送员，此外该区域非机动车也是重要的交通手段；大量的电动车、自行车几乎占满了人行道，迫使商场在门前的道路设置了围栏，大大降低了通行效率和体验。另外，地段内部的道路多为人为围挡起来的小巷或商业建筑之间的小路，占用情况严重，道路品质较低，步行体验较差。

城市中心区混乱复杂的道路系统对城市体验造成了严重的负面影响，也在地段内部形成了严重的阻隔，大大降低了区域内的连通性和通行的便捷性。

4）整体性策略：一轴两线

（1）延续城市中心地位，融合城市门户定位

彭城广场周边地段从古至今一直是徐州市的政治、经济、文化中心，这一地位直到近几年城市功能重新划分，政府机关逐渐搬迁后才有所改变；这也符合城市中心区发展的普遍规律和路径。曾经的政治、经济、文化中心，随着功能的逐渐单一化，地段内商业建筑的数量和体量都急剧膨胀。可以预见，未来地段仍然对于全市甚至周边城市都具有强大的商业辐射力和吸引力。在市民眼中，地段原有的城市中心的地位长期内是不会动摇的。

地段功能和建筑体量的变化并没有改变徐州市自明清以来形成的城市格局，历史城区依然保留着原有的轴线体系，以彭城路及其周边为中轴线，串联起黄楼、西楚故宫、鼓楼、回龙窝历史地段，延伸至户部山历史文化街区、状元府历史文化街区和云龙山历史地段。在未来发展过程中，徐州市的城市形态仍应保持这一形成已久的典型历史格局。虽然曾经的建筑大多已经在城市更新的过程中被替换，但该中轴线所承载的功能和意义仍应该体现在城市形态上。保留彭城路历史城区中轴线，恢复老南门，显现历史城区中轴线的历史位置。同时，轴线两侧建筑应与所在地区的历史风貌相协调，控制建筑高度和建筑形式，强化轴线效果，重点绿化。同时强调城市景观视廊的构建，展现山水城林交融一体的景观特色。临近徐州站和徐

州北站两座区域性交通枢纽的地理位置带来了源源不断的游客群；便利的交通条件使得游客大多会选择在此地居住。这样的城市中心区域同时成为城市的门户。这就要求地段除了满足城市中心区一般所需提供的功能之外，还要能够彰显城市魅力，留下关于城市的美好印象。

（2）激活文化要素，平衡古今气质

历史文化是彭城广场地段最突出、最重要的标签，地段内部也存在着黄楼、文庙等重要的标志性历史建筑。但在历史演进和城市发展的过程中，这些标志性要素逐渐被建设的滚流掩埋，成为现代城市高楼大厦中十分不起眼的存在。在此类地段城市更新过程中，要重点考虑让这些标志物重焕光彩，成为区域乃至城市内部的有力吸引点，为地段注入现代气息以外的强有力的旋律。

在徐州市中心城区更新发展的过程中，文庙、黄楼这样的历史悠久建筑和标志性要素以保护为主，历史年代较短的历史建筑在不影响地区面貌的情况下，进行更新改造性利用，其他老旧、代表性不强的建筑则可以拆除新建。在充分研究原有建筑风格、城市风貌的基础上，结合遗存建筑，进行适当的扩建和新建。

地段现阶段存在严重的新旧矛盾。理解、分析、提炼现状建筑，尤其是历史建筑文庙的特点与风格，在地段内改造和新建建筑时，考虑风格、体量、高度、色彩上均与其相适应。同时也要考虑到现代城市的客观需求，不能一味地学古、仿古，从而达到平衡区域气质，缓解地段内部不和谐的现状的目的。

（3）自然引进城市，城市融入自然

山水环抱的徐州城市格局，是中国古代人们追求城市与自然和谐的观念体现与实践结晶，流经地段的故黄河就是徐州山水格局最重要的两条河流之一。历史上黄河的频繁泛滥使人民饱受苦难，甚至多次造成灭城之灾；城市在水灾与治水中生存，也产生了深厚的治水文化，留下了许多治水的传说和故事。新中国成立后，在党和政府的领导下，在人民的艰苦奋斗中，故黄河的水患基本在 20 世纪 50 年代被控制住。改革开放后，为了彻底变水患为水利，徐州人民又开始了对黄河故道的整治和改造工程。如今呈现在我们眼前的，已经是环境宜人、生态适宜的故黄河公园，成为徐州市重要的风景旅游带。

徐州人民近千年来与黄河拉扯和抗争的故事为如今的故黄河增添了人文精神的色彩；也是“自然引进城市，城市融入自然”在城市建设实践中的投射。这一地段内部的优势还可以更好地发挥出来，目前，故黄河公园这一自然要素与城市中心区联系还不够紧密，打通二者之间连接途径可以让城市与自然更好地融合。另外，还可以在建设区有机地进行自然要素的植入，形成区域内部的绿色网络，建设宜人的城市中心区。

5）应对策略

（1）建筑策略

历史建筑文庙，现存仅大成门和大成殿位于刚刚拆除的徐州二中校区内，对它的态度是保护为主，修复现有的两座建筑，同时复原其原有的完整格局。

在寸土寸金的城市中心区进行城市改造，发掘机会空间，需要对现有的建筑进行合理的拆除和改造。为了还原徐州市经典的彭城广场轴线，对阻挡轴线视廊的建筑均选择了拆除，主要涉及彭城壹号和 1818 美食广场两栋体量较大的建筑；另外，为满足小组内方案构建徐州市井轴的需要，将老东门历史地区与文庙历史街有机连接的过程中所涉及的一些建筑进行拆除和重建。此外，地段内部现状较差、严重影响城市风貌的建筑也选择了拆除重建。

新建建筑要满足整体性策略中关于平衡古今气质的要求，在建筑形式、体量、色彩上都应有所考量。文庙周边建设具有中国古代建筑特色的低层商业建筑，在建筑形式上与文庙呼应，在功能上与周边的大型商业建筑呼应，使文庙与城市中心区更好地融合。地段北部则建设一些大型公共和商业建筑，赋予文化展示和旅游服务的功能，满足城市门户功能的需求。

（2）公共空间设计

城市中心区公共空间的塑造是至关重要的。地段内现有公共空间建设和使用情况一般，在规划设计中更要注重打造良好宜人的公共空间环境，并与周边的建筑要素相互呼应连接。为强化历史城区轴线格局，衔接过渡中心地段的大型商业建筑与文庙街区小型仿古建筑，在地段中心架设起二层的连廊，构建起立体的步行系统，同时拓展了可用的室外空间。站在南部的连廊上远眺北部的黄楼，形成了良好的观景体验，强化了黄楼与其他建筑、公共空间之间的联系。现阶段彭城广场与周边建筑相对独立，后续设计中应打通其与周边尤其是苏宁广场之间的联系，让城市绿地真正融入城市、融入市民生活。另一方面宜人的小型开敞空间在地段中也是必要的，主要铺设在地段东侧与现有居民区邻近的地方，起到了与中心闹市区相互隔绝和过渡的作用，一定程度上保障了居住区的生活环境，同时也部分解决目前居民区缺少休闲休憩绿地的现实问题（图 7–28）。

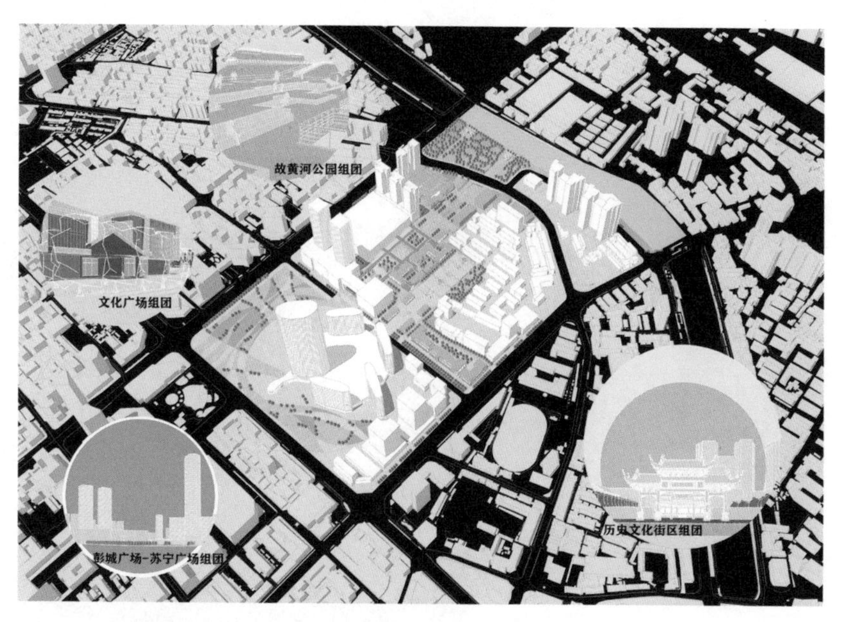

图 7–28　黄楼—文庙片区公共空间塑造设计示意

本设计研究综合了历史文化保护的相关理论与实践，充分考虑徐州城市发展需要和地段属性，解决了城市更新中的重要问题。将市井文化作为历史文化保护中的抓手，不仅注重现有历史文化遗存的保护、活化和利用，更注重发掘地段在历史变迁中积淀下来的文化内涵；将精神属性融入设计中去，不仅创造了怡人的空间环境，更唤醒了城市的场所记忆，塑造了古今融合的新市井生活。不同于以往局限在某个地块、某个街区的设计思路，在设计中从整体性的视角出发，统筹城市不同要素，提出城市渐进式更新的策略，以线串点，以点带面，通过先行区域的更新唤醒市民的保护意识，带动其他街区的城市更新。由于历史遗迹的分布特点以及现状条件的可实施性，本设计的范围仅涉及徐州古城墙东部地区，但徐州古城作为一个整体，是城市发展的见证，具有很高的保护和利用价值，由于古城墙西部地区住宅密度较高，现存遗迹较少，更新的难度较大，然而现状条件的恶劣正说明了更新改造的迫切性，在未来的规划中，建议将古城西部地区纳入统一的保护范围。与东部地区不同，西部地区也需要根据自身禀赋，找到自己独特的发展路径，以一种更为抽象、简洁的方式呈现出徐州古城的面貌。

参考文献

[1] PEACOCK A, RIZZO I. The heritage game: economics, policy, and practice [M]. New York: Oxford Press. 2008.

[2] CULLINGWORTH B, NADIN V, HART T, et al. Town and Country Planning in the UK [M].London: Routledge, 2015: 327−338.

[3] AMIRTAHMASEBI L G. The Economics of Uniqueness: Investing in Historic City Cores and Cultural Heritage Assets for Sustainable Development[C]. World Bank Publications, 2012.

[4] LYNCH K, LYNCH K, KEVIN M L, et al. The Image of the City[J]. Cambridge Mass, 1960, 11(1):46−68.

[5] MLADEN OBAD ŠĆITAROCI M O, OBAD ŠĆITAROCIANA B B O, MRĐA A. Cultural Urban Heritage:Development, Learning and Landscape Strategies[M]. Berlin: Springer, 2019.

[6] LICHFIELD N. Economics in Urban Conservation[M]. Cambridge: Cambridge University Press, 1988.

[7] 巴安，埃斯科诺德，麦格纳森，等 . 丹麦哥本哈根超级线性城市公园 [J]. 风景园林，2014(2):52−61.

[8] 边兰春，陈明玉 . 社会 − 空间关系视角下的城市设计转型思考 [J]. 城市规划学刊，2018(1):18−23.

[9] 蔡小沪 . 国外历史地段保护的资金运作模式研究 [D]. 杭州：浙江大学，2008.

[10] 曹昌智 . 经济新常态下的历史文化名城保护 [J]. 中国名城，2015(6):4−8.

[11] 常海青 . 西安城市轨道交通规划文物影响评估研究 [D]. 西安：西安建筑科技大学，2013.

[12] 陈利顶，孙然好，刘海莲 . 城市景观格局演变的生态环境效应研究进展 [J]. 生态学报，2013，33(4):1042−1050.

[13] 陈天 . 国土空间规划视角下的总体城市设计方法思考 [C]// 中国城市规划学会，重庆市人民政府 . 活力城乡 美好人居：2019 中国城市规划年会论文集（07 城市设计），2019:122−130.

[14] 程思佳，于涛方，吴唯佳 . 西方发达国家的国家纪念地述论：以英美法为例 [J]. 中国名城，2019(4):86-96.
[15] 仇保兴 . 城市化过程中的历史文化名城保护 [J]. 现代城市研究，2006，000(011):4-9.
[16] 崔志元，金左泉 . 铜山县志（道光辛卯年版）[Z]. 徐州：铜山县衙府，1831.
[17] 戴宁蔚，沈山 . 徐州市中心城区大型商业综合体空间分布与集聚特征 [J]. 国土与自然资源研究，2018(6):1-4.
[18] 单峰，刘朝晖，韩笑 . 总体城市设计核心内容及核心技术方法应用：论总体城市设计中的特质空间表达 [J]. 规划师，2010，26(6):9-14.
[19] 单霁翔 . 城市文化遗产保护与文化城市建设 [J]. 城市规划，2007(5):10-24.
[20] 单霁翔 . 大家手笔：让文化遗产活起来 [EB/OL].（2019-05-17）[2021-10-01]. http://theory.people.com.cn/n1/2019/0517/c40531-31089403.html
[21] 段文，魏祥莉，余丹丹 . 文化创意引导下的历史文化街区保护更新：以北京杨梅竹斜街为例 [C]// 中国城市规划学会、贵阳市人民政府 . 新常态：传承与变革：2015 中国城市规划年会论文集（08 城市文化），2015:14.
[22] 方彭，孙峻岭 . 论总体规划阶段城市设计的意境和内涵：以徐州市为例 [J]. 城市规划，1999(9):61-63.
[23] 付强 . 城市历史景观的场所特质分析及构建方法研究：以徐州市老东门时尚街区设计为例 [J]. 华中建筑，2016，34(4):88-91.
[24] 艮迪 . 地下的汉朝之地宫探秘 [J]. 文明，2005(10): 100-121.
[25] 顾江 . 文化遗产经济学 [M]. 南京：南京大学出版社，2009.
[26] 顾鸣东，葛幼松，焦泽阳 . 城市风貌规划的理念与方法：兼议台州市路桥区城市风貌规划 [J]. 城市问题，2008(3):17-21.
[27] 郭明卓 . 融合城市肌理　传承历史文脉：南越王宫博物馆的建筑设计 [J]. 建筑学报，2014(11):55-57.
[28] 韩建业，陈曦 . 北京市地下文物保护现状与对策研究 [J]. 北京联合大学学报（人文社会科学版），2011，9(4):57-62.
[29] 和红星 . 城市复兴在古城西安的探索与实践 [J]. 北京规划建设，2005(6):102-105.
[30] 胡建新，张杰，张冰冰 . 传统手工业城市文化复兴策略和技术实践：景德镇“陶溪川”工业遗产展示区博物馆、美术馆保护与更新设计 [J]. 建筑学报，2018(5):26-27.
[31] 黄留珠 . 周秦汉唐文明 [M]. 西安：陕西人民出版社，1999:1-5.
[32] 金雪丽 . 韩国庆州历史景观保护的经验与启示 [D]. 西安：西安建筑科技大学，2013.
[33] 林奇 . 城市意象 [M]. 北京：华夏出版社，2011.

[34] 李和平，薛威．历史街区商业化动力机制分析及规划引导 [J]. 城市规划学刊，2012(4):105-112.
[35] 李晓楠．地域文化在城市设计中的利用与展示 [J]. 江苏建筑职业技术学院学报，2014，14(3):4-6.
[36] 梁禄全，于涛方．2000 年以来国外城市规划研究热点与进展 [C]// 中国城市规划学会、杭州市人民政府．共享与品质——2018 中国城市规划年会论文集（04 城市规划历史与理论），2018:13.
[37] 梁勇，李银德．徐州市东郊陶楼汉墓清理简报 [J]. 考古，1993(1):14-21，98-99.
[38] 刘迪，杨保军．地方本土文化下的城市设计方法探索：以江西永丰县城总体城市设计为例 [J]. 城市规划，2017，41(9):73-80.
[39] 刘珊珊，夏海山，盛强．城市地下空间开发中的考古遗址保护策略初探：以徐州彭城广场地铁站地下交通枢纽工程为例 [J]. 华中建筑，2017，35(11):54-58.
[40] 刘玉芝，李银德，边策．汉楚都彭城营建研究：以楚都彭城与楚王陵墓营建为例 [J]. 徐州师范大学学报（哲学社会科学版），2010，36(3):79-84.
[41] 刘照建．徐州东洞山汉墓相关问题研究 [J]. 中国国家博物馆馆刊，2019(3):23-34.
[42] 刘志远．汉代市井考：说东汉市井画像砖 [J]. 文物，1973(3):52-57.
[43] 卢济威，于奕．现代城市设计方法概论 [J]. 城市规划，2009(2):66-71.
[44] 吕树芝．汉代市井画像砖：从画像砖看到汉代商业的发展 [J]. 历史教学，1987(3):64.
[45] 梅文兵．“微改造”模式下传统老旧社区可持续性更新的思考：以广州永庆坊社区建设实践为例 [J]. 建材与装饰，2019(2):78-79.
[46] 孟凡超．黄河河道变迁与徐州社会兴衰 [J]. 淮南师范学院学报，2012，14(5):45-48.
[47] 孟祥懿，于涛方，吴唯佳，等．公共物品视角论历史文化名城保护谱系 [C]// 中国城市规划学会、杭州市人民政府．共享与品质——2018 中国城市规划年会论文集（09 城市文化遗产保护），2018:13.
[48] 孟召宜，朱传耿，渠爱雪．徐州历史地理特点与地域文化特色研究 [J]. 中国名城，2019(1):61-67.
[49] 彭琛．汉画像石和汉代文化 [J]. 大众文艺，2012(13):123-124.
[50] 乔永康，张明洋，刘洋，等．古都型历史文化名城地下空间总体规划策略 [J]. 地下空间与工程学报，2017（8）:859-867.
[51] 秦朗．城市复兴中城市文化空间的发展模式及设计 [D]. 重庆：重庆大学，2016.
[52] 邱永生．徐州城下城及古城门的考察 [C]// 中国古都学会、徐州古都学会．中国

古都研究（第十七辑）——中国古都学会 2000 年学术年会暨中华古都徐州历史文化资源开发研讨会论文集，2000:184-196.
[53] 阮仪三，张艳华，应臻 . 再论市场经济背景下的城市遗产保护 [J]. 城市规划，2003(12):48-51.
[54] 桑哲承 . 楚王威仪，三绝立世：徐州汉文化考古研究 [J]. 地方文化研究，2018(2):70-77.
[55] 申绍杰 . 批评的反省和辨析：千城一面再认识 [J]. 建筑学报，2013(6):96-98.
[56] 孙立，邹昕争 . 城市历史遗产地下空间开发利用规划策略研究 [J]. 自然与文化遗产研究 .2019(7):54-59.
[57] 孙琪琦，张金歌 . 城上城：徐州 [J]. 中外建筑，2010(12):12-25.
[58] 孙诗萌，吴唯佳，于涛方 . 千年盐运城：运城地区营建历史与名城价值研究 [J]. 城市发展研究，2019，26(8):53-61.
[59] 王建国，阳建强，杨俊宴 . 总体城市设计的途径与方法：无锡案例的探索 [J]. 城市规划，2011，35(5):88-96.
[60] 王景慧，阮仪三，王林 . 历史文化名城保护理论与规划 [M]. 上海：同济大学出版社，1999.
[61] 王磊 . 西汉崖洞墓的建筑形态与观念背景：以北洞山楚王墓为例 [J]. 美术研究，2016(2):59-64.
[62] 王倩，杨毅 . 浅谈历史文化名城徐州及其保护规划 [J]. 山西建筑，2007，033:72-73.
[63] 王瑞颖 . 从汉代徐州驮篮山绕襟衣陶舞俑中透射长袖舞 [J]. 北方音乐，2017，37(6):6-8.
[64] 王树声 . 结合大尺度自然环境的城市设计方法初探：以西安历代城市设计与终南山的关系为例 [J]. 西安科技大学学报，2009，29(5):574-578.
[65] 王天明 . 历史街区中市井文化特征及场景研究 [C]// 中国城市规划学会、重庆市人民政府 . 活力城乡　美好人居——2019 中国城市规划年会论文集（09 城市文化遗产保护），2019:1641-1649.
[66] 王信，陈迅 . 历史建筑保护和开发的制度经济学探讨 [J]. 同济大学学报（社会科学版），2004(5):97-102.
[67] 王一，王颖 . 时代性与城市性：当代城市设计的理念、策略与议题 [J]. 城市规划学刊，2019(5):51-58.
[68] 王勇，王沛 . 浅谈徐州古城墙 [C]// 中国古都学会、徐州古都学会 . 中国古都研究（第十七辑）——中国古都学会 2000 年学术年会暨中华古都徐州历史文化资源开发研讨会论文集，2000:197-206.
[69] 魏寒宾，沈晗男，唐燕，等 . 韩国首尔“居民参与型城市再生”项目演进解析 [J]. 规划师，2016，32(8):141-147.

[70] 吴朝宇 . 市场经济转型时期我国城市历史遗产保护管理探索 [D]. 重庆：重庆大学，2008.
[71] 吴良镛 . 历史文化名城的规划结构、旧城更新与城市设计 [J]. 城市规划，1983(6):2-12，35.
[72] 吴唯佳，程思佳，于涛方 . 中国国家祭祀及国家纪念地传统追溯初探 [J]. 中国名城，2019(11):56-63.
[73] 相宁，孙汉明 . 现代遗存的汉代乐舞特性研究：以徐州地区为例 [J]. 西北民族大学学报（哲学社会科学版），2019(3):105-112.
[74] 徐州史志办 . 走进徐州 [M]. 北京：中华书局，2003.
[75] 徐子麒，周波，王荔希 . 城市地域文化的延续与复兴：西藏山南地区泽当镇“藏源民俗村”城市设计探讨 [J]. 四川建筑科学研究，2010，36(5):237-240.
[76] 薛飞 . 铜山县图志廿一篇（民国十五年版）[M]. 南京：江苏古籍出版社，1991.
[77] 阳建强，杜雁 . 城市更新要同时体现市场规律和公共政策属性 [J]. 城市规划，2016，40(1):72-74.
[78] 杨波 . 历史与现代相融：以徐州彭城广场历史地段更新发展为例 [J]. 江苏城市规划，2014(12):29-33.
[79] 杨倩 . 徐州文庙整体复原初探 [J]. 江苏建筑职业技术学院学报，2008，8(1):70-72.
[80] 杨懿 . 西汉诸侯王崖洞型墓初探 [J]. 秦汉研究，2018(00):30-42.
[81] 应臻 . 城市历史文化遗产的经济学分析 [D]. 上海：同济大学，2008.
[82] 于涛方，吴唯佳，等 . 体国经野：小城镇空间规划 [M]. 北京：清华大学出版社 . 2021.
[83] 于涛方 .“十三五”时期中国城市发展和规划变革思考：基于经济危机与新自由主义视角的审视 [J]. 规划师，2016，32(3):5-12.
[84] 张兵，康新宇 . 中国历史文化名城保护规划动态综述 [J]. 中国名城，2011(1):27-33.
[85] 张成珠 . 徐州古城墙备忘录 [C]// 中国古都学会、徐州古都学会 . 中国古都研究（第十七辑）：中国古都学会 2000 年学术年会暨中华古都徐州历史文化资源开发研讨会论文集，2000:207-211.
[86] 张慧婷 . 山水营城理念下的现代城市风貌规划方法初探：以《即墨市城市风貌规划》为例 [C]// 中国城市规划学会、杭州市人民政府 . 共享与品质：2018 中国城市规划年会论文集（07 城市设计），2018:1094-1103.
[87] 张杰 . 深求城市历史文化保护区的小规模改造与整治：走“有机更新”之路 [J]. 城市规划，1996(4):14-17.
[88] 张萌 . 汉代建筑空间形制分析 [J]. 美与时代（城市版），2017(8):4-5.
[89] 张能，武廷海，王学荣，等 . 中国历史文化空间重要性评价与保护研究 [J]. 城

市与区域规划研究，2020，12(1):1–17.
[90] 张平，陈志龙，李居西 . 汉阳陵帝陵遗址保护与地下空间开发利用 [J]. 建筑学报，2006(2):70–72.
[91] 张松 . 历史文化名城保护制度建设再议 [J]. 城市规划，2011，35(1):46–53.
[92] 张玉，刘照建 . 西汉楚国第三代楚王刘戊葬地考辩 [J]. 东南文化，2013(5):61–67.
[93] 赵凯 . 苏轼与黄楼 [J]. 治淮，1989(1):46–47.
[94] 郑伊辰，于涛方，吴唯佳，等 . 走向区域的历史名城保护规划：空间框架初探 [C]// 中国城市规划学会、杭州市人民政府 . 共享与品质——2018 中国城市规划年会论文集（09 城市文化遗产保护），2018:14.
[95] 中国历史文化名城研究会 . 中国历史文化名城保护与建设 [M]. 北京：文物出版社，1987.
[96] 周俭，张恺 . 建筑、城镇、自然风景：关于城市历史文化遗产保护规划的目标、对象与措施 [J]. 城市规划汇刊，2001(4):58–59+80.
[97] 周锦，顾江 . 文化遗产的经济学特性分析 [J]. 江西社会科学，2009(10):75–78.
[98] 周岚 . 历史文化名城的"积极保护、整体创造"：结合南京城市规划实践的思考 [J]. 城市与区域规划研究，2010，3(3):57–81.
[99] 周靓，蒋亚力 ."后资源型"城市区域文化产业发展创新研究：以徐州为例 [J]. 中国商论，2016(15):139–140.
[100] 朱维吉 . 市井文化下的中国传统街区 [J]. 山西建筑，2010，36(6):37–39.
[101] 祝莹 . 社会转型期我国城市历史文化保护的经济理念和策略研究 [D]. 南京：东南大学，2005.

后 记

两汉文化在国家文化枢纽和体系建设中举足轻重，具有独特的魅力和时代意义。正因为如此，作者在教学、科研乃至生活中时时刻刻关注和研究两汉文化。关注她的内涵和形态、研究她的继承和保护。于是，很早就开始游历于汉时关口、城池，进出各地的陵墓，欣赏各地风格迥异的画像石、画像砖、汉阙，感受汉文化在各地的遗存，也正是这几十年的积累与拍摄的照片为本书的出版提供了重要的素材。

2018 年，中国城市规划设计研究院承担了徐州国土空间规划的编制任务。鉴于徐州文化的独特性和重要性，课题组邀请我承担徐州文化发展方向的研究。我随即答应，并建议聚焦“徐州两汉文化空间”的研究。在课题充分认识徐州两汉文化在国家和地方发展的重要地位之后，如何从空间角度对其进行设计战略判断提炼时，可谓颇费苦心。于是一方面不断勾画汉文化遗产，尤其是两汉楚王陵墓的资源图；另一方面翻阅各种徐州有关的史料和研究成果。直到有一天，看到曾经担任徐州知州的大文豪苏轼在其《放鹤亭记》中，描述徐州胜景“彭城之山，冈岭四合，隐然如大环”，这才恍然顿觉。在“隐然如大环”的山上，分布着一座座楚王陵墓，而楚王陵墓也镶嵌于山水中，自然呈现“隐然如大环”之格局。于是就果断提出了在都市区尺度上，通过打造“两汉文化环”来促进徐州中心城市建设和都市区的空间品质提升。关键的是，在快速的城市化、郊区化、绅士化的进程中，如何保护城市的“看得见山、望得见水、记得住乡愁”的印象，如何保护和活化好这 2000 年的两汉文化珍贵资源，成为当前城市规划的重中之重。进一步地，分析了徐州城市发展的阶段、城市发展和文化遗产的空间偶合性，将两汉文化环的战略性和行动性进行了进一步明确，形成了中心一外围、路径一节点等两汉文化环的设计细化。很高兴的是，该战略判断和设计得到了徐州市政府的高度关注。

但是，总体的战略判断和两汉文化环设计还需要进一步的推动。于是在 2016 级本科生毕业设计中，作者便积极申报了这一题目。因此，本著作是清华大学建筑学院城乡规划专业本科生四年级下学期在毕业设计课基础上经进一步地系统梳理和深化研究而成的。在本书形成过程中，得到了“学界”“政界”“企业界”等机构单位及专家、领导的大力支持，在此表示最真诚的感谢。

在此尤其要感谢建筑与城市研究所副所长吴唯佳教授在现场调研、课堂交流等环节的大力支持；感谢建筑学院教师在相关环节评审过程中给予的肯定和建议。本著作的出版，得到了徐州市自然资源和规划局、徐州市文化广电和旅游局以及各区县政府的大力支持。在此尤其要感谢中国城市规划设计研究院村镇所的赵明博士、陈鹏博士给予的无私帮助，他们在资料提供、现场踏勘、部门座谈、教学组织、研究建议等方面给予了宝贵的支持。从课题研究、学生毕业设计作品到本书的形成，是一个再整合、再创造的烦琐过程。非常感谢研究生梁禄全、张译匀、杨烁、孟祥懿、张能等在数据处理、图纸绘制等方面的大力协助。这里要隆重推出清华大学建筑学院城乡规划专业 2016 级本科生的全体课程选修同学。他们分别是于卓群、周昕怡、吴廿迎、欧俊杰、刘锦轩、朱婧文、侯嘉琪及徐东辰。最后本书的出版得到清华大学出版社张占奎主任、王华编辑、施佳明编辑以及其他编辑、校对老师的全力支持，一并表示感谢。

本书的形成并非一帆风顺。最主要的是，在毕业设计开展期间，突遇新冠肺炎病毒的肆虐传播。在 2020 年春季整整 16 周的学期里，老师和同学天涯分散，不能去现场踏勘，不能面对面交流，不能高效地查阅资料。只能通过线上平台进行远程交流。这是一个非常特殊的毕业设计，一方面，同学们缺乏实地感知，但另一方面，大家又可以体验新的研究和设计应对方式。那就是可以大胆假设，随后从蛛丝马迹、从各种有限的资料中进行小心求证，虽然最后顺利完成毕业设计并获得了建筑学院的优秀设计成果奖。但不可避免的是，由于疫情因素，一些判断可谓“差之毫厘，谬以千里”。但还好，这些所谓的“谬误”，在文化遗产保护方面没有发生。2021

年春天，教学组“补充”调研了徐州，让我们欣慰的是，通过云端进行的判断和教学，我们还是抓住了徐州两汉文化环的关键要害，做了比较符合实际的判断和设计，如内城混合地段的“高低线”触媒式设计（在回龙窝段，我们惊奇地发现这一地区的地上、地下设计和我们的高低线方案竟然无缝衔接）、驮篮山与东洞山城乡和工业过渡区的植入性设计等。当然，遗憾的是，正如判断的那样，在那些楚王陵墓环地块，由于快速的郊区化和城市化进程，该环带也急剧变化，如驮篮山一带，整个村落已经完全被推平，这不由得让人对该地区如何进行楚王陵文化遗产有效保护、传承和活化利用产生深深的忧虑。

最后，本书的照片除了个别标明出处外，其余均为于涛方本人拍摄；个别图表引自网络，一并致谢！

作者

2022 年 3 月于学清苑